高等代数选讲

主编　李小朝

鄭州大学出版社

图书在版编目(CIP)数据

高等代数选讲 / 李小朝主编 . — 郑州 : 郑州大学出版社, 2021. 6(2024.2 重印)
ISBN 978-7-5645-7759-9

Ⅰ. ①高… Ⅱ. ①李… Ⅲ. ①高等代数 - 高等学校 - 教学参考资料
Ⅳ. ①O15

中国版本图书馆 CIP 数据核字(2021)第 043192 号

高等代数选讲
GAODENG DAISHU XUANJIANG

策划编辑	袁翠红	封面设计	苏永生
责任编辑	袁翠红	版式设计	苏永生
责任校对	杨飞飞	责任监制	李瑞卿

出版发行	郑州大学出版社	地　址	郑州市大学路 40 号(450052)
出 版 人	孙保营	网　址	http://www.zzup.cn
经　销	全国新华书店	发行电话	0371-66966070
印　刷	河南文华印务有限公司		
开　本	787 mm×1 092 mm　1 / 16		
印　张	10.5	字　数	251 千字
版　次	2021 年 6 月第 1 版	印　次	2024 年 2 月第 2 次印刷

书　号	ISBN 978-7-5645-7759-9	定　价	39.00 元

作者名单

主　编　李小朝

编　委　（排名不分先后）

赵　中　刘保仓　赵文菊

高桂宝　贾泽亚　姚　华

关英子　李小朝

前言

高等代数是大学数学各专业的最重要的基础课程之一,也是数学各专业考研的必考科目之一. 高等代数的主要内容包括多项式、行列式、线性方程组、矩阵、二次型、线性空间、线性变换、λ-矩阵、欧氏空间与双线性函数等. 高等代数由于概念理论较为抽象,体系繁杂,内容具有一定的概括性和抽象性、解题的思想方法灵活多变等特点,同学们学习本门课程感到难度较大,做题无处下手. 为了同学们更好学习本门课程,作者结合多年教学辅导经验,编写本书.

本书的内容编排以北京大学数学系编的《高等代数》(第五版)为基础,对每章基础内容进行概述,并选择经典例题进行分析,给出计算和证明. 结合应用型高校学生的实际水平和高等代数考研辅导的步骤策略,每章分为基础知识复习、典型习题选讲和考研真题选讲. 基础知识以课本基本概念和结论为主,强调基本概念和内容的复习巩固;典型习题选讲以课后补充题和一些难度不大的典型习题为主,强调对高等代数学习的进一步提高,对内容有较好的理解和掌握;考研真题选讲选择多所高校的考研真题,以提高学生考研的实战能力和水平,以求考研取得好的成绩.

本书着重知识点间的相互联系,对考研复习的重点进行强调. 很多学生的理解还是孤立的知识点,并没有建立各章节深层次的联系,也许是"不识庐山真面目,只缘身在此山中"的缘故. 只有不局限于某一章,站在整本书的高度来理解每个知识点,才会起到"会当凌绝顶,一览众山小"的效果.

非常感谢黄淮学院数学与统计学院领导和老师们的支持和帮助,其中关英子参与第二章,贾泽亚参与第三章,高桂宝参与第四章,姚华参与第五章和赵文菊参与第六章、第七章的编写工作. 本书的编写和出版得到黄淮学院一流专业建设经费、河南省优秀基层教学组织建设经费和河南省高等学校青年骨干教师培养经费的支持,在此表示衷心感谢!

由于编者水平有限,书中定有许多不足之处,敬请读者批评指正.

编　者

2021 年 3 月

目录

第 1 章　多项式

多项式理论是高等代数的重要内容之一，虽然它在整个高等代数课程中是一个相对独立而自成体系的部分，却为高等代数的许多基本内容提供了理论依据和实例支撑. 多项式理论中的一些重要定理和方法，在进一步学习数学理论和解决实际问题时经常用到. 因此，在学习本章时，要正确地掌握概念，学会严谨地推导和计算. 本章对多项式理论作了较深入、系统、全面的论述，内容可分为一元多项式与多元多项式两大部分. 以一元多项式为主，主要包括：一元多项式的概念、运算等基本性质；整除、最大公因式、互素等整除性理论；不可约多项式、重因式、实（复）系数多项式的因式分解、有理系数多项式不可约的判定等；多项式函数、多项式求根、代数学基本定理、根与系数的关系等根的理论.

1.1　一元多项式

定义 1　设 P 是由一些复数组成的集合，其中包括 0 与 1. 如果 P 中任意两个数（这两个数也可以相同）的和、差、积、商（除数不为零）仍然在 P 中，那么 P 就称为一个数域.

注　数域是代数对象研究的基础，不同数域上性质完全不同. 具体体现在多项式的因式分解、求根、不可约多项式的判定、重因式的确定等. 常见的三个数域是：复数域、实数域和有理数域. 有理数域是最小的数域.

定义 2　设 n 为一非负整数，x 为一个符号（或称为文字），形式表达式

$$a_nx^n + a_{n-1}x^{n-1} + \cdots + a_1x + a_0$$

其中 $a_0, a_1, \cdots, a_n \in P$，称为系数在数域 P 中的一元多项式.

注　这里多项式中的 x 是一个符号，可以代表不同的对象，能统一研究变量和其他研究对象. 当符号 x 是变量时，就是中学数学的多项式.

定义 2 中如果 $a_n \neq 0$，那么 a_nx^n 称为多项式的首项，a_n 称为首项系数，n 称为多项式的次数. 多项式 $f(x)$ 的次数记为 $\partial(f(x))$.

零多项式不定义次数，多项式的次数是大于等于零的整数.

定义 3　如果在多项式 $f(x)$ 与 $g(x)$ 中，除去系数为零的项外，同次项的系数全相等，那么 $f(x)$ 与 $g(x)$ 就称为相等，记为 $f(x) = g(x)$.

数域 P 上的两个多项式经过加、减、乘运算之后，所得结果仍然是数域 P 上的多

项式.

对于多项式的加减法,容易证明

$$\partial(f(x) \pm g(x)) \leqslant \max(\partial(f(x)),\partial(g(x))).$$

对于多项式的乘法,可以证明,若$f(x) \neq 0, g(x) \neq 0$,则$f(x)g(x) \neq 0$,且

$$\partial(f(x)g(x)) = \partial(f(x)) + \partial(g(x)).$$

多项式乘积的首项系数等于各因子首项系数的乘积.

多项式的运算满足以下规律:

(1)加法交换律:$f(x) + g(x) = g(x) + f(x)$;

(2)加法结合律:$(f(x) + g(x)) + h(x) = f(x) + (g(x) + h(x))$;

(3)乘法交换律:$f(x)g(x) = g(x)f(x)$;

(4)乘法结合律:$(f(x)g(x))h(x) = f(x)(g(x)h(x))$;

(5)乘法对加法的分配律:$f(x)(g(x) + h(x)) = f(x)g(x) + f(x)h(x)$;

(6)乘法消去律:若$f(x)g(x) = f(x)h(x)$,且$f(x) \neq 0$,则$g(x) = h(x)$.

定义4 所有系数在数域P中的一元多项式的全体,称为数域P上的一元多项式环,记为$P[x]$,P称为$P[x]$的系数域.

本节知识拓展 高等代数中很多代数对象的研究与数域密切相关,如矩阵特征值的计算、二次型的规范形等依赖数域,而正定二次型是在实数域上,若当标准形是在复数域上研究的.一元多项式环为线性空间的研究提供了具体例子.

例 设$f(x), g(x)$与$h(x)$均为实数域上的多项式.证明:如果$f^2(x) = xg^2(x) + xh^2(x)$,则$f(x) = g(x) = h(x) = 0$.

证明 反证.若$f(x) \neq 0$,则$f^2(x) \neq 0$.

由$f^2(x) = xg^2(x) + xh^2(x) = x(g^2(x) + h^2(x))$,知$g^2(x) + h^2(x) \neq 0$.因此

$$\partial(f^2(x)) = \partial[x(g^2(x) + h^2(x))].$$

但$\partial(f^2(x))$为偶数,而$\partial[x(g^2(x) + h^2(x))]$为奇数,因此

$$\partial(f^2(x)) \neq \partial[x(g^2(x) + h^2(x))],$$

这与已知矛盾,故$f(x) = 0$.此时$x(g^2(x) + h^2(x)) = 0$,由$x \neq 0$知

$$g^2(x) + h^2(x) = 0,$$

因为$g(x), h(x)$均为实系数多项式,从而必有$g(x) = h(x) = 0$.

于是$f(x) = g(x) = h(x) = 0$.

1.2 整除性理论

带余除法 对于$P[x]$中任意两个多项式$f(x)$与$g(x)$,其中$g(x) \neq 0$,一定有$P[x]$中的多项式$q(x), r(x)$存在,使

$$f(x) = q(x)g(x) + r(x)$$

成立,其中$\partial(r(x)) < \partial(g(x))$或者$r(x) = 0$,并且这样的$q(x), r(x)$是唯一决定的.

注 带余除法定理非常重要,需要理解清楚并灵活运用.

定义 5　称数域 P 上的多项式 $g(x)$ 整除 $f(x)$，如果有数域 P 上的多项式 $h(x)$ 使等式

$$f(x)=g(x)h(x)$$

成立. 用“$g(x)\mid f(x)$”表示 $g(x)$ 整除 $f(x)$，用“$g(x)\nmid f(x)$”表示 $g(x)$ 不能整除 $f(x)$. 当 $g(x)\mid f(x)$ 时，$g(x)$ 就称为 $f(x)$ 的因式，$f(x)$ 称为 $g(x)$ 的倍式.

定理 1　对于数域 P 上的任意两个多项式 $f(x)$ 和 $g(x)$，其中 $g(x)\neq 0$，$g(x)\mid f(x)$ 的充要条件是 $g(x)$ 除 $f(x)$ 的余式为零.

整除的性质：

(1)任一多项式 $f(x)$ 一定整除它自身.

(2)任一多项式 $f(x)$ 都能整除零多项式 0.

(3)零次多项式，即非零常数，能整除任一个多项式.

(4)若 $f(x)\mid g(x)$，$g(x)\mid f(x)$，则 $f(x)=cg(x)$，其中 c 为非零常数.

(5)若 $f(x)\mid g(x)$，$g(x)\mid h(x)$，则 $f(x)\mid h(x)$（整除的传递性）.

(6)若 $f(x)\mid g_i(x)$，$i=1,2,\cdots,r$，则

$$f(x)\mid (u_1(x)g_1(x)+u_2(x)g_2(x)+\cdots+u_r(x)g_r(x)),$$

其中 $u_i(x)$ 是数域 P 上任意的多项式.

由以上性质可以看出，$f(x)$ 与它的任一个非零常数倍 $cf(x)(c\neq 0)$ 有相同的因式，也有相同的倍式. 因之，在多项式整除性的讨论中，$f(x)$ 常常可以用 $cf(x)$ 来代替.

如果多项式 $\varphi(x)$ 既是 $f(x)$ 的因式，又是 $g(x)$ 的因式，那么 $\varphi(x)$ 就称为 $f(x)$ 与 $g(x)$ 的一个公因式.

定义 6　设 $f(x)$ 与 $g(x)$ 是 $P[x]$ 中两个多项式. $P[x]$ 中多项式 $d(x)$ 称为 $f(x)$，$g(x)$ 的一个最大公因式，如果它满足下面两个条件：

1) $d(x)$ 是 $f(x)$ 与 $g(x)$ 的公因式；

2) $f(x)$，$g(x)$ 的公因式全是 $d(x)$ 的因式.

例如，对于任意多项式 $f(x)$，$f(x)$ 就是 $f(x)$ 与 0 的一个最大公因式. 特别地，根据定义，两个零多项式的最大公因式就是 0.

定理 2　对于 $P[x]$ 的任意两个多项式 $f(x)$，$g(x)$，在 $P[x]$ 中存在一个最大公因式 $d(x)$，且 $d(x)$ 可以表成 $f(x)$，$g(x)$ 的一个组合，即有 $P[x]$ 中多项式 $u(x)$，$v(x)$ 使 $d(x)=u(x)f(x)+v(x)g(x)$.

定义 7　$P[x]$ 中两个多项式 $f(x)$，$g(x)$ 称为互素（也称为互质）的，如果 $(f(x),g(x))=1$. 显然，两个多项式互素，那么它们除去零次多项式外没有其他的公因式，反之亦然.

定理 3　$P[x]$ 中两个多项式 $f(x)$，$g(x)$ 互素的充要条件是有 $P[x]$ 中多项式 $u(x)$，$v(x)$ 使 $u(x)f(x)+v(x)g(x)=1$.

注　最大公因式定义中‘最大’的理解要清楚，它体现在 $f(x)$，$g(x)$ 的公因式全是 $d(x)$ 的因式. 多项式互素的概念和性质，特别是定理 3，要理解并会应用.

定理 4　如果 $(f(x),g(x))=1$，且 $f(x)\mid g(x)h(x)$，那么 $f(x)\mid h(x)$.

推论　如果 $f_1(x)\mid g(x)$，$f_2(x)\mid g(x)$，且 $(f_1(x),f_2(x))=1$，那么

$$f_1(x)f_2(x) \mid g(x).$$

本节知识拓展 高等代数教材附录二有整数的可除性理论,要和多项式的整除性结合起来理解,一些学校考研会涉及.

例 1 证明:如果 $(f(x),g(x))=1$, $(f(x),h(x))=1$,那么 $(f(x),g(x)h(x))=1$.

证明 法 1 由于 $(f(x),g(x))=1$, $(f(x),h(x))=1$,所以存在多项式 $u_1(x)$, $v_1(x)$, $u_2(x)$, $v_2(x)$,使

$$u_1(x)f(x)+v_1(x)g(x)=1, u_2(x)f(x)+v_2(x)h(x)=1,$$

两式相乘得

$$[u_1(x)u_2(x)f(x)+v_1(x)u_2(x)g(x)+u_1(x)v_2(x)h(x)]f(x)+[v_1(x)v_2(x)]g(x)h(x)=1.$$

从而,由互素的充分必要条件知

$$(f(x),g(x)h(x))=1.$$

法 2 反证. 若设 $(f(x),g(x)h(x))=d(x)$, $\partial(d(x))>0$,且 $p(x)$ 是 $d(x)$ 的一个不可约因式,则

$$p(x) \mid f(x), p(x) \mid g(x)h(x),$$

但因 $(f(x),g(x))=1$,所以 $p(x)\nmid g(x)$,从而 $p(x) \mid h(x)$,这与 $(f(x),h(x))=1$ 矛盾.

例 2 证明:如果 $(f(x),g(x))=1$,那么 $(f(x)g(x),f(x)+g(x))=1$.

证明 法 1 由于 $(f(x),g(x))=1$,所以存在多项式 $u(x)$, $v(x)$ 使

$$u(x)f(x)+v(x)g(x)=1,$$

由此可得

$$(u(x)-v(x))f(x)+v(x)(f(x)+g(x))=1,$$

$$(v(x)-u(x))g(x)+u(x)(f(x)+g(x))=1.$$

于是由互素的充分必要条件知

$$(f(x),f(x)+g(x))=1, (g(x),f(x)+g(x))=1.$$

再由上例的结果即知

$$(f(x)g(x),f(x)+g(x))=1.$$

法 2 反证. 如果 $(f(x)g(x),f(x)+g(x))=d(x)$, $\partial(d(x))>0$.
取 $d(x)$ 的一个不可约因式 $p(x)$,则

$$p(x) \mid f(x)g(x), p(x) \mid (f(x)+g(x)).$$

由第一式知 $p(x)$ 整除 $f(x)$ 或 $g(x)$,不妨设 $p(x) \mid f(x)$,则由上面第二式知 $p(x) \mid g(x)$,即 $p(x)$ 是 $f(x)$ 与 $g(x)$ 的公因式,这与 $(f(x),g(x))=1$ 矛盾.
故必有

$$(f(x)g(x),f(x)+g(x))=1.$$

例 3 如果 $(x-1)^2 \mid Ax^4+Bx^2+1$,求 A,B.

解 法 1 用 $(x-1)^2$ 去除 $f(x)=Ax^4+Bx^2+1$,得余式为

$$n(x)=(4A+2B)x+1-3A-B.$$

令 $n(x)=0$,得

$$4A+2B=0, 1-3A-B=0.$$

解得 $A=1, B=-2$.

法2 因为$f(x)=Ax^4+Bx^2+1$被$(x-1)^2$整除,故1必为$f(x)$及$f'(x)=4Ax^3+2Bx$的根,从而

$$f(1)=A+B+1=0, f'(1)=4A+2B=0.$$

联立解得$A=1,B=-2$.

1.3 因式分解理论

定义8 数域P上次数大于等于1的多项式$p(x)$称为数域P上的不可约多项式,如果它不能表成数域P上的两个次数比$p(x)$的次数低的多项式的乘积.

根据定义,一次多项式总是不可约多项式.一个多项式是否可约是依赖于系数域的.

命题 不可约多项式$p(x)$与任一多项式$f(x)$之间只可能有两种关系,要么$p(x)\mid f(x)$,要么$(p(x),f(x))=1$.

定理5 如果$p(x)$是不可约多项式,那么对于任意的两个多项式$f(x),g(x)$,由$p(x)\mid f(x)g(x)$一定推出$p(x)\mid f(x)$或者$p(x)\mid g(x)$.

因式分解及唯一性定理 数域P上次数大于等于1的多项式$f(x)$都可以唯一地分解成数域P上一些不可约多项式的乘积.所谓唯一性是说,如果有两个分解式

$$f(x)=p_1(x)p_2(x)\cdots p_s(x)=q_1(x)q_2(x)\cdots q_t(x),$$

那么必有$s=t$,并且适当排列因式的次序后有

$$p_i(x)=c_iq_i(x), i=1,2,\cdots,s.$$

其中$c_i(i=1,2,\cdots,s)$是一些非零常数.

定义9 不可约多项式$p(x)$称为多项式$f(x)$的k重因式,如果$p^k(x)\mid f(x)$,但$p^{k+1}(x)\nmid f(x)$.

如果$k=0$,那么$p(x)$根本不是$f(x)$的因式;如果$k=1$,那么$p(x)$称为$f(x)$的单因式;如果$k>1$,那么$p(x)$称为$f(x)$的重因式.

注 重因式首先是不可约多项式,同样与数域有关.

定理6 如果不可约多项式$p(x)$是多项式$f(x)$的一个$k(k\geqslant 1)$重因式,那么$p(x)$是微商$f'(x)$的$k-1$重因式.

注 定理6的逆定理不成立.如

$$f(x)=x^3-3x^2+3x+2,\quad f'(x)=3x^2-6x+3=3(x-1)^2,$$

$x-1$是$f'(x)$的2重因式,但根本不是$f(x)$是因式,当然更不是三重因式.

推论1 如果不可约多项式$p(x)$是多项式$f(x)$的一个$k(k\geqslant 1)$重因式,那么$p(x)$是$f(x),f'(x),\cdots,f^{(k-1)}(x)$的因式,但不是$f^{(k)}(x)$的因式.

推论2 不可约多项式$p(x)$是多项式$f(x)$的重因式的充要条件是$p(x)$是$f(x)$与$f'(x)$的公因式.

推论3 多项式$f(x)$没有重因式$\Leftrightarrow(f(x),f'(x))=1$.

代数基本定理 每个次数大于等于1的复系数多项式在复数域中有一个根.

由此可知,在复数域上所有次数大于1的多项式都是可约的.换句话说,不可约多项

式只有一次多项式. 于是,因式分解定理在复数域上可以叙述成:

复系数多项式因式分解定理 每个次数大于等于 1 的复系数多项式在复数域上都可以唯一地分解成一次因式的乘积.

命题 如果 α 是实系数多项式 $f(x)$ 的复根,那么 α 的共轭数 $\bar{\alpha}$ 也是 $f(x)$ 的根,并且 α 与 $\bar{\alpha}$ 有相同重数. 即实系数多项式的非实的复数根两两成对.

实系数多项式因式分解定理 每个次数大于等于 1 的实系数多项式在实数域上都可以唯一地分解成一次因式与含一对非实共轭复数根的二次因式的乘积. 实数域上不可约多项式,除一次多项式外,只有含非实共轭复数根的二次多项式.

因此,实系数多项式具有标准分解式

$$f(x)=a_n(x-c_1)^{l_1}(x-c_2)^{l_2}\cdots(x-c_s)^{l_s}(x^2+p_1x+q_1)^{k_1}\cdots(x^2+p_rx+q_r)^{k_r}.$$

其中 $c_1,\cdots,c_s,p_1,\cdots,p_r,q_1,\cdots,q_r$ 全是实数, $l_1,l_2,\cdots,l_s$, $k_1,\cdots,k_r$ 是正整数,并且 $x^2+p_ix+q_i(i=1,2,\cdots,r)$ 是不可约的,也就是适合条件 $p_i^2-4q_i<0,i=1,2,\cdots,r$.

本节知识拓展 复数域上因式分解的结论以代数基本定理为基础. 实数域上因式分解是首先利用复数域上共轭复根的结论,对应出相应的二次不可约因式,进而给出分解定理. 这里充分体现数域起到的基本作用.

例 设 $p(x)$ 是次数大于零的多项式,如果对于任何多项式 $f(x),g(x)$,由 $p(x)\mid f(x)g(x)$ 可以推出 $p(x)\mid f(x)$ 或者 $p(x)\mid g(x)$,那么 $p(x)$ 是不可约多项式.

证明 利用反证法,设 $p(x)$ 可约,则存在次数小于 $\partial p(x)$ 的多项式 $f(x),g(x)$,使 $p(x)=f(x)g(x)$,此时 $p(x)\mid f(x)g(x)$. 由题设 $p(x)\mid f(x)$ 或者 $p(x)\mid g(x)$,但这是不可能的,因为 $\partial f(x)<\partial p(x),\partial g(x)<\partial p(x)$,故 $p(x)$ 必为不可约多项式.

1.4 多项式函数与根的理论

定理 7(余数定理) 用一次多项式 $x-\alpha$ 去除多项式 $f(x)$,所得的余式是一个常数,这个常数等于函数值 $f(\alpha)$.

如果 $f(x)$ 在 $x=\alpha$ 时函数值 $f(\alpha)=0$,那么 α 就称为 $f(x)$ 的一个根或零点.

由余数定理得到根与一次因式的关系.

推论 α 是 $f(x)$ 的根的充要条件是 $(x-\alpha)\mid f(x)$.

注 从函数的观点来考察多项式,理解余数定理和根与一次因式的关系,这里用的带余除法很重要.

由这个关系,可以定义重根的概念. α 称为 $f(x)$ 的 k 重根,如果 $(x-\alpha)$ 是 $f(x)$ 的 k 重因式. 当 $k=1$ 时, α 称为单根;当 $k>1$ 时, α 称为重根.

注 重根和重因式的关系,一个多项式有重根一定有重因式,但是有重因式不一定有重根.

定理 8 $P[x]$ 中 n $(n\geqslant 0)$ 次多项式在数域 P 中的根不可能多于 n 个,重根按重数计算.

定理 9 如果多项式 $f(x)$, $g(x)$ 的次数都不超过 n ,而它们对 $n+1$ 个不同的数有相同的值,即$f(\alpha_i)=g(\alpha_i)$,$i=1,2,\cdots,n+1$,那么$f(x)=g(x)$.

如果一个非零的整系数多项式 $g(x)=b_nx^n+b_{n-1}x^{n-1}+\cdots+b_0$ 的系数 $b_n,b_{n-1},\cdots,b_0$ 没有异于±1 的公因子,也就是说它们是互素的,它就称为一个本原多项式.

定理 10(**Gauss 引理**)　两个本原多项式的乘积还是本原多项式.

定理 11　如果一非零的整系数多项式能够分解成两个次数较低的有理系数多项式的乘积,那么它一定可以分解两个次数较低的整系数多项式的乘积.

以上定理把有理系数多项式在有理数域上是否可约的问题归结到整系数多项式能否分解成次数较低的整系数多项式的乘积的问题.

推论　设 $f(x)$,$g(x)$ 是整系数多项式,且 $g(x)$ 是本原多项式,如果 $f(x)=g(x)h(x)$,其中 $h(x)$ 是有理系数多项式,那么 $h(x)$ 一定是整系数多项式.

这个推论提供了一个求整系数多项式的全部有理根的方法.

注　本原多项式和定理 11 的推论非常重要,一些高校考研会命题.

定理 12　设$f(x)=a_nx^n+a_{n-1}x^{n-1}+\cdots+a_0$ 是一个整系数多项式. 而 $\frac{r}{s}$ 是它的一个有理根,其中 r,s 互素,那么 $s\mid a_n,r\mid a_0$;特别如果$f(x)$ 的首项系数 $a_n=1$,那么$f(x)$ 的有理根都是整根,而且是 a_0 的因子.

定理 13[**艾森斯坦(Eisenstein)判别法**]　设$f(x)=a_nx^n+a_{n-1}x^{n-1}+\cdots+a_0$ 是一个整系数多项式. 若有一个素数 p ,使得

1) $p\nmid a_n$;2) $p\mid a_{n-1},a_{n-2},\cdots,a_0$;3) $p^2\nmid a_0$,

则多项式$f(x)$ 在有理数域上不可约.

注　当常数项为 1 时,艾森斯坦判别法不适用,需要做变量替换.

本节知识拓展　多项式看作函数求根与中学知识紧密相关,但是有理系数多项式或者整系数多项式理论需要加深理解.

例 1　多项式$f(x)$ 除以 $ax-b(a\neq 0)$ 所得余式为(　　).

答　$f\left(\frac{b}{a}\right)$

解　设$f(x)=(ax-b)q(x)+A$,将 $x=\frac{b}{a}$ 代入,得$f(\frac{b}{a})=A$. 由商式和余式唯一性即得.

例 2　证明: $1+x+\frac{x^2}{2!}+\cdots+\frac{x^n}{n!}$ 不能有重根.

证明　令$f(x)=1+x+\frac{x^2}{2!}+\cdots+\frac{x^n}{n!}$,则

$$f'(x)=1+x+\frac{x^2}{2!}+\cdots+\frac{x^{n-1}}{(n-1)!}=f(x)-\frac{x^n}{n!}.$$

法 1　反证. 若$f(x)$ 有重根 α ,则必有$f(\alpha)=f'(\alpha)=0$,从而由上式得 $\frac{\alpha^n}{n!}=0$,即 $\alpha=0$,也即 0 是$f(x)$ 的根,这当然是不可能的.

法 2　由于 0 不是$f'(x)$ 的根,所以 $(x^n,f'(x))=1$,从而

$$(f(x),f'(x))=(f'(x)+\frac{1}{n!}x^n,f'(x))=(\frac{1}{n!}x^n,f'(x))=1\,.$$

故 $f(x)$ 没有重根.

例 3 证明:如果 $(x^2+x+1)\mid f_1(x^3)+xf_2(x^3)$,那么

$$(x-1)\mid f_1(x),(x-1)\mid f_2(x)\,.$$

证明 设 x^2+x+1 的两个复根为 α,β(这里 $\alpha=\frac{-1+\sqrt{3}i}{2},\beta=\frac{-1-\sqrt{3}i}{2}$).

由于 $x^3-1=(x-1)(x^2+x+1)$,所以 $\alpha^3=\beta^3=1$.

因为 $x^2+x+1=(x-\alpha)(x-\beta)$ 且 $(x-\alpha)(x-\beta)\mid f_1(x^3)+xf_2(x^3)$,故有

$$\begin{cases}f_1(\alpha^3)+\alpha f_2(\alpha^3)=0\\ f_1(\beta^3)+\beta f_2(\beta^3)=0\end{cases},\quad 即\quad \begin{cases}f_1(1)+\alpha f_2(1)=0,\\ f_1(1)+\beta f_2(1)=0.\end{cases}$$

解得 $f_1(1)=f_2(1)=0$,从而 $(x-1)\mid f_1(x),(x-1)\mid f_2(x)$.

本章知识拓展 多项式在后续章节有很多运用,主要体现在:第 4 章有矩阵的多项式;第 5 章二次型是二次齐次多项式;第 6 章线性空间中,多项式的集合 $P[x]$,$P[x]_n$ 是两个具体例子,也是进一步研究线性空间其他性质的基础;第 7 章有矩阵的特征多项式、最小多项式,还有哈密顿-凯莱定理等重要结论;第 8 章有 λ - 矩阵,也就是元素在多项式环 $P[\lambda]$ 上的矩阵.

典型习题选讲

1. 设 $f_1(x)=af(x)+bg(x),g_1(x)=cf(x)+dg(x)$,且 $ad-bc\neq 0$,证明:$(f(x),g(x))=(f_1(x),g_1(x))$.

证明 设 $d(x)=(f(x),g(x))$,下证 $d(x)=(f_1(x),g_1(x))$.

由于 $d(x)\mid f(x),d(x)\mid g(x)$,而 $f_1(x)=af(x)+bg(x)$,所以 $d(x)\mid f_1(x)$;同样由 $g_1(x)=cf(x)+dg(x)$,知 $d(x)\mid g_1(x)$.

其次,设 $h(x)$ 是 $f_1(x)$ 与 $g_1(x)$ 的任一公因式,只要证明 $h(x)\mid d(x)$ 即可,可解得

$$f(x)=\frac{d}{ad-bc}f_1(x)-\frac{b}{ad-bc}g_1(x)\,,$$

$$g(x)=\frac{-c}{ad-bc}f_1(x)+\frac{a}{ad-bc}g_1(x)\,.$$

从而由 $h(x)\mid f_1(x)$ 和 $h(x)\mid g_1(x)$,得 $h(x)\mid f(x),h(x)\mid g(x)$. 于是 $h(x)\mid d(x)$,即 $d(x)$ 也是 $f_1(x)$ 和 $g_1(x)$ 的最大公因式,故 $(f(x),g(x))=(f_1(x),g_1(x))$.

2. 设 $f(x)\in P[x]$,证明 $x\mid f(x)$ 的充要条件是 $x\mid f^k(x)$, k 是正整数.

证明 必要性,显然.

充分性. 设 $x\nmid f(x)$,令

$$f(x)=xq(x)+r,r\neq 0\,,$$

则

$$f^k(x)=(xq(x)+r)^k\triangleq xQ(x)+r^k,r^k\neq 0\,,$$

这里 $Q(x)$ 是关于 x 的 $\partial(f(x))^k-1$ 次多项式.

由带余除法定理知 $x \nmid f^k(x)$，与已知矛盾.

另外两个证明方法：

a)由于 x 是不可约多项式，由 $x \mid f^k(x)$，立知 $x \mid f(x)$.

b) $x \mid f^k(x) \Rightarrow f^k(0)=0 \Rightarrow x \mid f(x)$.

其中a)是利用不可约多项式的性质；b)利用了根与一次因式的关系.

3.(河南大学)设 $f(x)$ 为一多项式，若 $f(x+y)=f(x)\cdot f(y)$，$x,y\in \mathbf{R}$，则 $f(x)=0$ 或 $f(x)=1$.

证明　如果 $f(x)=0$，则证毕. 若 $f(x)\neq 0$，由 $f(2x)=f^2(x)$，那么 $f(x)$ 只能是零次多项式，令 $f(x)=A\neq 0$，又因为

$$A=f(0)=f(0+0)=f^2(0)=A^2, A\neq 0,$$

解得 $A=1$，此即 $f(x)=1$.

4. 证明：有理系数多项式 $f(x)$ 在有理数域上不可约当且仅当对任意有理数 $a\neq 0$，b，多项式 $g(x)=f(ax+b)$ 在有理数域上不可约.

证明　必要性. 设 $f(x)$ 在有理数域上不可约，但 $g(x)$ 在有理数域上可约，且设

$$g(x)=f(ax+b)=g_1(x)g_2(x) \qquad (*)$$

其中 $g_1(x)$，$g_2(x)$ 是有理数系数多项式，且次数小于 $g(x)$ 的次数.

在(*)式中，用 $\frac{1}{a}x-\frac{b}{a}$ 代 x，所得各多项式系数仍为有理数，次数不变，且有

$$f(x)=g_1\left(\frac{1}{a}x-\frac{b}{a}\right)g_2\left(\frac{1}{a}x-\frac{b}{a}\right).$$

这说明 $f(x)$ 在有理数域上可约，矛盾. 故 $g(x)$ 在有理数域上不可约.

充分性同理可证.

5. 证明：$x^n+ax^{n-m}+b$ 不能有不为零的重数大于2的根.

证明　令 $f(x)=x^n+ax^{n-m}+b$，则

$$f'(x)=nx^{n-1}+a(n-m)x^{n-m-1}=x^{n-m-1}[nx^m+a(n-m)].$$

法1　由于 $g(x)=nx^m+a(n-m)$ 的导数为 $g'(x)=nmx^{m-1}$，故 $g(x)$ 没有不等于零的重根，从而 $f(x)$ 没有不等于零的重数大于2的根.

法2　由于 $f'(x)$ 的非零根都是多项式 $nx^m+a(n-m)$ 的根，而后者的 m 个根都是单根，因而 $f'(x)$ 不能有不为零的重数等于2的根，故 $f(x)$ 不能有不为零的重数大于2的根.

6. 证明：如果 $f(x)\mid f(x^n)$，那么 $f(x)$ 的根只能是零或者单位根.

证明　设 α 是 $f(x)$ 的任意一个根，由 $f(x)\mid f(x^n)$ 知，α 也是 $f(x^n)$ 的根，即 $f(\alpha^n)=0$，这表明 α^n 是 $f(x)$ 的根. 依此类推，可知 $\alpha^{n^2},\alpha^{n^3},\cdots$ 都是 $f(x)$ 的根.

如果 $f(x)$ 是 m 次多项式，则它最多只可能有 m 个不同的根，这就是说存在正整数 $k>l$，使 $\alpha^{n^k}=\alpha^{n^l}$，即 $\alpha^{n^l}(\alpha^{n^k-n^l}-1)=0$，可见 α 或者为零，或者为单位根.

7. 设 $f(x)=(x-a_1)\cdots(x-a_n)-1$，其中 $a_1,\cdots,a_n$ 是两两不同的整数. 证明：$f(x)$ 在有理数域上不可约.

证明 若$f(x)$在有理数域上可约,则$f(x)$可以分解成两个次数较低的整系数多项式之积. 即$f(x)=g(x)h(x)$,其中$g(x),h(x)$是整系数多项式,且$\partial(g(x))<n$,$\partial(h(x))<n$.由题设可得

$$f(a_i)=g(a_i)h(a_i)=-1(i=1,2,\cdots,n),$$

则有$g(a_i)=1,h(a_i)=-1$或$g(a_i)=-1,h(a_i)=1$.

从而总有$g(a_i)+h(a_i)=0(i=1,2,\cdots,n)$.可见多项式$g(x)+h(x)$有$n$个互异根.但$\partial(g(x)+h(x))<n$.这与多项式在任一数域中根的个数不超过多项式的次数矛盾.所以$f(x)$在有理数域上不可约.

注 $a_1,a_2,\cdots,a_n$两两互异这一条件是不可少的,否则命题不成立.

例如$f(x)=(x-a)^2-1=(x-a-1)(x-a+1)$,$f(x)$在有理数域上可约.

8. 如果$f'(x)\mid f(x)$,证明:$f(x)$有n重根,其中$n=\partial(f(x))$.

证明 法1 设$\alpha_1,\alpha_2,\cdots,\alpha_s$是$f'(x)$的所有互不相同的根,其重数分别为$m_1,m_2,\cdots,m_s$.由于$f'(x)$是$n-1$次多项式,所以

$$m_1+m_2+\cdots+m_s=n-1,$$

又由$f'(x)\mid f(x)$知,$\alpha_1,\alpha_2,\cdots,\alpha_s$也是$f(x)$的根且重数分别为

$m_1+1,m_2+1,\cdots,m_s+1$. 于是$(m_1+1)+(m_2+1)+\cdots+(m_s+1)\leqslant n$.

由上面式子进一步得$n-1+s\leqslant n$,即$s\leqslant 1$. 这表明$f'(x)$只有一个根α_1,其重数为$n-1$,从而α_1是$f(x)$的n重根.

法2 因为$f'(x)\mid f(x)$,故可设

$$nf(x)=(x-\alpha)f'(x).$$

两边对x逐次求导,并移项整理得

$$(n-1)f'(x)=(x-\alpha)f''(x),$$
$$(n-2)f''(x)=(x-\alpha)f'''(x),$$
$$\cdots\cdots$$
$$2f^{(n-2)}(x)=(x-\alpha)f^{(n-1)}(x),$$
$$f^{(n-1)}(x)=(x-\alpha)f^{(n)}(x).$$

其中$f^{(n)}(x)=n!\,a_n$,而a_n为$f(x)$的首项系数.

以上诸式相乘,并从两边消去$f'(x),f''(x),\cdots,f^{(n-1)}(x)$,得

$$n!f(x)=(x-\alpha)^n n!\,a_n,$$

故得

$$f(x)=a_n(x-\alpha)^n,$$

即$f(x)$有n重根.

9. 设$f(x)$是一个整系数多项式,试证:如果$f(0)$与$f(1)$都是奇数,那么$f(x)$不能有整数根.

证明 反证. 设$f(x)$有整数根α,则$x-\alpha$整除$f(x)$,

$$f(x)=(x-\alpha)q(x), \qquad (*)$$

其中商$q(x)$是有理系数多项式. 由于$x-\alpha$是本原多项式,则有$q(x)$是整系数多项式.分别令$x=0$及$x=1$,代入($*$)式,得

$$f(0)=-\alpha q(0),f(1)=(1-\alpha)q(1).$$

由于$f(0)$及$f(1)$均为奇数,由上式知,α和$\alpha-1$都必须是奇数,这是不可能的,故$f(x)$不能有整数根.

10. 证明:次数大于0且首项系数为1的多项式$f(x)$是一个不可约多项式的方幂的充分必要条件为:对任意的多项式$g(x)$,必有$(f(x),g(x))=1$,或者对某一正整数m,$f(x)\mid g^m(x)$.

证明 必要性. 设$f(x)=p^m(x)$,其中$p(x)$是不可约多项式,则对任意多项式$g(x)$,有$(p(x),g(x))=1$或$p(x)\mid g(x)$. 当$(p(x),g(x))=1$时,有$(f(x),g(x))=1$;而当$p(x)\mid g(x)$时,有$p^m(x)\mid g^m(x)$,即$f(x)\mid g^m(x)$.

充分性. 法1 反证 如果$f(x)$不是某个不可约多项式的方幂,则$f(x)=p_1^{r_1}(x)p_2^{r_2}(x)\cdots p_s^{r_s}(x)(s>1)$,其中$p_i(x)(i=1,2,\cdots,s)$是不同的不可约的多项式,$r_1,\cdots,r_s$是正整数,取$g(x)=p_1(x)$,由题设$(f(x),p_1(x))=1$或者$f(x)\mid p_1^m(x)$,其中$m$为正整数,但这都是不可能的,故$f(x)$是某一不可约多项式的方幂.

法2 设$f(x)=p^k(x)q(x)$,其中$k\geqslant 1$,$p(x)$不可约,且$p(x)\nmid q(x)$,$\partial(q(x))>0$. 取$g(x)=q(x)$,则$(f(x),q(x))=q(x)\neq 1$;且对任何正整数m有$f(x)\nmid q^m(x)$,这是因为,若$f(x)\mid q^m(x)$,则由$p(x)\mid f(x)$得$p(x)\mid q^m(x)$. 又由$p(x)$不可约得$p(x)\mid q(x)$,与假设矛盾,故$f(x)$必为一不可约多项式的方幂.

11. 求多项式x^n-1在复数范围内和在实数范围内的因式分解.

解 令$\varepsilon_k=\cos\dfrac{2k\pi}{n}+\mathrm{i}\sin\dfrac{2k\pi}{n}\quad(k=0,1,\cdots,n-1)$.

因为x^n-1在复数域内恰有n个根$\varepsilon_k(k=0,1,\cdots,n-1)$,所以它在复数域上的因式分解为$x^n-1=(x-1)(x-\varepsilon_1)(x-\varepsilon_2)\cdots(x-\varepsilon_{n-1})$. 再讨论它在实数域上的因式分解,由于$\overline{\varepsilon_k}=\varepsilon_{n-k}$,所以$\varepsilon_k+\varepsilon_{n-k}=\varepsilon_k+\overline{\varepsilon_k}=2\cos\dfrac{2k\pi}{n}$是一个实数,且由于$(\varepsilon_k+\varepsilon_{n-k})^2-4=4\cos^2\dfrac{2k\pi}{n}-4<0\quad(k=1,\cdots,n-1)$. 故$x^2-(\varepsilon_k+\varepsilon_{n-k})x+1$是实数域上的不可约多项式.

当$n=2m+1$为奇数时,则有

$$
\begin{aligned}
x^n-1&=(x-1)[x^2-(\varepsilon_1+\varepsilon_{n-1})x+1][x^2-(\varepsilon_2+\varepsilon_{n-2})x+1]\cdots\times[x^2-(\varepsilon_m+\varepsilon_{m+1})x+1]\\
&=(x-1)\left(x^2-2x\cos\frac{2\pi}{n}+1\right)\left(x^2-2x\cos\frac{4\pi}{n}+1\right)\cdots\left(x^2-2x\cos\frac{(n-1)\pi}{n}+1\right)\\
&=(x-1)\prod_{k=1}^{m}\left(x^2-2x\cos\frac{2k\pi}{n}+1\right).
\end{aligned}
$$

当$n=2m+2$为偶数时,则有

$$
\begin{aligned}
x^n-1&=(x-1)(x+1)[x^2-(\varepsilon_1+\varepsilon_{n-1})x+1][x^2-(\varepsilon_2+\varepsilon_{n-2})x+1]\cdots\times[x^2-(\varepsilon_m+\varepsilon_{m+2})x+1]\\
&=(x-1)(x+1)\prod_{k=1}^{m}\left(x^2-2x\cos\frac{2k\pi}{n}+1\right).
\end{aligned}
$$

考研真题选讲

1.(河南科技大学) 设$f(x)$是数域F上次数大于零的多项式，$c \in F$，且$c \neq 0$，则$f(x-c) \neq f(x)$.

证明 如果$f(x-c)=f(x)$，那么$f(0)=f(c)=f(2c)=\cdots$.

考虑$g(x)=f(x)-f(0)$. 显然，$\partial g(x)=\partial f(x)$，并且$g(nc)=0(n=1,2,\cdots)$，得$g(x)$有无限多个根，这是不可能的.

2.(信阳师范学院) 利用重因式的性质求多项式$x^{2021}-1$除以$(x+1)^2$所得的余式.

解 设$x^{2021}-1=q(x)(x+1)^2+ax+b$，记$f(x)=(x^{2021}-1)-(ax+b)$，则$-1$是$f(x)$的根，也是$f'(x)=2021x^{2020}-a$的根，可解得$a=2021$，$b=2019$，所以余式为$2021x+2019$.

3.(南京师范大学) 设$f(x)=x^3+ax^2+bx+c$是整系数多项式，若a,c是奇数，b是偶数. 证明：$f(x)$是有理数域上的不可约多项式.

证明 反证. 若$f(x)$在有理数域上可约，则可设

$$f(x)=(x+d)(x^2+ex+m),d,e,m \in \mathbf{Z}.$$

比较等式两边的系数可得

$$e+d=a,m+de=b,c=dm.$$

由c是奇数可知，d,m都是奇数. 再由a是奇数知e为偶数，从而可知$b=m+de$是奇数. 这与b是偶数矛盾. 从而$f(x)$在有理数域上不可约.

4.(华南理工大学) 设$m,n \in \mathbf{N}$. 证明：$(x^m-1,x^n-1)=x^{(m,n)}-1$.

证明 显然，$x^{(m,n)}-1 \mid x^m-1,x^{(m,n)}-1 \mid x^n-1$.

又存在$a,b \in \mathbf{Z}$，使得$(m,n)=am+bn$. 不妨设$a>0,b<0$，则

$$x^{-bn}(x^{(m,n)}-1)=x^{am}-x^{-bn}=(x^{am}-1)-(x^{-bn}-1).$$

设$d(x)$是x^m-1,x^n-1的任一公因式，有$d(0) \neq 0$. 由$d(x) \mid x^m-1,d(x) \mid x^n-1$，以及$d(x)$与$x^{-bn}$互素，可得$d(x) \mid x^{(m,n)}-1$. 故结论成立.

5.(四川大学)证明多项式

$$f(x)=x^5-5x+1$$

在有理数域$\mathbf{Q}$上不可约.

证明 因为$f(x)=x^5-5x+1$，所以可令$x=y-1$，得

$$\begin{aligned} g(y)=f(y-1) &= y^5-5y^4+10y^3-10y^2+5y-1-5y+5+1 \\ &= y^5-5y^4+10y^3-10y^2+5. \end{aligned}$$

由艾森斯坦因判别法，取$p=5$，即证$g(y)$在有理数域$\mathbf{Q}$上不可约. 因而$f(x)$也在有理数域上不可约.

6.(清华大学) 令$f(x)=a_0x^n+a_1x^{n-1}+a_2x^{n-2}+\cdots+a_{n-1}x+a_n$，$F(x,y)=a_0x^n+a_1x^{n-1}y+a_2x^{n-2}y^2+\cdots+a_{n-1}xy^{n-1}+a_ny^n$，证明：$f(x)$无重因式的充要条件是$F'_x(x,1)$，$F'_y(x,1)$互素.

证明　由于 $F(x,y)=y^n f\left(\dfrac{x}{y}\right)$，两边对 x，y 求偏导数，得

$$F'_x(x,y)=y^n f'\left(\frac{x}{y}\right)\frac{1}{y}=y^{n-1}f'\left(\frac{x}{y}\right),$$

$$F'_y(x,y)=ny^{n-1}f\left(\frac{x}{y}\right)+y^n f'\left(\frac{x}{y}\right)\left(-\frac{x}{y^2}\right)=ny^{n-1}f\left(\frac{x}{y}\right)-xy^{n-2}f'\left(\frac{x}{y}\right).$$

令 $y=1$，得 $F'_x(x,1)=f'(x)$，$F'_y(x,1)=nf(x)-xf'(x)$.

从而 $(F'_x(x,1),F'_y(x,1))=1$ 当且仅当 $(f'(x),nf(x)-xf'(x))=1$，即存在多项式 $u(x)$，$v(x)$，使得 $u(x)f'(x)+v(x)[nf(x)-xf'(x)]=1$，即 $nv(x)f(x)+[u(x)-xv(x)]f'(x)=1$ 当且仅当 $(f'(x),f(x))=1$，当且仅当 $f(x)$ 无重因式.

7.（湖北大学）证明：$x^d-1\mid x^n-1$ 当且仅当 $d\mid n$.

证明　充分性. 设 $d\mid n$，则 $n=ds$，其中 $s\in\mathbf{N}$. 所以

$$x^n-1=(x^d)^s-1=(x^d-1)[(x^d)^{s-1}+(x^d)^{s-2}+\cdots+(x^d)+1]$$

推出 $(x^d-1)\mid(x^n-1)$.

必要性. 已知 $(x^d-1)\mid(x^n-1)$，下证 $d\mid n$. 用反证法，设 d 不能整除 n，则 $n=dq+r$，其中 $0<r<d$，于是 $d\mid n-r$. 得到

$$x^n-1=x^r x^{n-r}-x^r+x^r-1=x^r(x^{n-r}-1)+(x^r-1).$$

因为 $(x^d-1)\mid(x^n-1)$，即 $(x^d-1)\mid x^r(x^{n-r}-1)+(x^r-1)$，由充分性的证明可得到

$$(x^d-1)\mid(x^r-1)$$

矛盾（因为 $0<r<d$），即证 $d\mid n$.

8.（华南师范大学）设 $f(x)$ 是有理数域 $\mathbf{Q}$ 上的多项式，$a+\sqrt{c}$ 是 $f(x)$ 的无理根，（$a,c\in\mathbf{Q}$，$\sqrt{c}$ 是无理数），证明：

1）$[x-(a+\sqrt{c})][x-(a-\sqrt{c})]\mid f(x)$；

2）设 $g(x)$ 是有理数域 $\mathbf{Q}$ 上的首项系数为1的4次多项式，$1+\sqrt{2}$，$1+\mathrm{i}$ 是 $g(x)$ 的根，求 $g(x)$.

证明　1）因为 $a+\sqrt{c}$ 是 $f(x)$ 的无理根，则在实数域上 $[x-(a+\sqrt{c})][x-(a-\sqrt{c})]=x^2-2ax+a^2-c^2$ 与 $f(x)$ 不互素，故在有理数域上 $[x-(a+\sqrt{c})][x-(a-\sqrt{c})]$ 与 $f(x)$ 不互素. 又因为 $[x-(a+\sqrt{c})][x-(a-\sqrt{c})]$ 在有理数域上不可约，故 $[x-(a+\sqrt{c})][x-(a-\sqrt{c})]\mid f(x)$.

2）因为 $1+\sqrt{2}$，$1+\mathrm{i}$ 是 $g(x)$ 的根，则 $1-\sqrt{2}$，$1-\mathrm{i}$ 也是 $g(x)$ 的根. 故 $g(x)=[x-(1+\sqrt{2})][x-(1-\sqrt{2})][x-(1+\mathrm{i})][x-(1-\mathrm{i})]=(x^2-2x-1)(x^2-2x+2)=x^4-4x^3+5x^2-2x-2$.

9.（北京大学）对任意非负整数 n，令 $f_n(x)=x^{n+2}-(x+1)^{2n+1}$. 证明：$(x^2+x+1,f_n(x))=1$.

证明　因为多项式 x^2+x+1 的两个根是3次单位虚根 ω，ω^2（这里 $\omega^3=1$），且

$$\begin{aligned}f_n(\omega)&=\omega^{n+2}-(\omega+1)^{2n+1}=\omega^{n+2}-(-\omega^2)^{2n+1}=\omega^{n+2}+\omega^{4n+2}\\&=\omega^{n+2}+\omega^{3n}\omega^{n+2}=2\omega^{n+2}\neq 0,\end{aligned}$$

$$f_n(\omega^2)=(\omega^2)^{n+2}-(\omega^2+1)^{2n+1}=\omega^{2n+4}-(-\omega)^{2n+1}$$
$$=\omega^{2n+4}+\omega^{2n+1}=\omega^{2n+1}(\omega^3+1)=2\omega^{2n+1}\neq 0,$$

所以 $x-\omega\nmid f_n(x)$，$x-\omega^2\nmid f_n(x)$.

由 $x-\omega$，$x-\omega^2$ 均为不可约多项式得 $(x-\omega,f_n(x))=1$，$(x-\omega^2,f_n(x))=1$，又因为 $(x-\omega,x-\omega^2)=1$，所以 $((x-\omega)(x-\omega^2),f_n(x))=1$，即 $(x^2+x+1,f_n(x))=1$.

10.（中科院）设 $\frac{p}{q}$ 是既约分数，$f(x)=a_nx^n+a_{n-1}x^{n-1}+a_2x^{n-2}+\cdots+a_1x+a_0$ 是整系数多项式，而且 $f\left(\frac{p}{q}\right)=0$.

证明:1) $p\mid a_0$，而 $q\mid a_n$；2) 对任意整数 m，有 $(p-mq)\mid f(m)$.

证明 1) 由 $f\left(\frac{p}{q}\right)=0$，可得 $a_np^n+a_{n-1}p^{n-1}q+\cdots+a_1pq^{n-1}+a_0q^n=0$.

可见 $q\mid a_np^n$，而 $(q,p)=1$，所以 $q\mid a_n$. 同理可得 $p\mid a_0$.

2) 由题设，存在有理系数多项式 $f_0(x)$，使

$$f(x)=\left(x-\frac{p}{q}\right)f_0(x)=(qx-p)\left(\frac{1}{q}f_0(x)\right).$$

由于 $f(x)\in \mathrm{Z}[x]$，$qx-p$ 是本原多项式，所以 $\frac{1}{q}f_0(x)$ 是整系数多项式. 记 $g(x)=\frac{1}{q}f_0(x)$，则有 $f(m)=(qm-p)g(m)$. 这里 $g(m)$ 是整数，所以 $(qm-p)\mid f(m)$.

11.（首都师范大学）给定有理数域 $\mathbf{Q}$ 上多项式 $f(x)=x^3+3x^2+3$，

1) 证明 $f(x)$ 为 $\mathbf{Q}$ 上不可约多项式.

2) 设 α 是 $f(x)$ 在复数域 C 内的一根，定义

$$\mathbf{Q}[\alpha]=\{a_0+a_1\alpha+a_2\alpha^2\mid a_0,a_1,a_2\in\mathbf{Q}\}.$$

证明:对于任意的 $g(x)\in\mathbf{Q}[x]$，有 $g(\alpha)\in\mathbf{Q}[\alpha]$.

3) 证明:若 $\beta\in\mathbf{Q}[\alpha]$，且 $\beta\neq 0$，则存在 $\gamma\in\mathbf{Q}[\alpha]$，使得 $\beta\gamma=1$.

证明 1) 取素数 $p=3$，对 $f(x)=x^3+3x^2+3\triangleq a_3x^3+a_2x^2+a_1x+a_0$，显然，有 $p\mid a_0$，a_1，a_2，但 $p\nmid a_3$，且 $p^2=9$，$9\nmid a_0$.

由爱森斯坦判别法知，$f(x)$ 在 $\mathbf{Q}$ 上不可约.

2) 如果 $\partial g(x)\leqslant 2$ 则，由 $g(x)\in\mathbf{Q}[x]$ 知，$g(\alpha)\in\mathbf{Q}[\alpha]$.

如果 $\partial g(x)\geqslant 3$，令 $g(x)=f(x)q(x)+r(x)$，$r(x)=0$ 或 $\partial r(x)<3$，则 $g(\alpha)=f(\alpha)q(\alpha)+r(\alpha)=r(\alpha)\in\mathbf{Q}[\alpha]$.

3) 令 $\beta=a_0+a_1\alpha+a_2\alpha^2$，$a_0,a_1,a_2\in\mathbf{Q}$. 取 $g(x)=a_0+a_1x+a_2x^2$，因 $f(x)$ 在 $\mathbf{Q}$ 上不可约，且 $f(x)\nmid g(x)$，所以有 $(f(x),g(x))=1$. 因此存在 $u(x)$，$v(x)$ 使 $u(x)f(x)+v(x)g(x)=1$，令 $x=\alpha$ 可得 $v(\alpha)g(\alpha)=1$，取 $\gamma=v(\alpha)$，则有

$$\gamma\beta=1.$$

12.（华东师范大学）设 $\mathbf{R}$ 是实数域，$i^2=-1$，$f_1(x)$，$f_2(x)\in\mathbf{R}(x)$，$f(x)=f_1(x)+if_2(x)$，并且设 $(f_1(x),f_2(x))=d(x)\neq 1$. 证明:$f(x)$ 与 $d(x)$ 有相同的根集.

证明 因为 $d(x)=(f_1(x),f_2(x))$，设

$$f_1(x)=d(x)h_1(x), f_2(x)=d(x)h_2(x), (h_1(x),h_2(x))=1.$$

那么 $f(x)=d(x)(h_1(x)+\mathrm{i}h_2(x))$. 可以得到 $d(x)$ 的根一定都是 $f(x)$ 的根. 任取 $f(x)$ 的一个根 x_0,即 $f(x_0)=0$. 进一步有

$$d(x_0)(h_1(x_0)+\mathrm{i}h_2(x_0))=0.$$

设若 x_0 不是 $d(x)$ 的根,那么由上式有 $h_1(x_0)=h_2(x_0)=0$. 此即 $(x-x_0)\mid h_1(x)$, $(x-x_0)\mid h_2(x)$,这与 $(h_1(x),h_2(x))=1$ 矛盾. 从而即证 x_0 也是 $d(x)$ 的根.

13.(北京大学)设 $f(x)$ 是有理数域上 $\mathbf{Q}$ 的一个 m 次多项式, n 是大于 m 的正整数,证明: $\sqrt[n]{2}$ 不是 $f(x)$ 的实根.

证明 用反证法,若 $\sqrt[n]{2}$ 是 $f(x)$ 的实根,那么 $x-\sqrt[n]{2}$ 可以整除 $f(x)$(在 $\mathbf{R}(x)$ 内). 但 $x-\sqrt[n]{2}\mid(x^n-2)$,且由爱森斯坦因判别法可知 x^n-2 在 $\mathbf{Q}$ 中不可约. 又因为 x^n-2 是以 $\sqrt[n]{2}$ 为根的最低的有理系数的不可约多项式,所以 $(x^n-2)\mid f(x)$. 这样 $\partial(f(x))\geqslant n>m$. 这与 $\partial(f(x))=m$ 相矛盾. 故 $\sqrt[n]{2}$ 不是 $f(x)$ 的根.

14.(上海交大)若 $(x^4+x^3+x^2+x+1)\mid[x^3f_1(x^5)+x^2f_2(x^5)+xf_3(x^5)+f_4(x^5)]$,这里 $f_1(x),f_2(x),f_3(x),f_4(x)$ 为实系数多项式. 求证: $f_i(1)=0,(i=1,2,3,4)$.

证明 设 x^5-1 的五个根为 $1,\alpha,\alpha^2,\alpha^3,\alpha^4$,其中

$$\alpha=\cos\frac{2\pi}{5}+\mathrm{i}\sin\frac{2\pi}{5},\alpha^5=1.$$

则 $x^4+x^3+x^2+x+1=(x-\alpha)(x-\alpha^2)(x-\alpha^3)(x-\alpha^4)$, $\alpha,\alpha^2,\alpha^3,\alpha^4$ 互不相同,不妨记 $\alpha=\alpha_1,\alpha^2=\alpha_2,\alpha^3=\alpha_3,\alpha^4=\alpha_4$.

由假设可得

$$\begin{cases}\alpha_1^3f_1(1)+\alpha_1^2f_2(1)+\alpha_1f_3(1)+f_4(1)=0,\\ \alpha_2^3f_1(1)+\alpha_2^2f_2(1)+\alpha_2f_3(1)+f_4(1)=0,\\ \alpha_3^3f_1(1)+\alpha_3^2f_2(1)+\alpha_3f_3(1)+f_4(1)=0,\\ \alpha_4^3f_1(1)+\alpha_4^2f_2(1)+\alpha_4f_3(1)+f_4(1)=0.\end{cases}$$

由范德蒙德行列式可知齐次方程的系数行列式不等于0,所以 $f_i(1)=0,(i=1,2,3,4)$.

15.(华东师范大学)设 $f(x)$ 为有理数域 $\mathbf{Q}$ 上 n $(n\geqslant 2)$ 次多项式,并且它在 $\mathbf{Q}$ 上不可约,如果的 $f(x)$ 的一个根 α 的倒数 $\dfrac{1}{\alpha}$ 仍是 $f(x)$ 的根. 证明: $f(x)$ 每一个根的倒数都是 $f(x)$ 的根.

证明 设 $f(x)=a_nx^n+\cdots a_1x+a_0(n\geqslant 2)$,由 $f(x)$ 不可约,可以得到 $a_0\neq 0$.

由已知 $f\left(\dfrac{1}{\alpha}\right)=a_n\dfrac{1}{\alpha^n}+\cdots a_1\dfrac{1}{\alpha}+a_0=0$,所以 $a_n+a_{n-1}\alpha+\cdots a_0\alpha^n=0$,即 α 是 $g(x)=a_n+a_{n-1}x+\cdots a_0x^n$ 的根. 这样,有理数域 $\mathbf{Q}$ 上多项式 $f(x)$ 与 $g(x)$ 有公共根,由 $f(x)$ 不可约知 $f(x)\mid g(x)$.

任取 $f(x)$ 的根 $\beta\neq 0$(否则与 $a_0\neq 0$ 矛盾),则 β 是 $g(x)$ 的根,即有

$$g(\beta)=a_n+a_{n-1}\beta+\cdots a_0\beta^n=0,$$

所以 $a_n\dfrac{1}{\beta^n}+\cdots a_1\dfrac{1}{\beta}+a_0=0$,故有 $f\left(\dfrac{1}{\beta}\right)=0$,结论成立.

16.(中科院)试求以 $\sqrt{2}+\sqrt{3}$ 为根的有理系数的不可约多项式.

证明 设 $f(x)\in\mathbf{Q}[x]$,且以 $\sqrt{2}+\sqrt{3}$ 为根,那么 $\sqrt{2}-\sqrt{3}$,$-\sqrt{2}-\sqrt{3}$,$-\sqrt{2}+\sqrt{3}$ 也一定是 $f(x)$ 的根.这时令

$$\begin{aligned}f(x)&=(x-\sqrt{2}+\sqrt{3})(x-\sqrt{2}-\sqrt{3})(x+\sqrt{2}+\sqrt{3})(x+\sqrt{2}-\sqrt{3})\\&=x^4-10x^2+1.\end{aligned}$$

下证 $f(x)$ 在 $\mathbf{Q}[x]$ 上不可约,由 $f(x)$ 如果有有理根,必为 ±1,但 ±1 都不是 $f(x)$ 的根.这就是说 $f(x)$ 不可能分解为一个一次因式与一个三次因式之积.

其次,如果 $f(x)$ 在 $\mathbf{Q}[x]$ 上分解为两个二次因式之积,那么必可在 $\mathbf{Z}[x]$ 上分解为二次因式之积,即

$$f(x)=x^4-10x^2+1=(x^2+ax+b)(x^2+cx+d).$$

其中 $a,b,c,d\in\mathbf{Z}$,那么比较上式两边系数得

$$\begin{cases}a+c=0,\\b+d+ac=-10,\\ad+bc=0,\\bd=1,\end{cases}$$

由 $bd=1$,知 $b=d=1$ 或 $b=d=-1$.

当 $b=d=1$ 时,由 $ad+bc=0$ 得 $a=-c$,再由 $b+d+ac=-10$,可得 $-c^2=-12$,$c^2=12$.但与 c 是整数,矛盾.

当 $b=d=-1$ 时,得 $-c^2=-8$,故 $c^2=8$ 也不可能.

因此 x^4-10x^2+1 不可能分解为两个二次式之积.

综上可知,$f(x)=x^4-10x^2+1$ 在 $\mathbf{Q}[x]$ 上不可约,故 x^4-10x^2+1 即为所求.

第 2 章　行列式

行列式是高等代数中相对简单的一章，主要是行列式的定义、性质和若干计算方法. 行列式的概念要从 $n=1,2,3$ 等低阶情形开始理解，而行列式的性质是具体计算的基础，要理解并牢记. 行列式的按行展开公式是计算行列式非常重要的一个方法和工具. 本章主要学习行列式的计算方法和技巧等，包括定义法（适用低阶和 0 较多的情形）、利用性质化为上（下）三角行列式计算、按行（列）展开、范德蒙德行列式、加边法、递推公式、数学归纳证明和特征值法等.

2.1　行列式的概念与性质

定义 1　由 $1,2,\cdots,n$ 组成的一个有序数组称为一个 n 阶排列.

显然 $12\cdots n$ 也是一个 n 阶排列，这个排列具有自然顺序.

定义 2　在一个排列中，如果一对数的前后位置与大小顺序相反，即前面的数大于后面的数，那么它们就称为一个逆序，一个排列中逆序的总数就称为这个排列的逆序数.

排列 $j_1j_2\cdots j_n$ 的逆序数记为 $\tau(j_1j_2\cdots j_n)$.

定义 3　逆序数为偶数的排列称为偶排列；逆序数为奇数的排列称为奇排列.

定理 1　对换改变排列的奇偶性.

推论　在全部 n 阶排列排列中，奇、偶排列的个数相等，各有 $\frac{n!}{2}$ 个.

定理 2　任意一个 n 阶排列与排列 $12\cdots n$ 都可以经过一系列对换互变，并且所作对换的个数与这个排列有相同的奇偶性.

定义 4　n 阶行列式 $\begin{vmatrix} a_{11} & a_{12} & \cdots & a_{1n} \\ a_{21} & a_{22} & \cdots & a_{2n} \\ \vdots & \vdots & & \vdots \\ a_{n1} & a_{n2} & \cdots & a_{nn} \end{vmatrix} = \sum\limits_{j_1j_2\cdots j_n} (-1)^{\tau(j_1j_2\cdots j_n)} a_{1j_1}a_{2j_2}\cdots a_{nj_n}$.

性质 1　行列互换，行列式不变. 即

$$\begin{vmatrix} a_{11} & a_{12} & \cdots & a_{1n} \\ a_{21} & a_{22} & \cdots & a_{2n} \\ \vdots & \vdots & & \vdots \\ a_{n1} & a_{n2} & \cdots & a_{nn} \end{vmatrix} = \begin{vmatrix} a_{11} & a_{21} & \cdots & a_{n1} \\ a_{12} & a_{22} & \cdots & a_{n2} \\ \vdots & \vdots & & \vdots \\ a_{1n} & a_{2n} & \cdots & a_{nn} \end{vmatrix}.$$

性质 2

$$\begin{vmatrix} a_{11} & a_{12} & \cdots & a_{1n} \\ \vdots & \vdots & & \vdots \\ ka_{i1} & ka_{i2} & \cdots & ka_{in} \\ \vdots & \vdots & & \vdots \\ a_{n1} & a_{n2} & \cdots & a_{nn} \end{vmatrix} = k\begin{vmatrix} a_{11} & a_{12} & \cdots & a_{1n} \\ \vdots & \vdots & & \vdots \\ a_{i1} & a_{i2} & \cdots & a_{in} \\ \vdots & \vdots & & \vdots \\ a_{n1} & a_{n2} & \cdots & a_{nn} \end{vmatrix}.$$

这就是说,一行的公因子可以提出去,或者说以一数乘行列式的一行相当于用这个数乘此行列式.

令 $k=0$,就有如果行列式中一行为零,那么行列式为零.

性质 3

$$\begin{vmatrix} a_{11} & a_{12} & \cdots & a_{1n} \\ \vdots & \vdots & & \vdots \\ b_1+c_1 & b_2+c_2 & \cdots & b_n+c_n \\ \vdots & \vdots & & \vdots \\ a_{n1} & a_{n2} & \cdots & a_{nn} \end{vmatrix} = \begin{vmatrix} a_{11} & a_{12} & \cdots & a_{1n} \\ \vdots & \vdots & & \vdots \\ b_1 & b_2 & \cdots & b_n \\ \vdots & \vdots & & \vdots \\ a_{n1} & a_{n2} & \cdots & a_{nn} \end{vmatrix} + \begin{vmatrix} a_{11} & a_{12} & \cdots & a_{1n} \\ \vdots & \vdots & & \vdots \\ c_1 & c_2 & \cdots & c_n \\ \vdots & \vdots & & \vdots \\ a_{n1} & a_{n2} & \cdots & a_{nn} \end{vmatrix}.$$

这就是说,如果某一行是两组数的和,那么这个行列式就等于两个行列式的和,而这两个行列式除这一行以外全与原来行列式的对应的行一样.

注 性质 3 显然可以推广到某一行为多组数的和的情形.

性质 4 如果行列式中有两行相同,那么行列式为零.所谓两行相同就是说两行的对应元素都相等.

性质 5 如果行列式中两行成比例,那么行列式为零.

性质 6 把一行的倍数加到另一行,行列式不变.

性质 7 对换行列式中两行的位置,行列式反号.

本节知识拓展 区分行列式与矩阵概念和符号的异同,理解性质 2,并与矩阵的数量乘积进行比较.理解性质 3,并与矩阵的加法进行比较.行列式的七个性质是计算行列式的最基本方法.

例 1 计算行列式 $\begin{vmatrix} 1 & 2 & 3 & 4 \\ 2 & 3 & 4 & 1 \\ 3 & 4 & 1 & 2 \\ 4 & 1 & 2 & 3 \end{vmatrix}$.

解

$$D \xlongequal[c_1+c_4]{\substack{c_1+c_2\\c_1+c_3}} \begin{vmatrix} 10 & 2 & 3 & 4 \\ 10 & 3 & 4 & 1 \\ 10 & 4 & 1 & 2 \\ 10 & 1 & 2 & 3 \end{vmatrix} \xlongequal[r_4-r_1]{\substack{r_2-r_1\\r_3-r_1}} \begin{vmatrix} 10 & 2 & 3 & 4 \\ 0 & 1 & 1 & -3 \\ 0 & 2 & -2 & -2 \\ 0 & -1 & -1 & -1 \end{vmatrix}$$

$$= 10 \begin{vmatrix} 1 & 1 & -3 \\ 2 & -2 & -2 \\ -1 & -1 & -1 \end{vmatrix} \xlongequal[r_3+r_1]{r_2-2r_1} 10 \begin{vmatrix} 1 & 1 & -3 \\ 0 & -4 & 4 \\ 0 & 0 & -4 \end{vmatrix} = 160.$$

2.2　行列式的计算

定义 5　由 sn 个数排成的 s 行(横的) n 列(纵的)的表

$$\begin{pmatrix} a_{11} & a_{12} & \cdots & a_{1n} \\ a_{21} & a_{22} & \cdots & a_{2n} \\ \vdots & \vdots & & \vdots \\ a_{s1} & a_{s2} & \cdots & a_{sn} \end{pmatrix}$$

称为一个 $s \times n$ 矩阵.

定义 6　数域 P 上矩阵的初等行变换是指下列三种变换:

1)以 P 中一个非零的数乘矩阵的某一行;

2)把矩阵的某一行的 c 倍加到另一行,这里 c 是 P 中任意一个数;

3)互换矩阵中两行的位置.

注　矩阵是数表,初等变换用箭头;行列式是算式,计算用等号.

定义 7　在行列式

$$\begin{vmatrix} a_{11} & \cdots & a_{1j} & \cdots & a_{1n} \\ \vdots & & \vdots & \vdots & \\ a_{i1} & \cdots & a_{ij} & \cdots & a_{in} \\ \vdots & & \vdots & \vdots & \\ a_{n1} & \cdots & a_{nj} & \cdots & a_{nn} \end{vmatrix}$$

中划去元素 a_{ij} 所在的第 i 行与第 j 列,剩下的 $(n-1)^2$ 个元素按原来的排法构成一个 $n-1$ 阶行列式

$$\begin{vmatrix} a_{11} & \cdots & a_{1,j-1} & a_{1,j+1} & \cdots & a_{1n} \\ \vdots & & \vdots & \vdots & & \vdots \\ a_{i-1,1} & \cdots & a_{i-1,j-1} & a_{i-1,j+1} & \cdots & a_{i-1,n} \\ a_{i+1,1} & \cdots & a_{i+1,j-1} & a_{i+1,j+1} & \cdots & a_{i+1,n} \\ \vdots & & \vdots & \vdots & & \vdots \\ a_{n1} & \cdots & a_{n,j-1} & a_{n,j+1} & \cdots & a_{nn} \end{vmatrix}$$

称为元素 a_{ij} 的余子式,记作 M_{ij} .

定义 8 $A_{ij}=(-1)^{i+j}M_{ij}$ 称为元素 a_{ij} 的代数余子式.

定理 3 设

$$d=\begin{vmatrix} a_{11} & a_{12} & \cdots & a_{1n} \\ a_{21} & a_{22} & \cdots & a_{2n} \\ \vdots & \vdots & & \vdots \\ a_{n1} & a_{n2} & \cdots & a_{nn} \end{vmatrix}$$

A_{ij} 表示元素 a_{ij} 的代数余子式,则下列公式成立:

$$a_{k1}A_{i1}+a_{k2}A_{i2}+\cdots+a_{kn}A_{in}=\begin{cases} d, 当 k=i, \\ 0, 当 k\neq i. \end{cases}$$

$$a_{1l}A_{1j}+a_{2l}A_{2j}+\cdots+a_{nl}A_{nj}=\begin{cases} d, 当 l=j, \\ 0, 当 l\neq j. \end{cases}$$

注 本节代数余子式和定理 3 是第四章矩阵的逆的判别基础,利用代数余子式构造伴随矩阵,给出计算逆矩阵的公式.

命题 1 n 阶范德蒙德(Vandermonde)行列式

$$\begin{vmatrix} 1 & 1 & 1 & \cdots & 1 \\ a_1 & a_2 & a_3 & \cdots & a_n \\ a_1^2 & a_2^2 & a_3^2 & \cdots & a_n^2 \\ \vdots & \vdots & \vdots & & \vdots \\ a_1^{n-1} & a_2^{n-1} & a_3^{n-1} & \cdots & a_n^{n-1} \end{vmatrix}=\prod_{1\leqslant j<i\leqslant n}(a_i-a_j).$$

命题 2 行列式

$$\begin{vmatrix} a_{11} & \cdots & a_{1k} & 0 & \cdots & 0 \\ \vdots & & \vdots & \vdots & & \vdots \\ a_{k1} & \cdots & a_{kk} & 0 & \cdots & 0 \\ c_{11} & \cdots & c_{1k} & b_{11} & \cdots & b_{1r} \\ \vdots & & \vdots & \vdots & & \vdots \\ c_{r1} & \cdots & c_{rk} & b_{r1} & \cdots & b_{rr} \end{vmatrix}=\begin{vmatrix} a_{11} & \cdots & a_{1k} \\ \vdots & & \vdots \\ a_{k1} & \cdots & a_{kk} \end{vmatrix}\begin{vmatrix} b_{11} & \cdots & b_{1r} \\ \vdots & & \vdots \\ b_{r1} & \cdots & b_{rr} \end{vmatrix}.$$

定理 4 克拉默法则,略.

定理 5 如果齐次线性方程组 $\begin{cases} a_{11}x_1+a_{12}x_2+\cdots+a_{1n}x_n=0, \\ a_{21}x_1+a_{22}x_2+\cdots+a_{2n}x_n=0, \\ \quad\cdots\cdots \\ a_{n1}x_1+a_{n2}x_2+\cdots+a_{nn}x_n=0 \end{cases}$

的系数矩阵的行列式 $|\boldsymbol{A}|\neq 0$,那么它只有零解.换句话说,如果方程组有非零解,那么必有 $|\boldsymbol{A}|=0$.

注 克拉默法则是求解线性方程组的一个方法,但有很大的局限性,更一般的方法在第三章给出.

行列式常用计算方法

1)定义法(适用低阶行列式和 0 较多的情形);

2）化为三角形行列式的方法；
3）化为范得蒙行列式的方法；
4）利用按行（列）展开定理进行降阶；
5）加边法；
6）数学归纳法；
7）递推法；
8）借助矩阵的特征值计算行列式.

例 1　计算行列式 $\begin{vmatrix} 1 & \frac{1}{2} & 1 & 1 \\ -\frac{1}{3} & 1 & 2 & 1 \\ \frac{1}{3} & 1 & -1 & \frac{1}{2} \\ -1 & 1 & 0 & \frac{1}{2} \end{vmatrix}$.

解

$$D = \frac{1}{3}\cdot\frac{1}{2}\cdot\frac{1}{2}\begin{vmatrix} 3 & 1 & 1 & 2 \\ -1 & 2 & 2 & 2 \\ 1 & 2 & -1 & 1 \\ -3 & 2 & 0 & 1 \end{vmatrix} \overset{r_2-2r_1}{\underset{r_3+r_1}{=}} \frac{1}{12}\begin{vmatrix} 3 & 1 & 1 & 2 \\ -7 & 0 & 0 & -2 \\ 4 & 3 & 0 & 3 \\ -3 & 2 & 0 & 1 \end{vmatrix}$$

$$\overset{3列展开式}{=} \frac{1}{12}(-1)^{1+3}\begin{vmatrix} -7 & 0 & -2 \\ 4 & 3 & 3 \\ -3 & 2 & 1 \end{vmatrix} \overset{r_1+2r_3}{\underset{r_2-3r_3}{=}} \frac{1}{12}\begin{vmatrix} -13 & 4 & 0 \\ 13 & -3 & 0 \\ -3 & 2 & 1 \end{vmatrix} = -\frac{13}{12}.$$

例 2　计算 n 阶行列式 $D = \begin{vmatrix} a_1-b_1 & a_1-b_2 & \cdots & a_1-b_n \\ a_2-b_1 & a_2-b_2 & \cdots & a_2-b_n \\ \vdots & \vdots & & \vdots \\ a_n-b_1 & a_n-b_2 & \cdots & a_n-b_n \end{vmatrix}$.

解　法 1　当 $n=1$ 时，$D=a_1-b_1$.

当 $n=2$ 时，$D=\begin{vmatrix} a_1-b_1 & a_1-b_2 \\ a_2-b_1 & a_2-b_2 \end{vmatrix}=(a_1-a_2)(b_1-b_2)$.

当 $n \geqslant 3$ 时，

$$D \overset{\substack{c_2-c_1 \\ c_3-c_1 \\ \vdots \\ c_n-c_1}}{=} \begin{vmatrix} a_1-b_1 & b_1-b_2 & \cdots & b_1-b_n \\ a_2-b_2 & b_1-b_2 & \cdots & b_1-b_n \\ \vdots & \vdots & & \vdots \\ a_n-b_n & b_1-b_2 & \cdots & b_1-b_n \end{vmatrix}$$

$$=(b_1-b_2)\cdots(b_1-b_n)\begin{vmatrix} a_1-b_1 & 1 & \cdots & 1 \\ a_2-b_2 & 1 & \cdots & 1 \\ \vdots & \vdots & & \vdots \\ a_n-b_n & 1 & \cdots & 1 \end{vmatrix}=0.$$

法 2 利用行列式乘法规则,有

$$D=\begin{vmatrix}1&a_1&0&\cdots&0\\1&a_2&0&\cdots&0\\1&a_3&0&\cdots&0\\\vdots&\vdots&\vdots&&\vdots\\1&a_n&0&\cdots&0\end{vmatrix}\begin{vmatrix}-b_1&-b_2&\cdots&-b_n\\1&1&\cdots&1\\0&0&\cdots&0\\\vdots&\vdots&&\vdots\\0&0&\cdots&0\end{vmatrix}=0.$$

例 3 计算 $\begin{vmatrix}1&2&3&\cdots&n-1&n\\1&-1&0&\cdots&0&0\\0&2&-2&\cdots&0&0\\\vdots&\vdots&\vdots&&\vdots&\vdots\\0&0&0&\cdots&n-1&1-n\end{vmatrix}$.

解
$$D\overset{c_1+c_n}{\underset{\vdots}{=}}\begin{vmatrix}\frac{n(n+1)}{2}&2&3&\cdots&n-1&n\\0&-1&0&\cdots&0&0\\0&2&-2&\cdots&0&0\\\vdots&\vdots&\vdots&&\vdots&\vdots\\0&0&0&\cdots&n-1&1-n\end{vmatrix}$$

$$\overset{1列展开}{=}\frac{n(n+1)}{2}\begin{vmatrix}-1&&&\\2&-2&&\\&\ddots&\ddots&\\&&n-1&1-n\end{vmatrix}=\frac{n(n+1)}{2}(-1)^{n-1}(n-1)!$$

$$=\frac{(-1)^{n-1}}{2}(n+1)!\ .$$

例 4 证明 $\begin{vmatrix}\alpha+\beta&\alpha\beta&0&0&0\\1&\alpha+\beta&\alpha\beta&0&0\\0&1&\alpha+\beta&0&0\\&&&&\\0&0&0&1&\alpha+\beta\end{vmatrix}=\frac{\alpha^{n+1}-\beta^{n+1}}{\alpha-\beta}$.

证明 $D_1=\alpha+\beta=\frac{\alpha^2-\beta^2}{\alpha-\beta}$;

$D_2=\alpha^2+\beta^2+\alpha\beta=\frac{\alpha^3-\beta^3}{\alpha-\beta}$. 当 $n\geqslant 3$ 时,

法 1

$$D_n\overset{1列展开}{=}(\alpha+\beta)D_{n-1}-\begin{vmatrix}\alpha\beta&0&0&\cdots&0&0\\1&\alpha+\beta&\alpha\beta&\cdots&0&0\\\vdots&\vdots&\vdots&&\vdots&\vdots\\0&0&0&\cdots&1&\alpha+\beta\end{vmatrix}=(\alpha+\beta)D_{n-1}-\alpha\beta D_{n-2},$$

于是

$D_n-\beta D_{n-1}=\alpha(D_{n-1}-\beta D_{n-2})=\alpha^2(D_{n-2}-\beta D_{n-3})=\cdots=\alpha^{n-2}(D_2-\beta D_1)=\alpha^n$，

故　$D_n=\alpha^n+\beta D_{n-1}=\alpha^n+\beta(\alpha^{n-1}+\beta D_{n-2})=\cdots$

$$=\alpha^n+\beta\alpha^{n-1}+\cdots+\beta^{n-2}D_2=\alpha^n+\beta\alpha^{n-1}+\cdots+\beta^{n-1}\alpha+\beta^n=\frac{\alpha^{n+1}-\beta^{n+1}}{\alpha-\beta}.$$

法 2　$D_n-\beta D_{n-1}=\alpha^n$，同理 $D_n-\alpha D_{n-1}=\beta^n$.

因此　$D_n=\dfrac{\begin{vmatrix}\alpha^n & -\beta\\ \beta^n & -\alpha\end{vmatrix}}{\begin{vmatrix}1 & -\beta\\ 1 & -\alpha\end{vmatrix}}=\dfrac{\beta^{n+1}-\alpha^{n+1}}{\beta-\alpha}$.

例 5　证明 $\begin{vmatrix}\cos\alpha & 1 & 0 & \cdots & 0 & 0\\ 1 & 2\cos\alpha & 1 & \cdots & 0 & 0\\ 0 & 1 & 2\cos\alpha & \cdots & 0 & 0\\ \vdots & \vdots & \vdots & & \vdots & \vdots\\ 0 & 0 & 0 & \cdots & 1 & 2\cos\alpha\end{vmatrix}=\cos n\alpha$.

证明　利用第二数学归纳法. $n=2$ 时，

$D_2=\begin{vmatrix}\cos\alpha & 1\\ 1 & 2\cos\alpha\end{vmatrix}=2\cos^2\alpha-1=\cos 2\alpha$.

结论成立. 假设对阶数小于 n 的行列式，结论成立，则

$D_n\overset{n行展}{=}2\cos\alpha D_{n-1}-D_{n-2}$.

由假设

$D_{n-2}=\cos(n-2)\alpha=\cos[(n-1)\alpha-\alpha]=\cos(n-1)\alpha\cos\alpha+\sin(n-1)\alpha\sin\alpha$

代入前一式得

$D_n=2\cos\alpha\cos(n-1)\alpha-[\cos(n-1)\alpha\cos\alpha+\sin(n-1)\alpha\sin\alpha]$

$\quad=\cos(n-1)\alpha\cos\alpha-\sin(n-1)\alpha\sin\alpha=\cos n\alpha$.

故对一切自然数 n，结论成立.

例 6　证明 $\begin{vmatrix}1+a_1 & 1 & 1 & \cdots & 1 & 1\\ 1 & 1+a_2 & 1 & \cdots & 1 & 1\\ 1 & 1 & 1+a_3 & \cdots & 1 & 1\\ \vdots & \vdots & \vdots & & \vdots & \vdots\\ 1 & 1 & 1 & \cdots & 1 & 1+a_n\end{vmatrix}=a_1a_2\cdots a_n\left(1+\sum_{i=1}^{n}\frac{1}{a_i}\right)$.

证明　法 1

$$D_n\overset{升级}{=}\begin{vmatrix}1 & 1 & 1 & \cdots & 1\\ 0 & 1+a_1 & 1 & \cdots & 1\\ 0 & 1 & 1+a_2 & \cdots & 1\\ \vdots & \vdots & \vdots & & \vdots\\ 0 & 1 & 1 & \cdots & 1+a_n\end{vmatrix}\overset{\substack{r_2-r_1\\ \vdots\\ r_{n+1}-r_1}}{=}\begin{vmatrix}1 & 1 & 1 & \cdots & 1\\ -1 & a_1 & & & \\ -1 & & a_2 & & \\ & & & \ddots & \\ -1 & & & & a_n\end{vmatrix}$$

$$\overset{c_1+\frac{1}{a_1}c_2}{\underset{c_1+\frac{1}{a_n}c_{n+1}}{\overset{\vdots}{=}}}\begin{vmatrix} 1+\sum_{i=1}^{n}\frac{1}{a_i} & 1 & 1 & \cdots & 1 \\ 0 & a_1 & & & \\ 0 & & a_2 & & \\ \vdots & & & \ddots & \\ 0 & & & & a_n \end{vmatrix} = a_1a_2\cdots a_n\left(1+\sum_{i=1}^{n}\frac{1}{a_i}\right).$$

法 2　采用数学归纳法,易验算 $n=1,2$ 时结论成立. 假设对 $n-1$ 阶行列式结论成立,则

$$D_n \overset{\text{拆}n\text{列}}{=} \begin{vmatrix} 1+a_1 & 1 & \cdots & 1 \\ 1 & 1+a_2 & \cdots & 1 \\ \vdots & \vdots & & \vdots \\ 1 & 1 & \cdots & 1 \end{vmatrix} + \begin{vmatrix} 1+a_1 & 1 & \cdots & 0 \\ 1 & 1+a_2 & \cdots & 0 \\ \vdots & \vdots & & \vdots \\ 1 & 1 & \cdots & a_n \end{vmatrix}$$

$$\overset{c_1-c_n}{\underset{c_{n-1}-c_n}{\overset{\vdots}{=}}} \begin{vmatrix} a_1 & 0 & \cdots & 0 & 1 \\ 0 & a_2 & \cdots & 0 & 1 \\ \vdots & \vdots & & \vdots & \vdots \\ 0 & 0 & \cdots & a_{n-1} & 1 \\ 0 & 0 & \cdots & 0 & 1 \end{vmatrix} + a_nD_{n-1} = a_1a_2\cdots a_{n-1} + a_nD_{n-1}.$$

由归纳假设, $D_{n-1}=a_1a_2\cdots a_{n-1}\left(1+\sum_{i=1}^{n-1}\frac{1}{a_i}\right)$. 从而

$$D_n = a_1a_2\cdots a_{n-1} + a_n\left[a_1a_2\cdots a_{n-1}\left(1+\sum_{i=1}^{n-1}\frac{1}{a_i}\right)\right] = a_1a_2\cdots a_n\left(1+\sum_{i=1}^{n}\frac{1}{a_i}\right).$$

例 7　设 $\boldsymbol{A}^*$ 是三阶方阵 $\boldsymbol{A}$ 的伴随阵, $|\boldsymbol{A}|=-\frac{1}{2}$,求 $|\boldsymbol{A}^{-1}-2\boldsymbol{A}^*|$.

解　要计算两个矩阵差的行列式,可以先乘以 $|\boldsymbol{A}|$ 变形后再计算,因为

$$|\boldsymbol{A}|\cdot|\boldsymbol{A}^{-1}-2\boldsymbol{A}^*|=|\boldsymbol{A}\boldsymbol{A}^{-1}-2\boldsymbol{A}\boldsymbol{A}^*|=|\boldsymbol{E}-2|\boldsymbol{A}|\boldsymbol{E}|=|2\boldsymbol{E}|=2^3,$$

所以 $|\boldsymbol{A}^{-1}-2\boldsymbol{A}^*|=\frac{2^3}{|\boldsymbol{A}|}=-16$.

例 8　求方程 $\begin{vmatrix} 1 & 1 & 1 & 1 \\ 1 & 2 & 4 & 8 \\ 1 & -2 & 4 & -8 \\ 1 & x & x^2 & x^3 \end{vmatrix}=0$ 的根.

解　法 1　将左边行列式按第 4 行展开,可得 x 的一个三次多项式(如果能估计出多项式的次数,不必具体写出其展开式),当取 $x=1$ 或 $x=2$ 或 $x=-2$ 时,总有两行相同,从而行列式为 0,由于一元三次方程在复数域上总有 3 个根,从而 $1,2,-2$ 是该方程的所有的根.

法 2　注意到左边的行列式是范德蒙德行列式的转置,其中 $x_1=1, x_2=2, x_3=-2, x_4=x$, 从而行列式的值为

$$\begin{aligned} D &= (x_2-x_1)(x_3-x_1)(x_4-x_1)(x_3-x_2)(x_4-x_2)(x_4-x_3) \\ &= (2-1)(-2-1)(x-1)(-2-2)(x-2)(x+2) \end{aligned}$$

$$= 12(x-1)(x-2)(x+2),$$

从而得到方程的根为 1,2, -2.

例 9　设 $\boldsymbol{A}$ 为 3×3 矩阵,$|\boldsymbol{A}|=-2$,把 $\boldsymbol{A}$ 按列分块为$(\boldsymbol{A}_1,\boldsymbol{A}_2,\boldsymbol{A}_3)$,其中 $\boldsymbol{A}_j(j=1,2,3)$是 $\boldsymbol{A}$ 的第 j 列,求$|\boldsymbol{A}_3-2\boldsymbol{A}_1,3\boldsymbol{A}_2,\boldsymbol{A}_1|$.

解　$|\boldsymbol{A}_3-2\boldsymbol{A}_1,3\boldsymbol{A}_2,\boldsymbol{A}_1|=3|\boldsymbol{A}_3,\boldsymbol{A}_2,\boldsymbol{A}_1|+|-2\boldsymbol{A}_1,3\boldsymbol{A}_2,\boldsymbol{A}_1|=6.$

本章知识拓展　行列式在后续章节的应用主要体现在:第 3 章讨论线性方程组的解,判断向量组的线性相关性;第 4 章求逆矩阵、确定矩阵的秩;第 5 章判断二次型的正定性;第 7 章计算矩阵的特征值等方面.

典型习题选讲

1. 求 $\sum\limits_{j_1j_2\cdots j_n}\begin{vmatrix} a_{1j_1} & a_{1j_2} & \cdots & a_{1j_n} \\ a_{2j_1} & a_{2j_2} & \cdots & a_{2j_n} \\ \vdots & \vdots & & \vdots \\ a_{nj_1} & a_{nj_2} & \cdots & a_{nj_n} \end{vmatrix}$,这里 $\sum\limits_{j_1j_2\cdots j_n}$ 是对所有 n 阶排列求和.

解　设 $D=\begin{vmatrix} a_{11} & a_{12} & \cdots & a_{1n} \\ a_{21} & a_{22} & \cdots & a_{2n} \\ \vdots & \vdots & & \vdots \\ a_{n1} & a_{n2} & \cdots & a_{nn} \end{vmatrix}$,则 $\begin{vmatrix} a_{1j_1} & a_{1j_2} & \cdots & a_{1j_n} \\ a_{2j_1} & a_{2j_2} & \cdots & a_{2j_n} \\ \vdots & \vdots & & \vdots \\ a_{nj_1} & a_{nj_2} & \cdots & a_{nj_n} \end{vmatrix}=(-1)^{\tau(j_1j_2\cdots j_n)}D$,

由于所有 n 阶排列中,奇偶排列各半,从而 D 带正号与带负号的个数相等,故 $D=0$.

2. 证明:

$$\begin{vmatrix} a_{11}+x & a_{12}+x & \cdots & a_{1n}+x \\ a_{21}+x & a_{22}+x & \cdots & a_{2n}+x \\ \vdots & \vdots & & \vdots \\ a_{n1}+x & a_{n2}+x & \cdots & a_{nn}+x \end{vmatrix}=\begin{vmatrix} a_{11} & a_{12} & \cdots & a_{1n} \\ a_{21} & a_{22} & \cdots & a_{2n} \\ \vdots & \vdots & & \vdots \\ a_{n1} & a_{n2} & \cdots & a_{nn} \end{vmatrix}+x\sum_{i=1}^{n}\sum_{j=1}^{n}A_{ij},$$

其中 A_{ij} 是 a_{ij} 的代数余子式.

证明　法 1

$$\text{左边}\overset{\text{拆一列}}{=}\begin{vmatrix} a_{11} & a_{12}+x & \cdots & a_{1n}+x \\ a_{21} & a_{22}+x & \cdots & a_{2n}+x \\ \vdots & \vdots & & \vdots \\ a_{n1} & a_{n2}+x & \cdots & a_{nn}+x \end{vmatrix}+\begin{vmatrix} x & a_{12}+x & \cdots & a_{1n}+x \\ x & a_{22}+x & \cdots & a_{2n}+x \\ \vdots & \vdots & & \vdots \\ x & a_{n2}+x & \cdots & a_{nn}+x \end{vmatrix}$$

$$=\begin{vmatrix} a_{11} & a_{12}+x & \cdots & a_{1n}+x \\ \vdots & \vdots & & \vdots \\ a_{n1} & a_{n2}+x & \cdots & a_{nn}+x \end{vmatrix}+x\begin{vmatrix} 1 & a_{12} & \cdots & a_{1n} \\ \vdots & \vdots & & \vdots \\ 1 & a_{n2} & \cdots & a_{nn} \end{vmatrix}$$

$$\overset{1列展开}{=}\begin{vmatrix} a_{11} & a_{12}+x & \cdots & a_{1n}+x \\ \vdots & \vdots & & \vdots \\ a_{n1} & a_{n2}+x & \cdots & a_{nn}+x \end{vmatrix}+x\sum_{i=1}^{n}A_{i1}.$$

类似地,对上式中第一列拆第2列可得

$$左边=\begin{vmatrix} a_{11} & a_{12} & a_{13}+x & \cdots & a_{1n}+x \\ \vdots & \vdots & \vdots & & \vdots \\ a_{n1} & a_{n2} & a_{n3}+x & \cdots & a_{nn}+x \end{vmatrix}+x\sum_{i=1}^{n}A_{i2}+x\sum_{i=1}^{n}A_{i1}$$

$$=\cdots=\begin{vmatrix} a_{11} & \cdots & a_{1n} \\ \vdots & & \vdots \\ a_{n1} & \cdots & a_{nn} \end{vmatrix}+x\sum_{i=1}^{n}A_{in}+\cdots+x\sum_{i=1}^{n}A_{i1}=右边.$$

法2

$$左边\overset{升级}{=}\begin{vmatrix} 1 & x & \cdots & x \\ 0 & a_{11}+x & \cdots & a_{1n}+x \\ \vdots & \vdots & & \vdots \\ 0 & a_{n1}+x & \cdots & a_{nn}+x \end{vmatrix}\begin{matrix} r_2-r_1 \\ = \\ \vdots \\ r_n-r_1 \end{matrix}\begin{vmatrix} 1 & x & \cdots & x \\ -1 & a_{11} & \cdots & a_{1n} \\ \vdots & \vdots & & \vdots \\ -1 & a_{n1} & \cdots & a_{nn} \end{vmatrix}$$

$$\overset{1行展开}{=}\begin{vmatrix} a_{11} & \cdots & a_{1n} \\ \vdots & & \vdots \\ a_{n1} & \cdots & a_{nn} \end{vmatrix}-x\begin{vmatrix} -1 & a_{12} & \cdots & a_{1n} \\ \vdots & \vdots & & \vdots \\ -1 & a_{n2} & \cdots & a_{nn} \end{vmatrix}+\cdots+(-1)^{n+2}x\begin{vmatrix} -1 & a_{11} & \cdots & a_{1,n-1} \\ \vdots & \vdots & & \vdots \\ -1 & a_{n1} & \cdots & a_{n,n-1} \end{vmatrix}$$

$$\overset{1列展开}{=}\begin{vmatrix} a_{11} & \cdots & a_{1n} \\ \vdots & & \vdots \\ a_{n1} & \cdots & a_{nn} \end{vmatrix}+x\sum_{i=1}^{n}A_{i1}+x\sum_{i=1}^{n}A_{i2}+\cdots+x\sum_{i=1}^{n}A_{in}=右边.$$

3. 证明 $\sum_{i=1}^{n}\sum_{j=1}^{n}A_{ij}=\begin{vmatrix} a_{11}-a_{12} & a_{12}-a_{13} & \cdots & a_{1,n-1}-a_{1n} & 1 \\ a_{21}-a_{22} & a_{22}-a_{23} & \cdots & a_{2,n-1}-a_{2n} & 1 \\ \vdots & \vdots & & \vdots & \vdots \\ a_{n1}-a_{n2} & a_{n2}-a_{n3} & \cdots & a_{n,n-1}-a_{nn} & 1 \end{vmatrix}$.

解 在第2题中令 $x=1$,得

$$\begin{vmatrix} a_{11}+1 & a_{12}+1 & \cdots & a_{1n}+1 \\ \vdots & \vdots & & \vdots \\ a_{n1}+1 & a_{n2}+1 & \cdots & a_{nn}+1 \end{vmatrix}=\begin{vmatrix} a_{11} & a_{12} & \cdots & a_{1n} \\ \vdots & \vdots & & \vdots \\ a_{n1} & a_{n2} & \cdots & a_{nn} \end{vmatrix}+\sum_{i=1}^{n}\sum_{j=1}^{n}A_{ij}. \qquad (*)$$

又

$$\begin{vmatrix} a_{11}+1 & a_{12}+1 & \cdots & a_{1n}+1 \\ \vdots & \vdots & & \vdots \\ a_{n1}+1 & a_{n2}+1 & \cdots & a_{nn}+1 \end{vmatrix}\begin{matrix} c_1-c_2 \\ c_2-c_3 \\ = \\ \vdots \\ c_{n-1}-c_n \end{matrix}\begin{vmatrix} a_{11}-a_{12} & a_{12}-a_{13} & \cdots & a_{1,n-1}-a_{1n} & a_{1n}+1 \\ \vdots & \vdots & & \vdots & \vdots \\ a_{n1}-a_{n2} & a_{n2}-a_{n3} & \cdots & a_{n,n-1}-a_{nn} & a_{nn}+1 \end{vmatrix}$$

$$\overset{拆n列}{=}\begin{vmatrix} a_{11}-a_{12} & a_{12}-a_{13} & \cdots & a_{1,n-1}-a_{1n} & 1 \\ \vdots & \vdots & & \vdots & \vdots \\ a_{n1}-a_{n2} & a_{n2}-a_{n3} & \cdots & a_{n,n-1}-a_{nn} & 1 \end{vmatrix}+\begin{vmatrix} a_{11}-a_{12} & a_{12}-a_{13} & \cdots & a_{1,n-1}-a_{1n} & a_{1n} \\ \vdots & \vdots & & \vdots & \vdots \\ a_{n1}-a_{n2} & a_{n2}-a_{n3} & \cdots & a_{n,n-1}-a_{nn} & a_{nn} \end{vmatrix}$$

$$\overset{\substack{c_{n-1}+c_n\\c_{n-2}+c_{n-1}}}{\underset{c_1+c_2}{\overset{=}{\vdots}}}\begin{vmatrix} a_{11}-a_{12} & a_{12}-a_{13} & \cdots & a_{1,n-1}-a_{1n} & 1 \\ \vdots & \vdots & & \vdots & \vdots \\ a_{n1}-a_{n2} & a_{n2}-a_{n3} & \cdots & a_{n,n-1}-a_{nn} & 1 \end{vmatrix}+\begin{vmatrix} a_{11} & a_{12} & \cdots & a_{1n} \\ \vdots & \vdots & & \vdots \\ a_{n1} & a_{n2} & & a_{nn} \end{vmatrix} \qquad (**)$$

由（*）式和（**）式得

$$\begin{vmatrix} a_{11}-a_{12} & a_{12}-a_{13} & \cdots & a_{1,n-1}-a_{1n} & 1 \\ \vdots & \vdots & & \vdots & \vdots \\ a_{n1}-a_{n2} & a_{n2}-a_{n3} & \cdots & a_{n,n-1}-a_{nn} & 1 \end{vmatrix}=\sum_{i=1}^{n}\sum_{j=1}^{n}A_{ij}.$$

4. 计算 $\begin{vmatrix} \lambda & a & a & a & \cdots & a \\ b & \alpha & \beta & \beta & \cdots & \beta \\ b & \beta & \alpha & \beta & \cdots & \beta \\ b & \beta & \beta & \alpha & \cdots & \beta \\ \vdots & \vdots & \vdots & \vdots & & \vdots \\ b & \beta & \beta & \beta & \cdots & \alpha \end{vmatrix}$.

解　法 1

当 $a\neq0$ 且 $\alpha\neq\beta$ 时，

$$D\overset{r_2-\frac{\beta}{a}r_1}{\underset{r_n-\frac{\beta}{a}r_1}{\overset{=}{\vdots}}}\begin{vmatrix} \lambda & a & a & \cdots & a \\ b-\frac{\beta\lambda}{a} & \alpha-\beta & 0 & \cdots & 0 \\ b-\frac{\beta\lambda}{a} & 0 & \alpha-\beta & \cdots & 0 \\ \vdots & \vdots & \vdots & & \vdots \\ b-\frac{\beta\lambda}{a} & 0 & 0 & \cdots & \alpha-\beta \end{vmatrix}\overset{c_1-\frac{ab-\lambda\beta}{a(\alpha-\beta)}c_i}{\underset{i=2,\cdots,n}{=}}\begin{vmatrix} \lambda-\frac{(n-1)(ab-\lambda\beta)}{\alpha-\beta} & a & \cdots & a \\ 0 & \alpha-\beta & \cdots & 0 \\ \vdots & \vdots & & \vdots \\ 0 & 0 & \cdots & \alpha-\beta \end{vmatrix}$$

$$=\left[\lambda-\frac{(n-1)(ab-\lambda\beta)}{\alpha-\beta}\right](\alpha-\beta)^{n-1}=(\alpha-\beta)^{n-2}[\lambda\alpha+(n-2)\lambda\beta-(n-1)ab].$$

可以验证 $a=0$ 或 $\alpha=\beta$ 时上式也成立.

法 2

$$D\overset{=}{\underset{r_{n-1}-r_n}{\vdots}}\begin{vmatrix} \lambda & a & a & \cdots & a & a \\ 0 & \alpha-\beta & 0 & \cdots & 0 & \beta-\alpha \\ 0 & 0 & \alpha-\beta & \cdots & 0 & \beta-\alpha \\ \vdots & \vdots & \vdots & & \vdots & \vdots \\ b & \beta & \beta & \cdots & \beta & \alpha \end{vmatrix}\overset{=}{\underset{c_n+c_{n-1}}{\vdots}}\begin{vmatrix} \lambda & a & a & \cdots & a & (n-1)a \\ 0 & \alpha-\beta & 0 & \cdots & 0 & 0 \\ 0 & 0 & \alpha-\beta & \cdots & 0 & 0 \\ \vdots & \vdots & \vdots & & \vdots & \vdots \\ b & \beta & \beta & \cdots & \beta & \alpha+(n-2)\beta \end{vmatrix}$$

$$\overset{1列展开}{=}\lambda\begin{vmatrix} \alpha-\beta & \cdots & 0 & 0 \\ \vdots & & \vdots & \vdots \\ 0 & \cdots & \alpha-\beta & 0 \\ \beta & \cdots & \beta & \alpha+(n-2)\beta \end{vmatrix}+(-1)^{n+1}b\begin{vmatrix} a & \cdots & a & (n-1)a \\ \alpha-\beta & \cdots & 0 & 0 \\ \vdots & & \vdots & \vdots \\ 0 & \cdots & \alpha-\beta & 0 \end{vmatrix}$$

$$=\lambda(\alpha-\beta)^{n-2}[\alpha+(n-2)\beta]+(-1)^{n+1}(-1)^{n}(n-1)a\cdot b(\alpha-\beta)^{n-2}$$

$$=(\alpha-\beta)^{n-2}[\lambda\alpha+(n-2)\lambda\beta-(n-1)ab].$$

5. 计算 $\begin{vmatrix} x & a & a & \cdots & a & a \\ -a & x & a & \cdots & a & a \\ -a & -a & x & \cdots & a & a \\ \vdots & \vdots & \vdots & & \vdots & \vdots \\ -a & -a & -a & \cdots & x & a \\ -a & -a & -a & \cdots & -a & x \end{vmatrix}$.

解 $D_n \overset{\text{拆}n\text{行}}{=} \begin{vmatrix} x & a & a & \cdots & a & a \\ -a & x & a & \cdots & a & a \\ -a & -a & x & \cdots & a & a \\ \vdots & \vdots & \vdots & & \vdots & \vdots \\ 0 & 0 & 0 & \cdots & 0 & x-a \end{vmatrix} + \begin{vmatrix} x & a & a & \cdots & a & a \\ -a & x & a & \cdots & a & a \\ -a & -a & x & \cdots & a & a \\ \vdots & \vdots & \vdots & & \vdots & \vdots \\ -a & -a & -a & \cdots & -a & a \end{vmatrix}$

$$=(x-a)D_{n-1}+\begin{vmatrix} x+a & 2a & 2a & \cdots & 2a & a \\ 0 & x+a & 2a & \cdots & 2a & a \\ 0 & 0 & x+a & \cdots & 2a & a \\ \vdots & \vdots & \vdots & & \vdots & \vdots \\ 0 & 0 & 0 & \cdots & 0 & a \end{vmatrix}=(x-a)D_{n-1}+a\,(x+a)^{n-1}.$$

由于 $D'_n = D_n$,即将 D_n 中 a 换成 $-a$ 行列式值不变, $D_n = (x+a)D_{n-1} - a\,(x-a)^{n-1}$.故两式联立解得

$$D_n = \frac{1}{2}[(x+a)^n + (x-a)^n].$$

6. 计算 $\begin{vmatrix} 1 & 1 & \cdots & 1 \\ x_1 & x_2 & \cdots & x_n \\ x_1^2 & x_2^2 & \cdots & x_n^2 \\ \vdots & \vdots & & \vdots \\ x_1^{n-2} & x_2^{n-2} & \cdots & x_n^{n-2} \\ x_1^n & x_2^n & \cdots & x_n^n \end{vmatrix}$.

解 考虑 $n+1$ 阶范德蒙德行列式

$$f(y)=\begin{vmatrix} 1 & 1 & \cdots & 1 & 1 \\ x_1 & x_2 & \cdots & x_n & y \\ \vdots & \vdots & & \vdots & \vdots \\ x_1^{n-2} & x_2^{n-2} & \cdots & x_2^{n-2} & y^{n-2} \\ x_1^{n-1} & x_2^{n-1} & \cdots & x_n^{n-1} & y^{n-1} \\ x_1^n & x_2^n & \cdots & x_n^n & y^n \end{vmatrix}=\prod_{i=1}^{n}(y-x_i)\prod_{1\leqslant j<i\leqslant n}(x_i-x_j).$$

易知原行列式是多项式 $f(y)$ 的 y^{n-1} 项系数的反号,而由上式可以知道 y^{n-1} 项系数为 $-\sum_{i=1}^{n} x_i \prod_{1\leqslant j<i\leqslant n}(x_i - x_j)$,故所求行列式 $D_n = \sum_{i=1}^{n} x_i \prod_{1\leqslant j<i\leqslant n}(x_i - x_j)$.

7. 计算 $f(x+1) - f(x)$,其中

$$f(x)=\begin{vmatrix}1&0&0&0&\cdots&0&x\\1&2&0&0&\cdots&0&x^2\\1&3&3&0&\cdots&0&x^3\\\vdots&\vdots&\vdots&\vdots&&\vdots&\vdots\\1&n&C_n^2&C_n^3&\cdots&C_n^{n-1}&x^n\\1&n+1&C_{n+1}^2&C_{n+1}^3&\cdots&C_{n+1}^{n-1}&x^{n+1}\end{vmatrix}.$$

解 $$f(x+1)=\begin{vmatrix}1&0&0&0&\cdots&0&x+1\\1&2&0&0&\cdots&0&x^2+2x+1\\1&3&3&0&\cdots&0&x^3+3x^2+3x+1\\\vdots&\vdots&\vdots&\vdots&&\vdots&\vdots\\1&n&C_n^2&C_n^3&\cdots&C_n^{n-1}&x^n+nx^{n-1}+C_n^2x^{n-2}+\cdots+1\\1&n+1&C_{n+1}^2&C_{n+1}^3&\cdots&C_{n+1}^{n-1}&x^{n+1}+(n+1)x^n+\cdots+1\end{vmatrix}$$

因此

$$f(x+1)-f(x)=\begin{vmatrix}1&0&0&0&\cdots&0&1\\1&2&0&0&\cdots&0&2x+1\\1&3&3&0&\cdots&0&3x^2+3x+1\\\vdots&\vdots&\vdots&\vdots&&\vdots&\vdots\\1&n&C_n^2&C_n^3&\cdots&C_n^{n-1}&nx^{n-1}+C_n^2x^{n-2}+\cdots+1\\1&n+1&C_{n+1}^2&C_{n+1}^3&\cdots&C_{n+1}^{n-1}&(n+1)x^n+\cdots+1\end{vmatrix}$$

$$\xlongequal[\substack{c_{n+1}-x^2c_3\\ \vdots\\ c_{n+1}-x^{n-1}c_n}]{\substack{c_{n+1}-c_1\\ c_{n+1}-xc_2}}\begin{vmatrix}1&0&0&0&\cdots&0&0\\1&2&0&0&\cdots&0&0\\1&3&3&0&\cdots&0&0\\\vdots&\vdots&\vdots&\vdots&&\vdots&\vdots\\1&n&C_n^2&C_n^3&\cdots&C_n^{n-1}&0\\1&n+1&C_{n+1}^2&C_{n+1}^3&\cdots&C_{n+1}^{n-1}&(n+1)x^n\end{vmatrix}=(n+1)!\ x^n.$$

8. 计算 n 阶行列式 $D_n=\begin{vmatrix}5&3&0&\cdots&0&0\\2&5&3&\cdots&0&0\\0&2&5&\cdots&0&0\\\vdots&\vdots&\vdots&&\vdots&\vdots\\0&0&0&\cdots&5&3\\0&0&0&\cdots&2&5\end{vmatrix}$.

解 按第一行展开得，$D_n=5D_{n-1}-6D_{n-2}$.

$$D_n-2D_{n-1}=3(D_{n-1}-2D_{n-2})=3^2(D_{n-2}-2D_{n-3})$$
$$=\cdots=3^{n-2}(D_2-2D_1)=3^{n-2}(19-10)=3^n,$$
$$D_n-3D_{n-1}=2(D_{n-1}-3D_{n-2})=2^2(D_{n-2}-3D_{n-3})$$
$$=\cdots=2^{n-2}(D_2-3D_1)=2^{n-2}(19-15)=2^n,$$

故$\begin{cases}D_n-2D_{n-1}=3^n\\D_n-3D_{n-1}=2^n\end{cases}$,解方程组得:$D_n=3^{n+1}-2^{n+1}$.

9. 计算$D_n=\begin{vmatrix}f_1(a_1)&\cdots&f_1(a_n)\\\vdots&&\vdots\\f_n(a_1)&\cdots&f_n(a_n)\end{vmatrix}$,其中$f_i(x)(i=1,2,\cdots,n)$为次数小于等于$n-2$的数域$P$上的多项式,$a_1,a_2,\cdots,a_n$为数域$P$中的任意$n$个数.

解 若$\exists i\neq j,a_i=a_j(1\leqslant i,j\leqslant n)$,则$D_n=0$.若$a_i\neq a_j(i\neq j,i,j=1,2,\cdots,n)$,

令$g(x)=\begin{vmatrix}f_1(x)&f_1(a_2)&\cdots&f_1(a_n)\\\vdots&\vdots&&\vdots\\f_n(x)&f_n(a_2)&\cdots&f_n(a_n)\end{vmatrix}$.

按第一列展开知$g(x)$是$f_1(x),\cdots,f_n(x)$的线性组合.如$g(x)\neq0$,由于$\partial f_i(x)\leqslant n-2(i=1,2,\cdots,n)$,故$\partial g(x)\leqslant n-2$.又有$g(a_i)=0,i=2,3,\cdots,n$,所以$g(x)=0$,从而$D_n=g(a_1)=0$.

10. 设$\boldsymbol{\alpha}_1,\boldsymbol{\alpha}_2,\cdots,\boldsymbol{\alpha}_n$为$n$维列向量,$n$阶方阵$\boldsymbol{A}=(\boldsymbol{\alpha}_1,\boldsymbol{\alpha}_2,\cdots,\boldsymbol{\alpha}_n)$,

$B=(\boldsymbol{\alpha}_1+\boldsymbol{\alpha}_2,\boldsymbol{\alpha}_2+\boldsymbol{\alpha}_3,\cdots,\boldsymbol{\alpha}_{n-1}+\boldsymbol{\alpha}_n,\boldsymbol{\alpha}_n+\boldsymbol{\alpha}_1)$.如果$|\boldsymbol{A}|=a\neq0$,求$|\boldsymbol{B}|$.

解 因为$\boldsymbol{B}=(\boldsymbol{\alpha}_1+\boldsymbol{\alpha}_2,\boldsymbol{\alpha}_2+\boldsymbol{\alpha}_3,\cdots,\boldsymbol{\alpha}_n+\boldsymbol{\alpha}_1)$

$$=(\boldsymbol{\alpha}_1,\boldsymbol{\alpha}_2,\cdots,\boldsymbol{\alpha}_n)\begin{pmatrix}1&0&0&\cdots&0&1\\1&1&0&\cdots&0&0\\0&1&1&\cdots&0&0\\\vdots&\vdots&\vdots&&\vdots&\vdots\\0&0&0&\cdots&1&1\end{pmatrix}\overset{\triangle}{=}\boldsymbol{AP},$$

而$|\boldsymbol{P}|=1+(-1)^{n+1}$,所以$|\boldsymbol{B}|=|\boldsymbol{A}|\cdot|\boldsymbol{P}|=[1+(-1)^{n+1}]a=\begin{cases}2a,n\text{ 为奇数},\\0,n\text{ 为偶数}.\end{cases}$

考研真题选讲

1.(武汉大学)设$a_1,a_2,\cdots,a_n$为n个实数,矩阵

$$\boldsymbol{A}=\begin{pmatrix}a_1^2+1&a_1a_2+1&\cdots&a_1a_n+1\\a_2a_1+1&a_2^2+1&\cdots&a_2a_n+1\\\vdots&\vdots&&\vdots\\a_na_1+1&a_na_2+1&\cdots&a_n^2+1\end{pmatrix},\text{求 }\det(\boldsymbol{A}).$$

解 当$n=1$时,$\det(\boldsymbol{A})=a_1^2+1$.

当$n=2$时,$\det(\boldsymbol{A})=\begin{vmatrix}a_1^2+1&a_1a_2+1\\a_2a_1+1&a_2^2+1\end{vmatrix}=(a_1-a_2)^2$.

当$n\geqslant3$时,由于

$$A=\begin{pmatrix} a_1 & 1 \\ a_2 & 1 \\ \vdots & \vdots \\ a_n & 1 \end{pmatrix}\begin{pmatrix} a_1 & a_2 & \cdots & a_n \\ 1 & 1 & \cdots & 1 \end{pmatrix}.$$

所以有 $\boldsymbol{A}$ 的秩 $R(\boldsymbol{A})\leqslant 2$,从而 $\det(\boldsymbol{A})=0$.

本题也可以利用行列式的性质求.

2.(天津师范大学)计算

$$D_n=\begin{vmatrix} x_1-m & x_2 & \cdots & x_n \\ x_1 & x_2-m & \cdots & x_n \\ \vdots & \vdots & & \vdots \\ x_1 & x_2 & \cdots & x_n-m \end{vmatrix}.$$

解　将各列都加到第 1 列,并提出公因子得

$$D_n=\left(\sum_{i=1}^{n}x_i-m\right)\begin{vmatrix} 1 & x_2 & \cdots & x_n \\ 1 & x_2-m & \cdots & x_n \\ \vdots & \vdots & & \vdots \\ 1 & x_2 & \cdots & x_n-m \end{vmatrix}$$

$$=\left(\sum_{i=1}^{n}x_i-m\right)\begin{vmatrix} 1 & x_2 & \cdots & x_n \\ 0 & -m & \cdots & 0 \\ \vdots & \vdots & & \vdots \\ 0 & 0 & \cdots & -m \end{vmatrix}=\left(\sum_{i=1}^{n}x_i-m\right)(-m)^{n-1}.$$

3.(信阳师范学院)设矩阵 $\boldsymbol{A}=(a_{ij})_{n\times n}$,其中 $a_{ij}=|i-(n-j+1)|$(绝对值),计算行列式 $|\boldsymbol{A}|$.

解　$$|\boldsymbol{A}|=\begin{vmatrix} n-1 & n-2 & \cdots & 2 & 1 & 0 \\ n-2 & n-3 & \cdots & 1 & 0 & 1 \\ n-3 & n-4 & \cdots & 0 & 1 & 2 \\ \vdots & \vdots & & \vdots & \vdots & \vdots \\ 1 & 0 & \cdots & n-4 & n-3 & n-2 \\ 0 & 1 & \cdots & n-3 & n-2 & n-1 \end{vmatrix}$$

$$=(-1)^{\frac{n(n-1)}{2}}\begin{vmatrix} 0 & 1 & 2 & 3 & \cdots & n-1 \\ 1 & 0 & 1 & 2 & \cdots & n-2 \\ 2 & 1 & 0 & 1 & \cdots & n-3 \\ 3 & 2 & 1 & 0 & \cdots & n-4 \\ \vdots & \vdots & \vdots & \vdots & & \vdots \\ n-1 & n-2 & n-3 & n-4 & \cdots & 0 \end{vmatrix}$$

$$=(-1)^{\frac{n(n-1)}{2}}\begin{vmatrix} -1 & 1 & 1 & 1 & \cdots & 1 \\ -1 & -1 & 1 & 1 & \cdots & 1 \\ -1 & -1 & -1 & 1 & \cdots & 1 \\ -1 & -1 & -1 & -1 & \cdots & 1 \\ \vdots & \vdots & \vdots & \vdots & & \vdots \\ n-1 & n-2 & n-3 & n-4 & \cdots & 0 \end{vmatrix}$$

$$=(-1)^{\frac{n(n-1)}{2}}\begin{vmatrix} -1 & 0 & 0 & 0 & \cdots & 0 \\ -1 & -2 & 0 & 0 & \cdots & 0 \\ -1 & -2 & -2 & 0 & \cdots & 0 \\ -1 & -2 & -2 & -2 & \cdots & 0 \\ \vdots & \vdots & \vdots & \vdots & & \vdots \\ n-1 & 2n-3 & 2n-4 & 2n-5 & \cdots & n-1 \end{vmatrix}=(-1)^{\frac{(n+2)(n-1)}{2}}(n-1)2^{n-2}.$$

4.(郑州大学)计算

$$\Delta_n=\begin{vmatrix} 1+a_1 & 1 & \cdots & 1 \\ 2 & 2+a_2 & \cdots & 2 \\ \vdots & \vdots & & \vdots \\ n & n & \cdots & n+a_n \end{vmatrix},其中\ a_1a_2\cdots a_n\neq 0 .$$

解 加边得

$$\Delta_n=\begin{vmatrix} 1 & 1 & 1 & \cdots & 1 \\ 0 & 1+a_1 & 1 & \cdots & 1 \\ 0 & 2 & 2+a_2 & \cdots & 2 \\ \vdots & \vdots & \vdots & & \vdots \\ 0 & n & n & \cdots & n+a_n \end{vmatrix}=\begin{vmatrix} 1 & 1 & 1 & \cdots & 1 \\ -1 & a_1 & 0 & \cdots & 0 \\ -2 & 0 & a_2 & \cdots & 0 \\ \vdots & \vdots & \vdots & & \vdots \\ -n & 0 & 0 & \cdots & a_n \end{vmatrix}$$

$$=\begin{vmatrix} 1+\frac{1}{a_1}+\cdots+\frac{n}{a_n} & 1 & 1 & \cdots & 1 \\ 0 & a_1 & 0 & \cdots & 0 \\ 0 & 0 & a_2 & \cdots & 0 \\ \cdots & \cdots & \cdots & \cdots & \cdots \\ 0 & 0 & 0 & \cdots & a_n \end{vmatrix}$$

$$=\left(1+\frac{1}{a_1}+\frac{2}{a_2}+\cdots+\frac{n}{a_n}\right)a_1a_2\cdots a_n .$$

5.(西安交通大学)计算

$$\Delta=\begin{vmatrix} 1 & 1 & 1 & 1 \\ 1+\sin\varphi_1 & 1+\sin\varphi_2 & 1+\sin\varphi_3 & 1+\sin\varphi_4 \\ \sin\varphi_1+\sin^2\varphi_1 & \sin\varphi_2+\sin^2\varphi_2 & \sin\varphi_3+\sin^2\varphi_3 & \sin\varphi_4+\sin^2\varphi_4 \\ \sin^2\varphi_1+\sin^3\varphi_1 & \sin^2\varphi_2+\sin^3\varphi_2 & \sin^2\varphi_3+\sin^3\varphi_3 & \sin^2\varphi_4+\sin^3\varphi_4 \end{vmatrix}.$$

解 从第1行开始,依次用上一行的(-1)倍加到下一行,进行逐行相加可得

$$\Delta=\begin{vmatrix}1&1&1&1\\\sin\varphi_1&\sin\varphi_2&\sin\varphi_3&\sin\varphi_4\\\sin^2\varphi_1&\sin^2\varphi_2&\sin^2\varphi_3&\sin^2\varphi_4\\\sin^3\varphi_1&\sin^3\varphi_2&\sin^3\varphi_3&\sin^3\varphi_4\end{vmatrix}=\prod_{1\leqslant i<j\leqslant 4}(\sin\varphi_j-\sin\varphi_i).$$

6.(中国科技大学)计算 n 阶行列式的值

$$A_n=\begin{vmatrix}2&-1&0&0&\cdots&0&0\\-1&2&-1&0&\cdots&0&0\\0&-1&2&-1&\cdots&0&0\\\vdots&\vdots&\vdots&\vdots&&\vdots&\vdots\\0&0&0&0&\cdots&2&-1\\0&0&0&0&\cdots&-1&2\end{vmatrix}$$

解　按第 1 行展开得 $A_n=2A_{n-1}-A_{n-2}$，

$\therefore\ A_n-A_{n-1}=A_{n-1}-A_{n-2}=A_{n-2}-A_{n-3}=\cdots=A_2-A_1=1$，

$\therefore\ A_n=A_{n-1}+1=(A_{n-2}+1)+1=A_{n-2}+2=\cdots=A_2+(n-2)=3+(n-2)=n+1.$

7.(华南师范大学)已知 n 阶矩阵 $\boldsymbol{A}=\begin{pmatrix}2a+2&a&a&\cdots&a\\a&2a+2&a&\cdots&a\\a&a&2a+2&\cdots&a\\\vdots&\vdots&\vdots&\ddots&\vdots\\a&a&a&\cdots&2a+2\end{pmatrix}$，求

1) $|\boldsymbol{A}|$；2) $R(\boldsymbol{A})$．这里 $R(\boldsymbol{A})$ 表示矩阵 $\boldsymbol{A}$ 的秩，下同.

解　1)

$$|\boldsymbol{A}|=\begin{vmatrix}2a+2&a&a&\cdots&a\\a&2a+2&a&\cdots&a\\a&a&2a+2&\cdots&a\\\vdots&\vdots&\vdots&\ddots&\vdots\\a&a&a&\cdots&2a+2\end{vmatrix}=[(n+1)a+2]\begin{vmatrix}1&1&1&\cdots&1\\a&2a+2&a&\cdots&a\\a&a&2a+2&\cdots&a\\\vdots&\vdots&\vdots&\ddots&\vdots\\a&a&a&\cdots&2a+2\end{vmatrix}$$

$$=[(n+1)a+2]\begin{vmatrix}1&1&1&\cdots&1\\0&a+2&0&\cdots&0\\0&0&a+2&\cdots&0\\\vdots&\vdots&\vdots&\ddots&\vdots\\0&0&0&\cdots&a+2\end{vmatrix}=[(n+1)a+2](a+2)^{n-1}.$$

2)当 $a+2\neq 0$ 且 $(n+1)a+2\neq 0$，即 $a\neq -2$ 且 $a\neq -\dfrac{2}{n+1}$ 时，$R(\boldsymbol{A})=n$；

当 $a+2=0$ 且 $(n+1)a+2\neq 0$，即 $a=-2$ 时，$R(\boldsymbol{A})=1$；

当 $a+2\neq 0$ 且 $(n+1)a+2=0$，即 $a=-\dfrac{2}{n+1}$ 时，$R(\boldsymbol{A})=n-1$.

8.(华中师范大学)计算 n 阶行列式

$$\Delta_n=\begin{vmatrix} x+1 & x & x & \cdots & x \\ x & x+\frac{1}{2} & x & \cdots & x \\ \vdots & \vdots & \vdots & & \vdots \\ x & x & x & \cdots & x+\frac{1}{n} \end{vmatrix}.$$

解 利用加边法得

$$\Delta_n=\begin{vmatrix} 1 & x & x & \cdots & x \\ 0 & x+1 & x & \cdots & x \\ 0 & x & x+\frac{1}{2} & \cdots & x \\ \vdots & \vdots & \vdots & & \vdots \\ 0 & x & x & \cdots & x+\frac{1}{n} \end{vmatrix}=\begin{vmatrix} 1 & x & x & \cdots & x \\ -1 & 1 & & & \\ -1 & & \frac{1}{2} & & \\ \vdots & & & \ddots & \\ -1 & & & & \frac{1}{n} \end{vmatrix},$$

再利用"爪型"行列式计算法,即第 2 列乘 1,第 3 列乘 2,第 $n+1$ 列乘 n,都加到第 1 列得

$$\Delta_n=\begin{vmatrix} 1+x+2x+\cdots+nx & x & x & \cdots & x \\ & 1 & & & \\ & & \frac{1}{2} & & \\ & & & \ddots & \\ & & & & \frac{1}{n} \end{vmatrix}=\left[1+\frac{n(n+1)}{2}x\right]\cdot\frac{1}{n!}.$$

9.(中科院大学)计算下列 $n+1$ 阶行列式

$$D=\begin{vmatrix} s_0 & s_1 & \cdots & s_{n-1} & 1 \\ s_1 & s_2 & \cdots & s_n & x \\ s_2 & s_3 & \cdots & s_{n+1} & x^2 \\ \vdots & \vdots & & \vdots & \vdots \\ s_n & s_{n+1} & \cdots & s_{2n+1} & x^n \end{vmatrix},$$

其中,$s_k=x_1^k+x_2^k+\cdots+x_n^k$.

解 由于

$$D=\begin{vmatrix} 1 & 1 & \cdots & 1 & 1 \\ x_1 & x_2 & \cdots & x_n & x \\ \vdots & \vdots & & \vdots & \vdots \\ x_1^{n-1} & x_2^{n-1} & \cdots & x_n^{n-1} & x^{n-1} \\ x_1^n & x_2^n & \cdots & x_n^n & x^n \end{vmatrix}\cdot\begin{vmatrix} 1 & x_1 & \cdots & x_1^{n-1} & 0 \\ 1 & x_2 & \cdots & x_2^{n-1} & 0 \\ \vdots & \vdots & & \vdots & \vdots \\ 1 & x_n & \cdots & x_n^{n-1} & 0 \\ 0 & 0 & \cdots & 0 & 1 \end{vmatrix},$$

所以，$D=\prod_{n\geqslant i>j\geqslant 1}(x_i-x_j)\prod_{i=1}^{n}(x-x_i)\cdot\begin{vmatrix}1 & x_1 & \cdots & x_1^{n-1}\\ 1 & x_2 & \cdots & x_2^{n-1}\\ \vdots & \vdots & & \vdots\\ 1 & x_n & \cdots & x_n^{n-1}\end{vmatrix}$

$=\prod_{n\geqslant i>j\geqslant 1}(x_i-x_j)^2\cdot\prod_{i=1}^{n}(x-x_i).$

10.（南开大学）设 $\boldsymbol{A},\boldsymbol{B}$ 是 n 阶实正交阵，且 $\det(\boldsymbol{A}+\boldsymbol{B})=\det(\boldsymbol{A})-\det(\boldsymbol{B})$．证明：$\det(\boldsymbol{A})=\det(\boldsymbol{B})$．

证明 由于 $\boldsymbol{A},\boldsymbol{B}$ 均为实正交矩阵，所以有

$$|\boldsymbol{A}'|\cdot|\boldsymbol{A}+\boldsymbol{B}|=|\boldsymbol{A}'\boldsymbol{A}+\boldsymbol{A}'\boldsymbol{B}|=|\boldsymbol{E}+\boldsymbol{A}'\boldsymbol{B}|$$
$$=|\boldsymbol{B}'\boldsymbol{B}+\boldsymbol{A}'\boldsymbol{B}|=|\boldsymbol{B}'+\boldsymbol{A}'|\cdot|\boldsymbol{B}|=|\boldsymbol{A}+\boldsymbol{B}|\cdot|\boldsymbol{B}|.$$

从而 $$(|\boldsymbol{A}|-|\boldsymbol{B}|)|\boldsymbol{A}+\boldsymbol{B}|=0.$$

由题设 $|\boldsymbol{A}+\boldsymbol{B}|=|\boldsymbol{A}|-|\boldsymbol{B}|$，故 $(|\boldsymbol{A}|-|\boldsymbol{B}|)^2=0$，

即证 $|\boldsymbol{A}|=|\boldsymbol{B}|$.

11.（电子科技大学）设 n 阶矩阵 $\boldsymbol{A}=\begin{vmatrix}1 & 1 & \cdots & 1\\ & 1 & \cdots & 1\\ & & \ddots & \vdots\\ & & & 1\end{vmatrix}$，求行列式 $|\boldsymbol{A}|$ 的所有元素的代数余子式之和.

解 显然

$$A_{11}+A_{12}+\cdots+A_{1n}=\begin{vmatrix}1 & 1 & \cdots & 1\\ & 1 & \cdots & 1\\ & & \ddots & \vdots\\ & & & 1\end{vmatrix}=1,$$

而 $n\geqslant i\geqslant 2$ 时，$A_{i1}+A_{i2}+\cdots+A_{in}$ 为将 $|\boldsymbol{A}|$ 第 i 行均换成 1 所得行列式之值，其值均为 0，所以

$$\sum_{j=1}^{n}\sum_{i=1}^{n}A_{ij}=A_{11}+A_{12}+\cdots+A_{1n}=1.$$

12.（兰州大学）计算 $n+1$ 阶行列式

$$D_{n+1}=\begin{vmatrix}a^n & (a-1)^n & \cdots & (a-n)^n\\ a^{n-1} & (a-1)^{n-1} & \cdots & (a-n)^{n-1}\\ \vdots & \vdots & & \vdots\\ a & (a-1) & \cdots & (a-n)\\ 1 & 1 & \cdots & 1\end{vmatrix}.$$

解 将第 $n+1$ 行与上面各行作两两变换，将它换到第 1 行，需经 n 次变换，再将第 n 行作两两变换，换到第 2 行需经 $n-1$ 次变换，…直至第 2 行作一次对换放在第 n 行

$$D_{n+1}=(-1)^{n+(n-1)+\cdots+2+1}\begin{vmatrix}1 & 1 & \cdots & 1\\ a & (a-1) & \cdots & (a-n)\\ \vdots & \vdots & & \vdots\\ a^{n-1} & (a-1)^{n-1} & \cdots & (a-n)^{n-1}\\ a^n & (a-1)^n & \cdots & (a-n)^n\end{vmatrix},$$

再对列作类似变换,所以

$$D_{n+1}=(-1)^{\frac{n(n+1)}{2}}\cdot(-1)^{\frac{n(n+1)}{2}}\begin{vmatrix}1 & 1 & \cdots & 1 & 1\\ a-n & a-(n-1) & \cdots & a-1 & a\\ \vdots & \vdots & & \vdots & \vdots\\ (a-n)^{n-1} & [a-(n-1)]^{n-1} & \cdots & (a-1)^{n-1} & a^{n-1}\\ (a-n)^n & [a-(n-1)]^n & \cdots & (a-1)^n & a^n\end{vmatrix}.$$

再由范德蒙德行列式可得

$$D_{n+1}=n!\ (n-1)!\ \cdots 2!\ .$$

13.(中科院)已知 α,β,γ 为实数,求 $\boldsymbol{A}=\begin{pmatrix}\alpha & \beta & & \\ \gamma & \alpha & \ddots & \\ & \ddots & \ddots & \beta\\ & & \gamma & \alpha\end{pmatrix}\in\mathbf{R}^{n\times n}$ 的行列式的值.

解 记 $D_n=|\boldsymbol{A}|$,将它按第一列展开,$D_n=|\boldsymbol{A}|=\alpha D_{n-1}-\gamma\beta D_{n-2}$,得方程 $x^2-\alpha x+\gamma\beta=0$,解得 $x_{1,2}=\dfrac{\alpha\pm\sqrt{\alpha^2-4\gamma\beta}}{2}$.

从而

$$D_n-x_1D_{n-1}=x_2(D_{n-1}-x_1D_{n-2})=\cdots=x_2^{n-2}(D_2-x_1D_1)=x_2^n,$$
$$D_n-x_2D_{n-1}=x_1(D_{n-1}-x_2D_{n-2})=\cdots=x_1^{n-2}(D_2-x_2D_1)=x_1^n.$$

当 $\alpha^2\neq 4\gamma\beta$ 时,$x_1\neq x_2$,则 $D_n=\dfrac{x_2^{n+1}-x_1^{n+1}}{x_2-x_1}$.

当 $\alpha^2=4\gamma\beta$ 时,$x_1=x_2=\dfrac{\alpha}{2}$,则 $D_n=\dfrac{(n+1)\alpha^n}{2^n}$.

第3章　线性方程组

本章内容特别是向量组的线性相关性理论，是高等代数的基础内容，并起到核心的作用. 通过向量组的线性关系，来对线性方程组的解特别是无穷多解进行有效表示. 首先利用常规的消元法或者是初等变换法来给出线性方程组的求解过程，即是对相应的增广矩阵初等行变换化为阶梯形矩阵来求解. 然后引入向量的概念，给出基本运算，并给出向量组的线性相关、线性无关、秩、极大线性无关组和矩阵的秩等概念，并分析研究了一系列的结论. 利用矩阵的秩给出线性方程组有解的充要条件，并利用线性相关性研究了线性方程组解的结构.

学习本章深刻理解每一个知识点，寻找它们之间的联系，由点成线，由线到面，理解清楚它们之间的关系和来龙去脉并进行有效的推理论证，这是学好本章的关键.

3.1　向量组的线性相关性

定义1　线性方程组的初等变换为

1）用一非零数乘某一方程；

2）把一个方程的倍数加到另一个方程；

3）互换两个方程的位置.

定理1　在齐次线性方程组

$$\begin{cases} a_{11}x_1 + a_{12}x_2 + \cdots + a_{1n}x_n = 0, \\ a_{21}x_1 + a_{22}x_2 + \cdots + a_{2n}x_n = 0, \\ \qquad\qquad \cdots\cdots \\ a_{s1}x_1 + a_{s2}x_2 + \cdots + a_{sn}x_n = 0 \end{cases}$$

中，如果 $s < n$，那么它必有非零解.

注　消元法是一个传统而又广泛应用的求解线性方程组的方法.《高等代数》教材第三章§1中(6)式表示的阶梯形方程组是研究方程组解的关键，但它是一个理想的形式，有些线性方程组化为阶梯形不一定就是这个形式，但是可以利用变量的替换转化为(6)式，所以不妨设都能化为(6)式来分析就行了.

定义2　所谓数域 P 上一个 n 维向量就是由数域 P 中 n 个数组成的有序数组

$$(a_1,a_2,\cdots,a_n),$$

a_i 称为向量的分量.用小写希腊字母 $\boldsymbol{\alpha},\boldsymbol{\beta},\boldsymbol{\gamma},\cdots$ 来代表向量.

定义 3 如果 n 维向量 $\boldsymbol{\alpha}=(a_1,a_2,\cdots,a_n)$,$\boldsymbol{\beta}=(b_1,b_2,\cdots,b_n)$ 的对应分量都相等,即 $a_i=b_i(i=1,2,\cdots,n)$,就称这两个向量是相等的,记作 $\boldsymbol{\alpha}=\boldsymbol{\beta}$.

定义 4 向量 $\boldsymbol{\gamma}=(a_1+b_1,a_2+b_2,\cdots,a_n+b_n)$ 称为向量 $\boldsymbol{\alpha}=(a_1,a_2,\cdots,a_n)$,$\boldsymbol{\beta}=(b_1,b_2,\cdots,b_n)$ 的和,记为 $\boldsymbol{\gamma}=\boldsymbol{\alpha}+\boldsymbol{\beta}$.

交换律:$\boldsymbol{\alpha}+\boldsymbol{\beta}=\boldsymbol{\beta}+\boldsymbol{\alpha}$;结合律:$\boldsymbol{\alpha}+(\boldsymbol{\beta}+\boldsymbol{\gamma})=(\boldsymbol{\alpha}+\boldsymbol{\beta})+\boldsymbol{\gamma}$.

定义 5 分量全为零的向量 $(0,0,\cdots,0)$ 称为零向量,记为 $\mathbf{0}$;向量 $(-a_1,-a_2,\cdots,-a_n)$ 称为向量 $\boldsymbol{\alpha}=(a_1,a_2,\cdots,a_n)$ 的负向量,记为 $-\boldsymbol{\alpha}$.

显然,对于所有的 $\boldsymbol{\alpha}$,都有 $\boldsymbol{\alpha}+\mathbf{0}=\boldsymbol{\alpha}$. $\boldsymbol{\alpha}+(-\boldsymbol{\alpha})=\mathbf{0}$.

定义 6 向量的减法 $\boldsymbol{\alpha}-\boldsymbol{\beta}=\boldsymbol{\alpha}+(-\boldsymbol{\beta})$.

定义 7 设 k 为数域 P 中的数,向量 $(ka_1,ka_2,\cdots,ka_n)$,称为向量 $\boldsymbol{\alpha}=(a_1,a_2,\cdots,a_n)$ 与数 k 的数量乘积,记为 $k\boldsymbol{\alpha}$.

由定义立即推出:$k(\boldsymbol{\alpha}+\boldsymbol{\beta})=k\boldsymbol{\alpha}+k\boldsymbol{\beta}$,$(k+l)\boldsymbol{\alpha}=k\boldsymbol{\alpha}+l\boldsymbol{\alpha}$,$k(l\boldsymbol{\alpha})=(kl)\boldsymbol{\alpha}$,$1\boldsymbol{\alpha}=\boldsymbol{\alpha}$,$0\boldsymbol{\alpha}=0$,$(-1)\boldsymbol{\alpha}=-\boldsymbol{\alpha}$,$k\mathbf{0}=\mathbf{0}$.

如果 $k\neq 0,\boldsymbol{\alpha}\neq 0$,那么 $k\boldsymbol{\alpha}\neq 0$.

定义 8 以数域 P 中的数作为分量的 n 维向量的全体,同时考虑到定义在它们上面的加法和数量乘法,称为数域 P 上的 n 维向量空间.

定义 9 向量 $\boldsymbol{\alpha}$ 称为向量组 $\boldsymbol{\beta}_1,\boldsymbol{\beta}_2,\cdots,\boldsymbol{\beta}_s$ 的一个线性组合,如果有数域 P 中的数 $k_1,k_2,\cdots,k_s$,使 $\boldsymbol{\alpha}=k_1\boldsymbol{\beta}_1+k_2\boldsymbol{\beta}_2+\cdots+k_s\boldsymbol{\beta}_s$,其中 $k_1,k_2,\cdots,k_s$ 叫作这个线性组合的系数.也说 $\boldsymbol{\alpha}$ 可以经向量组 $\boldsymbol{\beta}_1,\boldsymbol{\beta}_2,\cdots,\boldsymbol{\beta}_s$ 线性表出.

向量 $\boldsymbol{\varepsilon}_1,\boldsymbol{\varepsilon}_2,\cdots,\boldsymbol{\varepsilon}_n$ 称为 n 维单位向量

$$\begin{cases}\boldsymbol{\varepsilon}_1=(1,0,\cdots,0)\\ \boldsymbol{\varepsilon}_2=(0,1,\cdots,0)\\ \qquad\cdots\cdots\\ \boldsymbol{\varepsilon}_n=(0,0,\cdots,1)\end{cases}$$

它们是线性无关的.

定义 10 如果向量组 $\boldsymbol{\alpha}_1,\boldsymbol{\alpha}_2,\cdots,\boldsymbol{\alpha}_t$ 中每一个向量 $\boldsymbol{\alpha}_i(i=1,2,\cdots,t)$ 都可以经向量组 $\boldsymbol{\beta}_1,\boldsymbol{\beta}_2,\cdots,\boldsymbol{\beta}_s$ 线性表出,那么向量组 $\boldsymbol{\alpha}_1,\boldsymbol{\alpha}_2,\cdots,\boldsymbol{\alpha}_t$ 就称为可以经向量组 $\boldsymbol{\beta}_1,\boldsymbol{\beta}_2,\cdots,\boldsymbol{\beta}_s$ 线性表出.如果两个向量组互相可以线性表出,它们就称为等价.

注 向量组的等价满足自反性、对称性和传递性.后面学习的矩阵的等价、矩阵的合同和矩阵的相似等都具有自反性、对称性和传递性.

定义 11 如果向量组 $\boldsymbol{\alpha}_1,\boldsymbol{\alpha}_2,\cdots,\boldsymbol{\alpha}_s(s\geqslant 2)$ 中有一个向量可以由其余的向量线性表出,那么向量组 $\boldsymbol{\alpha}_1,\boldsymbol{\alpha}_2,\cdots,\boldsymbol{\alpha}_s$ 线性相关.

定义 11′ 向量组 $\boldsymbol{\alpha}_1,\boldsymbol{\alpha}_2,\cdots,\boldsymbol{\alpha}_s(s\geqslant 1)$ 称为线性相关的,如果有数域 P 中不全为零的数 $k_1,k_2,\cdots,k_s$,使 $k_1\boldsymbol{\alpha}_1+k_2\boldsymbol{\alpha}_2+\cdots+k_s\boldsymbol{\alpha}_s=\mathbf{0}$.

这两个定义在 $s\geqslant 2$ 的时候是一致的.

定义 12 一向量组 $\boldsymbol{\alpha}_1,\boldsymbol{\alpha}_2,\cdots,\boldsymbol{\alpha}_s(s\geqslant 1)$ 不线性相关,即没有不全为零的数 $k_1,k_2,$

$\cdots,k_s$，使 $k_1\boldsymbol{\alpha}_1+k_2\boldsymbol{\alpha}_2+\cdots+k_s\boldsymbol{\alpha}_s=\mathbf{0}$，就称为线性无关；或者说，一向量组 $\boldsymbol{\alpha}_1,\boldsymbol{\alpha}_2,\cdots,\boldsymbol{\alpha}_s$ 称为线性无关，如果由 $k_1\boldsymbol{\alpha}_1+k_2\boldsymbol{\alpha}_2+\cdots+k_s\boldsymbol{\alpha}_s=\mathbf{0}$，可以推出 $k_1=k_2=\cdots=k_s=0$.

注 1）任意一个包含零向量的向量组一定是线性相关的.

2）单独一个零向量 $\boldsymbol{\alpha}$ 线性相关当且仅当 $\boldsymbol{\alpha}=\mathbf{0}$.

3）向量组 $\boldsymbol{\alpha}_1,\boldsymbol{\alpha}_2$ 线性相关就表示 $\boldsymbol{\alpha}_1=k\boldsymbol{\alpha}_2$ 或者 $\boldsymbol{\alpha}_2=k\boldsymbol{\alpha}_1$.

4）三个向量 $\boldsymbol{\alpha}_1,\boldsymbol{\alpha}_2,\boldsymbol{\alpha}_3$ 线性相关的几何意义就是它们共面.

5）如果一向量组的一部分线性相关，那么这个向量组就线性相关. 换句话说，如果一向量组线性无关，那么它的任何一个非空的部分组也线性无关.

定理 2 设 $\boldsymbol{\alpha}_1,\boldsymbol{\alpha}_2,\cdots,\boldsymbol{\alpha}_r$ 与 $\boldsymbol{\beta}_1,\boldsymbol{\beta}_2,\cdots,\boldsymbol{\beta}_s$ 是两个向量组. 如果

1）向量组 $\boldsymbol{\alpha}_1,\boldsymbol{\alpha}_2,\cdots,\boldsymbol{\alpha}_r$ 可以经 $\boldsymbol{\beta}_1,\boldsymbol{\beta}_2,\cdots,\boldsymbol{\beta}_s$ 线性表出；

2）$r>s$，那么向量组 $\boldsymbol{\alpha}_1,\boldsymbol{\alpha}_2,\cdots,\boldsymbol{\alpha}_r$ 必线性相关.

推论 1 如果向量组 $\boldsymbol{\alpha}_1,\boldsymbol{\alpha}_2,\cdots,\boldsymbol{\alpha}_r$ 可以经向量组 $\boldsymbol{\beta}_1,\boldsymbol{\beta}_2,\cdots,\boldsymbol{\beta}_s$ 线性表出，且 $\boldsymbol{\alpha}_1,\boldsymbol{\alpha}_2,\cdots,\boldsymbol{\alpha}_r$ 线性无关，那么 $r\leqslant s$.

推论 2 任意 $n+1$ 个 n 维向量必线性相关.

推论 3 两个线性无关的等价的向量组，必含有相同个数的向量.

定义 13 一向量组的一个部分组称为一个极大线性无关组，如果这个部分组本身是线性无关的，并且从这个向量组中任意添一个向量（如果还有的话），所得的部分向量组都线性相关.

命题 1）一个线性无关向量组的极大线性无关组就是这个向量组本身.

2）任意一个极大线性无关组都与向量组本身等价.

3）一向量组的任意两个极大线性无关组都是等价的.

定理 3 一向量组的极大线性无关组都含有相同个数的向量.

定义 14 向量组的极大线性无关组所含向量的个数称为这个向量组的秩.

本节知识拓展 区分解析几何中的向量与高等代数中向量的异同，高等代数中向量不具有方向性，不需要加箭头. 区分本章与第六章向量的异同，本章向量是具体的，第六章向量是抽象的. 本章概念和结论都可以推广到第六章——抽象的向量上面.

例 1 证明：如果向量组 $\boldsymbol{\alpha}_1,\boldsymbol{\alpha}_2,\cdots,\boldsymbol{\alpha}_r$ 线性无关，而 $\boldsymbol{\alpha}_1,\boldsymbol{\alpha}_2,\cdots,\boldsymbol{\alpha}_r,\boldsymbol{\beta}$ 线性相关，则向量 $\boldsymbol{\beta}$ 可以由 $\boldsymbol{\alpha}_1,\boldsymbol{\alpha}_2,\cdots,\boldsymbol{\alpha}_r$ 线性表示.

证明 由题设，存在不全为零的 $k_1,k_2,\cdots,k_{r+1}$，使

$$k_1\boldsymbol{\alpha}_1+k_2\boldsymbol{\alpha}_2+\cdots+k_r\boldsymbol{\alpha}_r+k_{r+1}\boldsymbol{\beta}=0\ , \tag{*}$$

这里 $k_{r+1}\neq0$；否则，若 $k_{r+1}=0$，则 $k_1,k_2,\cdots,k_r$ 不全为零使（*）式成立，这与 $\boldsymbol{\alpha}_1,\boldsymbol{\alpha}_2,\cdots,\boldsymbol{\alpha}_r$ 线性无关的条件矛盾. 由（*）得

$$\boldsymbol{\beta}=-\sum_{i=1}^{r}\frac{k_i}{k_{r+1}}\boldsymbol{\alpha}_i\ .$$

例 2 已知向量组 $\boldsymbol{\alpha}_1,\boldsymbol{\alpha}_2,\boldsymbol{\alpha}_3$ 线性相关，$\boldsymbol{\alpha}_2,\boldsymbol{\alpha}_3,\boldsymbol{\alpha}_4$ 线性无关，问：

1）$\boldsymbol{\alpha}_1$ 能否由 $\boldsymbol{\alpha}_2,\boldsymbol{\alpha}_3$ 线性表出？证明你的结论.

2）$\boldsymbol{\alpha}_4$ 能否由 $\boldsymbol{\alpha}_1,\boldsymbol{\alpha}_2,\boldsymbol{\alpha}_3$ 线性表出？证明你的结论.

分析 对于抽象的向量组，判断向量能否由向量组线性表出时，常采用线性表出与

线性相关的关系,向量组部分和整体的关系以及极大线性无关组的有关性质等.

解 1)能.因为$\boldsymbol{\alpha}_2,\boldsymbol{\alpha}_3,\boldsymbol{\alpha}_4$线性无关,所以$\boldsymbol{\alpha}_2,\boldsymbol{\alpha}_3$线性无关.由于$\boldsymbol{\alpha}_1,\boldsymbol{\alpha}_2,\boldsymbol{\alpha}_3$线性相关,而$\boldsymbol{\alpha}_2,\boldsymbol{\alpha}_3$线性无关,故$\boldsymbol{\alpha}_1$能由$\boldsymbol{\alpha}_2,\boldsymbol{\alpha}_3$线性表出.

2)不能.

法1 设$\boldsymbol{\alpha}_4=k_1\boldsymbol{\alpha}_1+k_2\boldsymbol{\alpha}_2+k_3\boldsymbol{\alpha}_3$,由1)知$\boldsymbol{\alpha}_1$能由$\boldsymbol{\alpha}_2,\boldsymbol{\alpha}_3$线性表出,设$\boldsymbol{\alpha}_1=l_2\boldsymbol{\alpha}_2+l_3\boldsymbol{\alpha}_3$.

于是$\boldsymbol{\alpha}_4=k_1(l_2\boldsymbol{\alpha}_2+l_3\boldsymbol{\alpha}_3)+k_2\boldsymbol{\alpha}_2+k_3\boldsymbol{\alpha}_3=(k_1l_2+k_2)\boldsymbol{\alpha}_2+(k_1l_3+k_3)\boldsymbol{\alpha}_3$,这与已知$\boldsymbol{\alpha}_2,\boldsymbol{\alpha}_3,\boldsymbol{\alpha}_4$线性无关矛盾,从而$\boldsymbol{\alpha}_4$不能由$\boldsymbol{\alpha}_1,\boldsymbol{\alpha}_2,\boldsymbol{\alpha}_3$线性表出.

法2 因为$\boldsymbol{\alpha}_1,\boldsymbol{\alpha}_2,\boldsymbol{\alpha}_3$线性相关,所以$R(\boldsymbol{\alpha}_1,\boldsymbol{\alpha}_2,\boldsymbol{\alpha}_3)\leqslant 2$.又因为$\boldsymbol{\alpha}_2,\boldsymbol{\alpha}_3,\boldsymbol{\alpha}_4$线性无关,所以$R(\boldsymbol{\alpha}_1,\boldsymbol{\alpha}_2,\boldsymbol{\alpha}_3,\boldsymbol{\alpha}_4)\geqslant 3$,从而$R(\boldsymbol{\alpha}_1,\boldsymbol{\alpha}_2,\boldsymbol{\alpha}_3,\boldsymbol{\alpha}_4)\neq R(\boldsymbol{\alpha}_1,\boldsymbol{\alpha}_2,\boldsymbol{\alpha}_3)$,即方程组$x_1\boldsymbol{\alpha}_1+x_2\boldsymbol{\alpha}_2+x_3\boldsymbol{\alpha}_3=\boldsymbol{\alpha}_4$无解,也即$\boldsymbol{\alpha}_4$不能由$\boldsymbol{\alpha}_1,\boldsymbol{\alpha}_2,\boldsymbol{\alpha}_3$线性表出.

例3 用消元法求下列向量组的极大线性无关组与秩:$\boldsymbol{\alpha}_1=(1,-1,2,4)$,$\boldsymbol{\alpha}_2=(0,3,1,2)$,$\boldsymbol{\alpha}_3=(3,0,7,14)$,$\boldsymbol{\alpha}_4=(1,-1,2,0)$,$\boldsymbol{\alpha}_5=(2,1,5,6)$.

解

$$(\boldsymbol{\alpha}'_1,\boldsymbol{\alpha}'_2,\boldsymbol{\alpha}'_3,\boldsymbol{\alpha}'_4,\boldsymbol{\alpha}'_5)=\begin{pmatrix}1&0&3&1&2\\-1&3&0&-1&1\\2&1&7&2&5\\4&2&14&0&6\end{pmatrix}$$

$$\xrightarrow[\substack{r_3-2r_1\\r_4-4r_1}]{r_2+r_1}\begin{pmatrix}1&0&3&1&2\\0&3&3&0&3\\0&1&1&0&1\\0&2&2&-4&-2\end{pmatrix}\xrightarrow[\substack{r_2\leftrightarrow r_3\\r_3\leftrightarrow r_4}]{\substack{r_2-3r_3\\r_4-2r_3}}\begin{pmatrix}1&0&3&1&2\\0&1&1&0&1\\0&0&0&-4&-4\\0&0&0&0&0\end{pmatrix},$$

所给向量组的秩为3,极大线性无关组为$\boldsymbol{\alpha}_1,\boldsymbol{\alpha}_2,\boldsymbol{\alpha}_4$(或$\boldsymbol{\alpha}_1,\boldsymbol{\alpha}_3,\boldsymbol{\alpha}_4$或$\boldsymbol{\alpha}_1,\boldsymbol{\alpha}_2,\boldsymbol{\alpha}_5$或$\boldsymbol{\alpha}_1,\boldsymbol{\alpha}_3,\boldsymbol{\alpha}_5$).

3.2 矩阵的秩

定义15 所谓矩阵的行秩就是指矩阵的行向量组的秩;矩阵的列秩就是矩阵的列向量组的秩.

引理 如果齐次线性方程组

$$\begin{cases}a_{11}x_1+a_{12}x_2+\cdots+a_{1n}x_n=0,\\a_{21}x_1+a_{22}x_2+\cdots+a_{2n}x_n=0,\\\quad\cdots\cdots\\a_{s1}x_1+a_{s2}x_2+\cdots+a_{sn}x_n=0\end{cases}$$

的系数矩阵的行秩$r<n$,那么它有非零解.

定义16 在一个$s\times n$矩阵$\boldsymbol{A}$中任意选定k行和k列,位于这些选定的行和列的交点上的k^2个元素按原来的次序所组成的k阶行列式,称为$\boldsymbol{A}$的一个k阶子式.在定义中,当

然有 $k \leqslant \min(s,n)$,这里 $\min(s,n)$ 表示 s,n 中较小的一个数.

定义17　矩阵 $\boldsymbol{A}$ 中最高阶非零子式的阶数称为矩阵 $\boldsymbol{A}$ 的秩.当 $\boldsymbol{A}$ 为零矩阵时,$\boldsymbol{A}$ 的秩为零.矩阵 $\boldsymbol{A}$ 的秩记为 $R(\boldsymbol{A})$.

命题1　矩阵 $\boldsymbol{A}$ 的秩是 r 的充要条件为矩阵 $\boldsymbol{A}$ 中有一个 r 阶子式不为零,同时所有 $r+1$ 阶子式全为零.

定理4　$\boldsymbol{A}$ 的秩 $=$ $\boldsymbol{A}$ 的列秩 $=$ $\boldsymbol{A}$ 的行秩.

推论1　矩阵的初等列变换和初等行变换皆不改变该矩阵的秩、列秩和行秩.

推论2　矩阵 $\boldsymbol{A}$ 的秩等于 $\boldsymbol{A}$ 在初等行变换下的阶梯形矩阵中非零行的数目.

推论3　设矩阵 $\boldsymbol{A}$ 在初等行变换下的阶梯形矩阵为 $\boldsymbol{B}$, $\boldsymbol{B}$ 的每一行第一个非零元素所在的列为 $i_1,i_2,\cdots,i_r$,则 $\boldsymbol{A}$ 的第 $i_1,i_2,\cdots,i_r$ 列组成它的列向量组的一个极大线性无关组.

推论4　设 $\boldsymbol{A}=(a_{ij})_{n\times n}$,则 $\boldsymbol{A}$ 的列向量组(行向量组)线性相关的充要条件是 $|\boldsymbol{A}|=0$; $\boldsymbol{A}$ 的列向量组(行向量组)线性无关的充要条件是 $|\boldsymbol{A}|\neq 0$.

命题2　$n\times n$ 矩阵 $\boldsymbol{A}=(a_{ij})_{n\times n}$ 的行列式为零的充要条件是 $\boldsymbol{A}$ 的秩小于 n . 换句话说,$|\boldsymbol{A}|\neq 0 \Leftrightarrow R(\boldsymbol{A})=n$.

定理5　设 $\boldsymbol{A}$ 为 n 阶方阵,齐次线性方程组 $\boldsymbol{AX}=0$ 有非零解的充要条件是 $|\boldsymbol{A}|=0$;只有零解的充要条件是 $|\boldsymbol{A}|\neq 0$.

定理6(克拉默法则及其逆定理)　设 $\boldsymbol{A}$ 为 n 阶方阵,线性方程组 $\boldsymbol{AX}=\boldsymbol{b}$ 有唯一解的充要条件是 $|\boldsymbol{A}|\neq 0$.

本节知识拓展　从向量组和子式两个角度给出矩阵的秩,理解向量组的线性关系、方阵的秩与行列式的关系.矩阵的秩是判别方程组有没有解的基础.

例1　设 $\boldsymbol{A}$ 是 n 阶矩阵,$\boldsymbol{a}$ 是 n 维列向量,若 $R\begin{pmatrix}\boldsymbol{A} & \boldsymbol{a}\\ \boldsymbol{a}' & 0\end{pmatrix}=R(\boldsymbol{A})$,则线性方程组(　　).

(A) $\boldsymbol{AX}=\boldsymbol{a}$ 有无穷多解　　　　(B) $\boldsymbol{AX}=\boldsymbol{a}$ 必有唯一解

(C) $\begin{pmatrix}\boldsymbol{A} & \boldsymbol{a}\\ \boldsymbol{a}' & 0\end{pmatrix}\begin{pmatrix}x\\ y\end{pmatrix}=\boldsymbol{0}$ 仅有零解　　　　(D) $\begin{pmatrix}\boldsymbol{A} & \boldsymbol{a}\\ \boldsymbol{a}' & 0\end{pmatrix}\begin{pmatrix}x\\ y\end{pmatrix}=\boldsymbol{0}$ 必有非零解

答　(D) $\because \begin{pmatrix}\boldsymbol{A} & \boldsymbol{a}\\ \boldsymbol{a}' & 0\end{pmatrix}$ 是 $n+1$ 阶方阵, $R\begin{pmatrix}\boldsymbol{A} & \boldsymbol{a}\\ \boldsymbol{a}' & 0\end{pmatrix}=R(\boldsymbol{A})\leqslant n$, $\therefore \begin{vmatrix}\boldsymbol{A} & \boldsymbol{a}\\ \boldsymbol{a}' & 0\end{vmatrix}=0$.

例2　设 $\boldsymbol{A},\boldsymbol{B}$ 都是 n 阶方阵,证明:线性方程组 $\boldsymbol{ABX}=\boldsymbol{0}$ 与 $\boldsymbol{BX}=\boldsymbol{0}$ 同解的充要条件是 $R(\boldsymbol{AB})=R(\boldsymbol{B})$.

证明　必要性.设 $\boldsymbol{ABX}=\boldsymbol{0}$ 与 $\boldsymbol{BX}=\boldsymbol{0}$ 同解,则 $n-R(\boldsymbol{AB})=n-R(\boldsymbol{B})$.

充分性.设 W_1 与 W_2 分别为 $\boldsymbol{ABX}=\boldsymbol{0}$ 与 $\boldsymbol{BX}=\boldsymbol{0}$ 的解空间,显然 $W_2\subseteq W_1$. 又 $\dim W_2=n-R(\boldsymbol{B})=n-R(\boldsymbol{AB})=\dim W_1$,则 $W_2=W_1$,即 $\boldsymbol{ABX}=\boldsymbol{0}$ 与 $\boldsymbol{BX}=\boldsymbol{0}$ 同解.

3.3　线性方程组解的理论

定理7(线性方程组有解判别定理)　线性方程组 $\boldsymbol{AX}=\boldsymbol{b}$ 有解的充要条件为它的系

数矩阵 $\boldsymbol{A}$ 与增广矩阵 $\bar{\boldsymbol{A}}$ 的秩相等.

定义 18　齐次线性方程组 $\boldsymbol{AX}=\boldsymbol{0}$ 的一组解 $\boldsymbol{\eta}_1,\boldsymbol{\eta}_2,\cdots,\boldsymbol{\eta}_t$ 称为 $\boldsymbol{AX}=\boldsymbol{0}$ 的一个基础解系,如果

1)它的任一个解都能表成 $\boldsymbol{\eta}_1,\boldsymbol{\eta}_2,\cdots,\boldsymbol{\eta}_t$ 的线性组合;

2) $\boldsymbol{\eta}_1,\boldsymbol{\eta}_2,\cdots,\boldsymbol{\eta}_t$ 线性无关.

应该注意,定义中的条件2)是为了保证基础解系中没有多余的解.

定理 8　在齐次线性方程组有非零解的情况下,它有基础解系,并且基础解系所含解的个数等于 $n-r$,这里 r 表示系数矩阵的秩(以下将看到,$n-r$ 也就是自由未知量的个数).

定理 9　如果 $\boldsymbol{\gamma}_0$ 是线性方程组 $\boldsymbol{AX}=\boldsymbol{b}$ 的一个特解,那么线性方程组的任一个解 $\boldsymbol{\gamma}$ 都可以表成

$$\boldsymbol{\gamma}=\boldsymbol{\gamma}_0+\boldsymbol{\eta}.$$

其中 $\boldsymbol{\eta}$ 是导出组 $\boldsymbol{AX}=\boldsymbol{0}$ 的一个解.因此,对于线性方程组的任一个特解 $\boldsymbol{\gamma}_0$,当 $\boldsymbol{\eta}$ 取遍它的导出组的全部解时,上式就给出原方程组的全部解.

推论　在方程组 $\boldsymbol{AX}=\boldsymbol{b}$ 有解的条件下,解是唯一的充要条件是它的导出组 $\boldsymbol{AX}=\boldsymbol{0}$ 只有零解.

本节知识拓展　如果把系数矩阵和增广矩阵看作列向量组,则线性方程组的有解判别也就是考虑向量组的线性关系.注意比较基础解系与极大线性无关组、线性空间的基等概念的关系.

例 1　非齐次线性方程组 $\boldsymbol{AX}=\boldsymbol{b}$ 中未知个数为 n,方程个数为 m,系数矩阵 $\boldsymbol{A}$ 的秩为 r,则(　)

(A) $r=m$ 时,方程组 $\boldsymbol{AX}=\boldsymbol{b}$ 有解

(B) $r=n$ 时,方程组 $\boldsymbol{AX}=\boldsymbol{b}$ 有唯一解

(C) $m=n$ 时,方程组 $\boldsymbol{AX}=\boldsymbol{b}$ 有唯一解

(D) $r<n$ 时,方程组 $\boldsymbol{AX}=\boldsymbol{b}$ 有无穷多解

答　A,$\because$ $\boldsymbol{A}$ 是 $m\times n$ 矩阵,$\bar{\boldsymbol{A}}$ 是 $m\times(n+1)$ 矩阵,当 $r=m$ 时,必有 $R(\boldsymbol{A})=R(\bar{\boldsymbol{A}})=m$,故方程组 $\boldsymbol{AX}=\boldsymbol{b}$ 一定有解,故选 A.

例 2　a,b 取什么值时,线性方程组

$$\begin{cases}x_1+x_2+x_3+x_4+x_5=1,\\3x_1+2x_2+x_3+x_4-3x_5=a,\\x_2+2x_3+2x_4+6x_5=3,\\5x_1+4x_2+3x_3+3x_4-x_5=b\end{cases}$$

有解?在有解的情形求一般解.

解

$$\bar{\boldsymbol{A}}=\begin{pmatrix}1&1&1&1&1&1\\3&2&1&1&-3&a\\0&1&2&2&6&3\\5&4&3&3&-1&b\end{pmatrix}\xrightarrow[r_4-5r_1]{r_2-3r_1}\begin{pmatrix}1&1&1&1&1&1\\0&-1&-2&-2&-6&a-3\\0&1&2&2&6&3\\0&-1&-2&-2&-6&b-5\end{pmatrix}$$

$$\xrightarrow[\substack{r_4+r_3\\ r_2\leftrightarrow r_3}]{\substack{r_1-r_3\\ r_2+r_3}}\begin{pmatrix}1&0&-1&-1&-5&-2\\0&1&2&2&6&3\\0&0&0&0&0&a\\0&0&0&0&0&b-2\end{pmatrix}$$

当 $a\neq 0$ 或 $b\neq 2$ 时, $R(\bar{\boldsymbol{A}})=3$, $R(\boldsymbol{A})=2$,方程组无解;

当 $a=0$ 且 $b=2$ 时, $R(\bar{\boldsymbol{A}})=R(\boldsymbol{A})=2$,方程组有无穷多解. 同解方程为

$$\begin{cases}x_1=-2+x_3+x_4+5x_5,\\x_2=3-2x_2-2x_4-6x_5.\end{cases}$$

一般解为

$$\begin{pmatrix}x_1\\x_2\\x_3\\x_4\\x_5\end{pmatrix}=\begin{pmatrix}-2\\3\\0\\0\\0\end{pmatrix}+k_1\begin{pmatrix}1\\-2\\1\\0\\0\end{pmatrix}+k_2\begin{pmatrix}1\\-2\\0\\1\\0\end{pmatrix}+k_3\begin{pmatrix}5\\-6\\0\\0\\1\end{pmatrix}(k_1,k_2,k_3\text{ 为任意常数}).$$

本章知识拓展　本章知识点和相关结论在第 6 章线性空间和第 7 章线性变换用得非常多,很多结论是直接平移过去的. 线性方程组的解空间是线性空间的一个具体例子. 同时利用第 2 章行列式中的克拉默法则和第 4 章矩阵的理论,来研究线性方程组解的情况.

典型习题选讲

1. 已知 $\boldsymbol{\alpha}_1,\boldsymbol{\alpha}_2,\cdots,\boldsymbol{\alpha}_s$ 的秩为 r,证明: $\boldsymbol{\alpha}_1,\boldsymbol{\alpha}_2,\cdots,\boldsymbol{\alpha}_s$ 中任意 r 个线性无关的向量都构成它的一极大线性无关组.

证明　设 $\boldsymbol{\alpha}_{i_1},\boldsymbol{\alpha}_{i_2},\cdots,\boldsymbol{\alpha}_{i_r}$ 是 $\boldsymbol{\alpha}_1,\boldsymbol{\alpha}_2,\cdots,\boldsymbol{\alpha}_s$ 中任意 r 个线性无关的向量组,下证任意 $\boldsymbol{\alpha}_j(j=1,2,\cdots,s)$ 都可由 $\boldsymbol{\alpha}_{i_1},\boldsymbol{\alpha}_{i_2},\cdots,\boldsymbol{\alpha}_{i_r}$ 线性表示,即证得结论.

向量组 $\boldsymbol{\alpha}_{i_1},\boldsymbol{\alpha}_{i_2},\cdots,\boldsymbol{\alpha}_{i_r},\boldsymbol{\alpha}_j$ 是线性相关的(否则原向量组的秩就超过 r 了),而 $\boldsymbol{\alpha}_{i_1},\boldsymbol{\alpha}_{i_2},\cdots,\boldsymbol{\alpha}_{i_r}$ 是线性无关的,故 $\boldsymbol{\alpha}_j$ 可由 $\boldsymbol{\alpha}_{i_1},\boldsymbol{\alpha}_{i_2},\cdots,\boldsymbol{\alpha}_{i_r}$ 线性表示,由 $\boldsymbol{\alpha}_j$ 的任意性,结论得证.

2. 证明:如果向量组(Ⅰ)可以由向量组(Ⅱ)线性表示,那么(Ⅰ)的秩不超过(Ⅱ)的秩.

证明　设部分组(Ⅲ)(Ⅳ)分别为(Ⅰ),(Ⅱ)的极大无关组,则有

$$(\text{Ⅲ})\leftrightarrows(\text{Ⅰ})\leftarrow(\text{Ⅱ})\leftrightarrows(\text{Ⅳ}).$$

设(Ⅲ)含 r 个向量,(Ⅳ)含 t 个向量,因为(Ⅲ)线性无关,且(Ⅲ)←(Ⅳ),所以 $r\leqslant t$,即秩(Ⅰ)≤秩(Ⅱ).

3. 假设向量 $\boldsymbol{\beta}$ 可以经向量组 $\boldsymbol{\alpha}_1,\boldsymbol{\alpha}_2,\cdots,\boldsymbol{\alpha}_r$ 线性表出,证明:表示法是唯一的充分必要条件是 $\boldsymbol{\alpha}_1,\boldsymbol{\alpha}_2,\cdots,\boldsymbol{\alpha}_r$ 线性无关.

证明 必要性.设$\boldsymbol{\beta}=k_1\boldsymbol{\alpha}_1+k_2\boldsymbol{\alpha}_2+\cdots+k_r\boldsymbol{\alpha}_r$且表法唯一.

反证法.假设$\boldsymbol{\alpha}_1,\boldsymbol{\alpha}_2,\cdots,\boldsymbol{\alpha}_r$线性相关,那么存在不全为零的数$l_1,l_2,\cdots,l_r$使

$$l_1\boldsymbol{\alpha}_1+l_2\boldsymbol{\alpha}_2+\cdots+l_r\boldsymbol{\alpha}_r=\mathbf{0}.$$

两式相加,得

$$\boldsymbol{\beta}=(l_1+k_1)\boldsymbol{\alpha}_1+(l_2+k_2)\boldsymbol{\alpha}_2+\cdots+(l_r+k_r)\boldsymbol{\alpha}_r.$$

由$l_1,l_2,\cdots,l_r$不全为零知,$\boldsymbol{\beta}$有两种不同的表示法,这与题设矛盾,故$\boldsymbol{\alpha}_1,\boldsymbol{\alpha}_2,\cdots,\boldsymbol{\alpha}_r$线性无关.

充分性.设$\boldsymbol{\beta}$有两种表示法

$$\boldsymbol{\beta}=k_1\boldsymbol{\alpha}_1+k_2\boldsymbol{\alpha}_2+\cdots+k_r\boldsymbol{\alpha}_r,\ \boldsymbol{\beta}=l_1\boldsymbol{\alpha}_1+l_2\boldsymbol{\alpha}_2+\cdots+l_r\boldsymbol{\alpha}_r,$$

两式相减得

$$(l_1-k_1)\boldsymbol{\alpha}_1+(l_2-k_2)\boldsymbol{\alpha}_2+\cdots+(l_r-k_r)\boldsymbol{\alpha}_r=0.$$

由$\boldsymbol{\alpha}_1,\boldsymbol{\alpha}_2,\cdots,\boldsymbol{\alpha}_r$线性无关,得$l_1-k_1=l_2-k_2=\cdots l_r-k_r=0$,即$l_1=k_1,l_2=k_2,\cdots,l_r=k_r$,故$\boldsymbol{\beta}$的表示法唯一.

4.设$\boldsymbol{\alpha}_1,\boldsymbol{\alpha}_2,\cdots,\boldsymbol{\alpha}_r$是一组线性无关的向量,$\boldsymbol{\beta}_i=\sum\limits_{j=1}^{r}a_{ij}\boldsymbol{\alpha}_j,i=1,2,\cdots,r$,证明:$\boldsymbol{\beta}_1,\boldsymbol{\beta}_2,\cdots,\boldsymbol{\beta}_r$线性无关的充分必要条件是

$$\begin{vmatrix} a_{11} & a_{12} & \cdots & a_{1r} \\ a_{21} & a_{22} & \cdots & a_{2r} \\ \vdots & \vdots & & \vdots \\ a_{r1} & a_{r2} & \cdots & a_{rr} \end{vmatrix}\neq 0. \qquad (*)$$

解 设$k_1\boldsymbol{\beta}_1+k_2\boldsymbol{\beta}_2+\cdots+k_r\boldsymbol{\beta}_r=\mathbf{0}$,则

$$\sum_{i=1}^{r}k_i\boldsymbol{\beta}_i=\sum_{i=1}^{r}k_i\Big(\sum_{j=1}^{r}a_{ij}\boldsymbol{\alpha}_j\Big)=\sum_{j=1}^{r}\Big(\sum_{i=1}^{r}k_ia_{ij}\Big)\boldsymbol{\alpha}_j=\mathbf{0}.$$

由$\boldsymbol{\alpha}_1,\boldsymbol{\alpha}_2,\cdots,\boldsymbol{\alpha}_r$线性无关知

$$\sum_{i=1}^{r}k_ia_{ij}=0,j=1,2,\cdots,r.$$

此关于k_i的齐次线性方程组只有零解的充分必要条件是

$$\begin{vmatrix} a_{11} & a_{12} & \cdots & a_{1r} \\ a_{21} & a_{22} & \cdots & a_{2r} \\ \vdots & \vdots & & \vdots \\ a_{r1} & a_{r2} & \cdots & a_{rr} \end{vmatrix}\neq 0.$$

故$\boldsymbol{\beta}_1,\boldsymbol{\beta}_2,\cdots,\boldsymbol{\beta}_r$线性无关的充分必要条件是(*)式成立.

5.证明:$\boldsymbol{\alpha}_1,\boldsymbol{\alpha}_2,\cdots,\boldsymbol{\alpha}_s$(其中$\boldsymbol{\alpha}_1\neq 0$)线性相关的充分必要条件是至少有一$\boldsymbol{\alpha}_i(1<i\leqslant s)$可被$\boldsymbol{\alpha}_1,\boldsymbol{\alpha}_2,\cdots,\boldsymbol{\alpha}_{i-1}$线性表出.

证明 充分性显然,下证必要性.

设$\boldsymbol{\alpha}_1,\boldsymbol{\alpha}_2,\cdots,\boldsymbol{\alpha}_s$线性相关,则存在不全为零的数$k_1,k_2,\cdots,k_s$,使

$$k_1\boldsymbol{\alpha}_1+\cdots+k_{i-1}\boldsymbol{\alpha}_{i-1}+k_i\boldsymbol{\alpha}_i+\cdots+k_s\boldsymbol{\alpha}_s=\mathbf{0}. \qquad (*)$$

设k_i是不全为零的$k_1,k_2,\cdots,k_s$中下标最大者,即有$k_i\neq 0,k_{i+1}=k_{i+2}=\cdots=k_s=0$,由

(*)得

$$k_1\boldsymbol{\alpha}_1 + k_2\boldsymbol{\alpha}_2 + \cdots + k_i\boldsymbol{\alpha}_i = \mathbf{0} ,$$

又由 $\boldsymbol{\alpha}_1 \neq 0$ 知 $i > 1$,有 $1 < i \leqslant s$,使

$$\boldsymbol{\alpha}_i = -\frac{k_1}{k_i}\boldsymbol{\alpha}_1 - \cdots - \frac{k_{i-1}}{k_i}\boldsymbol{\alpha}_{i-1} .$$

故 $\boldsymbol{\alpha}_i$ 可被 $\boldsymbol{\alpha}_1,\boldsymbol{\alpha}_2,\cdots,\boldsymbol{\alpha}_{i-1}$ 线性表出.

6. 已知两向量组有相同的秩,且其中之一可被另一个线性表出,证明:这两个向量组等价.

证明 法1 设向量组Ⅰ:$\boldsymbol{\alpha}_1,\boldsymbol{\alpha}_2,\cdots,\boldsymbol{\alpha}_s$ 与Ⅱ:$\boldsymbol{\beta}_1,\boldsymbol{\beta}_2,\cdots,\boldsymbol{\beta}_t$ 的秩同为 r ,且 $\boldsymbol{\alpha}_1,\boldsymbol{\alpha}_2,\cdots,\boldsymbol{\alpha}_s$ 可由 $\boldsymbol{\beta}_1,\boldsymbol{\beta}_2,\cdots,\boldsymbol{\beta}_t$ 线性表出.

记Ⅰ及Ⅱ的极大线性无关组分别为Ⅲ:$\boldsymbol{\alpha}_{i_1},\boldsymbol{\alpha}_{i_2},\cdots,\boldsymbol{\alpha}_{i_r}$ 及Ⅳ:$\boldsymbol{\beta}_{j_1},\boldsymbol{\beta}_{j_2},\cdots,\boldsymbol{\beta}_{j_r}$. 由于 $\boldsymbol{\alpha}_1,\boldsymbol{\alpha}_2,\cdots,\boldsymbol{\alpha}_s$ 可由 $\boldsymbol{\beta}_1,\boldsymbol{\beta}_2,\cdots,\boldsymbol{\beta}_t$ 线性表出,那么Ⅲ可由Ⅳ线性表出,从而,向量组Ⅴ:$\boldsymbol{\alpha}_{i_1},\boldsymbol{\alpha}_{i_2},\cdots,\boldsymbol{\alpha}_{i_r},\boldsymbol{\beta}_{j_1},\boldsymbol{\beta}_{j_2},\cdots,\boldsymbol{\beta}_{j_r}$ 可由Ⅳ线性表出. 又因为Ⅳ含有 r 个线性无关的向量,可知Ⅳ是Ⅴ的一个极大无关组,$R(Ⅴ) = r$.

又因为Ⅲ也是Ⅴ中含有 r 个线性无关的向量,则Ⅲ也是Ⅴ的一个极大无关组. 因此向量组Ⅲ与Ⅳ等价,既得Ⅰ与Ⅱ等价.

法2 设此两向量组为Ⅰ和Ⅱ,它们的极大线性无关组分别为 $\boldsymbol{\alpha}_1,\boldsymbol{\alpha}_2,\cdots,\boldsymbol{\alpha}_r$ 和 $\boldsymbol{\beta}_1,\boldsymbol{\beta}_2,\cdots,\boldsymbol{\beta}_r$,并设Ⅰ可由Ⅱ线性表出,那么 $\boldsymbol{\alpha}_1,\boldsymbol{\alpha}_2,\cdots,\boldsymbol{\alpha}_r$ 可由线性无关的 $\boldsymbol{\beta}_1,\boldsymbol{\beta}_2,\cdots,\boldsymbol{\beta}_r$ 线性表出

$$\boldsymbol{\alpha}_i = \sum_{j=1}^{r} a_{ij}\boldsymbol{\beta}_j , i = 1,2,\cdots,r . \qquad (*)$$

由第4题知,$\boldsymbol{\alpha}_1,\boldsymbol{\alpha}_2,\cdots,\boldsymbol{\alpha}_r$ 线性无关的充分必要条件是 $|a_{ij}| \neq 0$,可由(*)式解出 $\boldsymbol{\beta}_j(j = 1,\cdots,r)$,即 $\boldsymbol{\beta}_1,\boldsymbol{\beta}_2,\cdots,\boldsymbol{\beta}_r$ 也可由 $\boldsymbol{\alpha}_1,\boldsymbol{\alpha}_2,\cdots,\boldsymbol{\alpha}_r$ 线性表出,从而它们等价. 再由它们分别同向量组Ⅰ和Ⅱ等价,所以Ⅰ和Ⅱ等价.

7. 设向量组 $\boldsymbol{\alpha}_1,\boldsymbol{\alpha}_2,\cdots,\boldsymbol{\alpha}_s$ 的秩为 r ,在其中任取 m 个向量 $\boldsymbol{\alpha}_{i_1},\boldsymbol{\alpha}_{i_2},\cdots\boldsymbol{\alpha}_{i_m}$,证明:此向量组的秩 $\geqslant r + m - s$.

证明 设向量组 $\boldsymbol{\alpha}_{i_1},\boldsymbol{\alpha}_{i_2},\cdots\boldsymbol{\alpha}_{i_m}$ 的秩为 t ,现从 $\boldsymbol{\alpha}_{i_1},\boldsymbol{\alpha}_{i_2},\cdots\boldsymbol{\alpha}_{i_m}$ 的极大无关组(含 t 个向量)扩充成 $\boldsymbol{\alpha}_1,\boldsymbol{\alpha}_2,\cdots,\boldsymbol{\alpha}_s$ 的极大无关组(含 r 个向量). 因此,扩充向量的个数 $r - t$,但 $\boldsymbol{\alpha}_1,\boldsymbol{\alpha}_2,\cdots,\boldsymbol{\alpha}_s$ 中除 $\boldsymbol{\alpha}_{i_1},\boldsymbol{\alpha}_{i_2},\cdots\boldsymbol{\alpha}_{i_m}$ 外,向量个数为 $s - m$. 故 $r - t \leqslant s - m$,即 $t \geqslant r + m - s$.

8. 设向量组 $\boldsymbol{\alpha}_1,\boldsymbol{\alpha}_2,\cdots,\boldsymbol{\alpha}_s$; $\boldsymbol{\beta}_1,\boldsymbol{\beta}_2,\cdots,\boldsymbol{\beta}_t$; $\boldsymbol{\alpha}_1,\boldsymbol{\alpha}_2,\cdots,\boldsymbol{\alpha}_s,\boldsymbol{\beta}_1,\boldsymbol{\beta}_2,\cdots,\boldsymbol{\beta}_t$ 的秩分别为 r_1,r_2,r_3,证明:$\max\{r_1,r_2\} \leqslant r_3 \leqslant r_1 + r_2$.

证明 设这三向量组分别为Ⅰ,Ⅱ,Ⅲ,显然Ⅰ及Ⅱ均可由Ⅲ线性表出,则 $r_1 \leqslant r_3$,且 $r_2 \leqslant r_3$,即有 $\max\{r_1,r_2\} \leqslant r_3$.

下证:$r_3 \leqslant r_1 + r_2$. 设向量组Ⅰ,Ⅱ的极大线性无关组分别为Ⅳ:$\boldsymbol{\alpha}_{i1},\cdots,\boldsymbol{\alpha}_{ir_1}$ 和Ⅴ:$\boldsymbol{\beta}_{j1},\cdots,\boldsymbol{\beta}_{jr_2}$.

因为Ⅰ,Ⅱ分别可由Ⅳ,Ⅴ线性表出,则Ⅰ,Ⅱ均可由 $\boldsymbol{\alpha}_{i1},\cdots,\boldsymbol{\alpha}_{ir_1},\boldsymbol{\beta}_{j1},\cdots,\boldsymbol{\beta}_{jr_2}$ 线性表出,进而Ⅲ可由 $\boldsymbol{\alpha}_{i1},\cdots,\boldsymbol{\alpha}_{ir_1},\boldsymbol{\beta}_{j1},\cdots,\boldsymbol{\beta}_{jr_2}$ 线性表出. 因此,

$$R(Ⅲ) \leqslant R(\boldsymbol{\alpha}_{i1},\cdots,\boldsymbol{\alpha}_{ir_1},\boldsymbol{\beta}_{j1},\cdots,\boldsymbol{\beta}_{jr_2}) \leqslant r_1 + r_2 ,$$

故 $r_3 \leqslant r_1 + r_2$.

9. 线性方程组 $\begin{cases} a_{11}x_1 + a_{12}x_2 + \cdots + a_{1n}x_n = 0 \\ a_{21}x_1 + a_{22}x_2 + \cdots + a_{2n}x_n = 0 \\ \cdots\cdots \\ a_{n-1,1}x_1 + a_{n-1,2}x_2 + \cdots + a_{n-1,n}x_n = 0 \end{cases}$ 的系数矩阵为

$$A = \begin{pmatrix} a_{11} & a_{12} & \cdots & a_{1n} \\ a_{21} & a_{22} & \cdots & a_{2n} \\ \vdots & \vdots & & \vdots \\ a_{n-1,1} & a_{n-1,2} & \cdots & a_{n-1,n} \end{pmatrix}.$$

设 M_i 是矩阵 $\boldsymbol{A}$ 中划去第 i 列剩下的 $(n-1)\times(n-1)$ 矩阵的行列式. 证明:

1) $(M_1, -M_2, \cdots, (-1)^{n-1}M_n)$ 是方程组的一个解.

2) 如果 $\boldsymbol{A}$ 的秩是 $n-1$, 那么方程组的解全是 $(M_1, -M_2, \cdots, (-1)^{n-1}M_n)$ 的倍数.

解 1) 作 n 阶行列式 D, 它是 $\boldsymbol{A}$ 的第 i 行元素与 $\boldsymbol{A}$ 的各行依次排成的行列式, 即

$$D = \begin{vmatrix} a_{i1} & a_{i2} & \cdots & a_{in} \\ a_{11} & a_{12} & \cdots & a_{1n} \\ a_{21} & a_{22} & \cdots & a_{2n} \\ \vdots & \vdots & & \vdots \\ a_{i1} & a_{i2} & \cdots & a_{in} \\ \vdots & \vdots & & \vdots \\ a_{n-1,1} & a_{n-1,2} & \cdots & a_{n-1,n} \end{vmatrix}.$$

由于 D 有两行相同, 所以 $D=0$. 将 D 按第一行展开, 得

$$D = a_{i1}M_1 - a_{i2}M_2 + \cdots + (-1)^{n-1}a_{in}M_n = 0, (i = 1, 2, \cdots, n),$$

即 $\boldsymbol{\eta} = (M_1, -M_2, \cdots, (-1)^{n-1}M_n)$ 是方程组 $\boldsymbol{Ax}=\boldsymbol{0}$ 的解.

2) 由 $R(\boldsymbol{A}) = n-1$ 知, 方程组 $\boldsymbol{Ax}=\boldsymbol{0}$ 的基础解系含有 $n-r=n-(n-1)=1$ 个向量. 又因为 $\boldsymbol{\eta}$ 为非零解, 为方程组的基础解系, 故其通解为 $\boldsymbol{x} = k\boldsymbol{\eta}$.

10. 设 $\boldsymbol{\alpha}_i = (a_{i1}, a_{i2}, \cdots, a_{in}), i = 1, 2, \cdots, s$, $\boldsymbol{\beta} = (b_1, b_2, \cdots, b_n)$. 证明: 如果线性方程组

$$\begin{cases} a_{11}x_1 + a_{12}x_2 + \cdots + a_{1n}x_n = 0, \\ a_{21}x_1 + a_{22}x_2 + \cdots + a_{2n}x_n = 0, \\ \cdots\cdots \\ a_{s1}x_1 + a_{s2}x_2 + \cdots + a_{sn}x_n = 0 \end{cases}$$

的解全是方程 $b_1x_1 + b_2x_2 + \cdots + b_nx_n = 0$ 的解, 那么 $\boldsymbol{\beta}$ 可以由 $\boldsymbol{\alpha}_1, \boldsymbol{\alpha}_2, \cdots, \boldsymbol{\alpha}_s$ 线性表出.

证明 用Ⅰ表示原方程组, 用Ⅱ表示新方程组:

$$\begin{cases} a_{11}x_1 + a_{12}x_2 + \cdots + a_{1n}x_n = 0, \\ a_{21}x_1 + a_{22}x_2 + \cdots + a_{2n}x_n = 0, \\ \cdots\cdots \\ a_{s1}x_1 + a_{s2}x_2 + \cdots + a_{sn}x_n = 0, \\ b_1x_1 + b_2x_2 + \cdots + b_nx_n = 0. \end{cases}$$

由题设知，方程组Ⅰ与Ⅱ同解，它们的基础解系都含有 $n-r$ 个解向量，故Ⅰ与Ⅱ的系数阵的秩相同，即向量组 $\boldsymbol{\alpha}_1,\boldsymbol{\alpha}_2,\cdots,\boldsymbol{\alpha}_s$ 与 $\boldsymbol{\alpha}_1,\cdots,\boldsymbol{\alpha}_s,\boldsymbol{\beta}$ 的秩相等. 又因为 $\boldsymbol{\alpha}_1,\boldsymbol{\alpha}_2,\cdots,\boldsymbol{\alpha}_s$ 可由 $\boldsymbol{\alpha}_1,\cdots,\boldsymbol{\alpha}_s,\boldsymbol{\beta}$ 线性表出，由本章典型习题选讲第 6 题知，它们等价，故 $\boldsymbol{\beta}$ 可由 $\boldsymbol{\alpha}_1,\cdots,\boldsymbol{\alpha}_s$ 线性表出.

11. 设 $\boldsymbol{A}=\begin{pmatrix} a_{11} & a_{12} & \cdots & a_{1n} \\ a_{21} & a_{22} & \cdots & a_{2n} \\ \vdots & \vdots & & \vdots \\ a_{n1} & a_{n2} & \cdots & a_{nn} \end{pmatrix}$ 为一实数域上的矩阵，证明：如果 $|a_{ii}| > \sum\limits_{j\neq i} |a_{ij}|$，$i=1,2,\cdots,n$，那么 $|\boldsymbol{A}| \neq 0$.

证明　反证. 由于线性方程组 $\boldsymbol{Ax}=\boldsymbol{0}$ 只有零解的充分必要条件是 $|\boldsymbol{A}|\neq 0$. 假设 $\boldsymbol{Ax}=\boldsymbol{0}$ 有非零解 $\boldsymbol{x}=(x_1,x_2,\cdots,x_n)'$，记 $|x_{i_0}|=\max\limits_{1\leqslant i\leqslant n}\{|x_i|\}>0$，方程组 $\boldsymbol{Ax}=\boldsymbol{0}$ 的第 i_0 个方程为

$$a_{i_01}x_1 + \cdots + a_{i_0n}x_n = 0 .$$

整理得

$$-a_{i_0i_0}x_{i_0} = \sum_{\substack{j=1 \\ j\neq i_0}}^{n} a_{i_0j}x_j .$$

于是

$$|a_{i_0i_0}||x_{i_0}| = \left|\sum_{\substack{j=1 \\ j\neq i_0}}^{n} a_{i_0j}x_j\right| \leqslant \sum_{\substack{j=1 \\ j\neq i_0}}^{n} |a_{i_0j}||x_j| .$$

从而

$$|a_{i_0i_0}| \leqslant \sum_{\substack{j=1 \\ j\neq i_0}}^{n} |a_{i_0j}| \frac{|x_j|}{|x_{i_0}|} \leqslant \sum_{\substack{j=1 \\ j\neq i_0}}^{n} |a_{i_0j}| ,$$

与条件矛盾. 故 $\boldsymbol{Ax}=\boldsymbol{0}$ 只有零解，即 $|\boldsymbol{A}|\neq 0$.

12. 设 $R(\boldsymbol{A})=R(\bar{\boldsymbol{A}})=r$，证明方程组 $\boldsymbol{Ax}_{n\times 1}=\boldsymbol{b}(\boldsymbol{b}\neq\boldsymbol{0})$ 的解向量集的秩是 $n-r+1$.

证明　设 $\boldsymbol{\alpha}_1,\boldsymbol{\alpha}_2,\cdots,\boldsymbol{\alpha}_{n-r}$ 为导出组 $\boldsymbol{Ax}=\boldsymbol{0}$ 的基础解系，$\boldsymbol{\beta}$ 为 $\boldsymbol{Ax}=\boldsymbol{b}$ 的任意解.

下证 $\boldsymbol{\beta},\boldsymbol{\beta}+\boldsymbol{\alpha}_1,\cdots,\boldsymbol{\beta}+\boldsymbol{\alpha}_{n-r}$ 为 $\boldsymbol{Ax}=\boldsymbol{b}$ 解集的极大无关组.

首先，$\boldsymbol{\beta},\boldsymbol{\beta}+\boldsymbol{\alpha}_1,\cdots,\boldsymbol{\beta}+\boldsymbol{\alpha}_{n-r}$ 显然为 $\boldsymbol{Ax}=\boldsymbol{b}$ 的解.

其次，若

$$k\boldsymbol{\beta} + k_1(\boldsymbol{\beta}+\boldsymbol{\alpha}_1) + \cdots + k_{n-r}(\boldsymbol{\beta}+\boldsymbol{\alpha}_{n-r}) = \boldsymbol{0} , \tag{*}$$

即 $(k+\sum\limits_{i=1}^{n-r}k_i)\boldsymbol{\beta}+\sum\limits_{i=1}^{n-r}k_i\boldsymbol{\alpha}_i=0$,则 $k+\sum\limits_{i=1}^{n-r}k_i=0$,否则 $\boldsymbol{\beta}$ 可由 $\boldsymbol{\alpha}_1,\boldsymbol{\alpha}_2\cdots,\boldsymbol{\alpha}_{n-r}$ 线性表示,从而 $\boldsymbol{\beta}$ 是 $\boldsymbol{Ax}=\boldsymbol{0}$ 的解,与 $A\boldsymbol{\beta}=\boldsymbol{b}\neq\boldsymbol{0}$ 矛盾.

所以 $\sum\limits_{i=1}^{n-r}k_i\boldsymbol{\alpha}_i=\boldsymbol{0}$. 由 $\boldsymbol{\alpha}_1,\boldsymbol{\alpha}_2\cdots,\boldsymbol{\alpha}_{n-r}$ 线性无关知 $k_i=0(i=1,2,\cdots,n-r)$,再由式(*)得 $k=0$. 说明 $\boldsymbol{\beta},\boldsymbol{\beta}+\boldsymbol{\alpha}_1,\cdots,\boldsymbol{\beta}+\boldsymbol{\alpha}_{n-r}$ 线性无关.

设 $\boldsymbol{\gamma}$ 是 $\boldsymbol{Ax}=\boldsymbol{b}$ 的任一解,则 $\boldsymbol{\gamma}-\boldsymbol{\beta}$ 是 $\boldsymbol{Ax}=\boldsymbol{0}$ 的解. 令 $\boldsymbol{\gamma}-\boldsymbol{\beta}=\sum\limits_{i=1}^{n-r}k_i\boldsymbol{\alpha}_i$,则

$$\begin{aligned}\boldsymbol{\gamma}&=\boldsymbol{\beta}+k_1\boldsymbol{\alpha}_1+k_2\boldsymbol{\alpha}_2+\cdots+k_{n-r}\boldsymbol{\alpha}_{n-1}\\&=(1-k_1-\cdots-k_{n-r})\boldsymbol{\beta}+k_1(\boldsymbol{\beta}+\boldsymbol{\alpha}_1)+\cdots+k_{n-r}(\boldsymbol{\beta}+\boldsymbol{\alpha}_{n-r}).\end{aligned}$$

故 $\boldsymbol{\beta},\boldsymbol{\beta}+\boldsymbol{\alpha}_1,\cdots,\boldsymbol{\beta}+\boldsymbol{\alpha}_{n-r}$ 为 $\boldsymbol{Ax}=\boldsymbol{b}$ 解集的极大无关组,解向量集的秩是 $n-r+1$.

考研真题选讲

1.(武汉大学) 设 $\boldsymbol{\alpha}_1=(1,2,3),\boldsymbol{\alpha}_2=(2,-1,0),\boldsymbol{\alpha}_3=(1,1,1),\boldsymbol{\beta}=(-3,8,7)$,请将 $\boldsymbol{\beta}$ 表示成 $\boldsymbol{\alpha}_1,\boldsymbol{\alpha}_2,\boldsymbol{\alpha}_3$ 的线性组合.

解 设 $\boldsymbol{\beta}=x_1\boldsymbol{\alpha}_1+x_2\boldsymbol{\alpha}_2+x_3\boldsymbol{\alpha}_3$,则

$$\begin{cases}x_1+2x_2+x_3=-3,\\2x_1-x_2+x_3=8,\\3x_1+x_3=7.\end{cases}$$

解得 $x_1=2,x_2=-3,x_3=1$,故 $\boldsymbol{\beta}=2\boldsymbol{\alpha}_1-3\boldsymbol{\alpha}_2+\boldsymbol{\alpha}_3$.

2.(湖北大学) 设向量 $\boldsymbol{\beta}$ 可由向量组 $\boldsymbol{\alpha}_1,\boldsymbol{\alpha}_2,\cdots,\boldsymbol{\alpha}_r$ 线性表出,但不能用向量组 $\boldsymbol{\alpha}_1,\boldsymbol{\alpha}_2,\cdots,\boldsymbol{\alpha}_{r-1}$ 线性表出. 证明:$\boldsymbol{\alpha}_r$ 不能由 $\boldsymbol{\alpha}_1,\boldsymbol{\alpha}_2,\cdots,\boldsymbol{\alpha}_{r-1}$ 线性表示.

证明 用反证法,假设 $\boldsymbol{\alpha}_r=k_1\boldsymbol{\alpha}_1+\cdots+k_{r-1}\boldsymbol{\alpha}_{r-1}$.

又已知 $\boldsymbol{\beta}=l_1\boldsymbol{\alpha}_1+\cdots l_{r-1}\boldsymbol{\alpha}_{r-1}+l_r\boldsymbol{\alpha}_r$,两式联立得

$$\boldsymbol{\beta}=(l_1+k_1l_r)\boldsymbol{\alpha}_1+\cdots+(l_{r-1}+k_{r-1}l_r)\boldsymbol{\alpha}_{r-1}.$$

这与 $\boldsymbol{\beta}$ 不能由 $\boldsymbol{\alpha}_1,\boldsymbol{\alpha}_2,\cdots,\boldsymbol{\alpha}_{r-1}$ 线性表示的假设矛盾,所以得证 $\boldsymbol{\alpha}_r$ 不能由 $\boldsymbol{\alpha}_1,\boldsymbol{\alpha}_2,\cdots,\boldsymbol{\alpha}_{r-1}$ 线性表示.

3.(华南师范大学)设 $\boldsymbol{A}$ 为 $m\times n$ 矩阵,$\boldsymbol{B}$ 为 $n\times p$ 矩阵,齐次线性方程组 $\boldsymbol{ABX}=\boldsymbol{0}$ 与齐次线性方程组 $\boldsymbol{BX}=\boldsymbol{0}$ 同解的充要条件是什么? 并证明你的结论.

证明 若 $\boldsymbol{ABX}=\boldsymbol{0}$ 与 $\boldsymbol{BX}=\boldsymbol{0}$ 同解,则其基础解系所含向量个数是一样的,故 $p-R(\boldsymbol{AB})=p-R(\boldsymbol{B})$,即 $R(\boldsymbol{AB})=R(\boldsymbol{B})$.

假设 $R(\boldsymbol{AB})=R(\boldsymbol{B})$,若 $R(\boldsymbol{AB})=R(\boldsymbol{B})=p$,则 $\boldsymbol{ABX}=\boldsymbol{0}$ 与 $\boldsymbol{BX}=\boldsymbol{0}$ 只有零解,故同解. 若 $R(\boldsymbol{AB})=R(\boldsymbol{B})<p$,设 $\boldsymbol{\alpha}_1,\cdots,\boldsymbol{\alpha}_{p-R(\boldsymbol{B})}$ 为 $\boldsymbol{BX}=\boldsymbol{0}$ 的基础解系,则其是 $\boldsymbol{ABX}=\boldsymbol{0}$ 的 $p-R(\boldsymbol{AB})=p-R(\boldsymbol{B})$ 个线性无关的解,故也是 $\boldsymbol{ABX}=\boldsymbol{0}$ 的基础解系,故 $\boldsymbol{ABX}=\boldsymbol{0}$ 与 $\boldsymbol{BX}=\boldsymbol{0}$ 同解.

因此,齐次线性方程组 $\boldsymbol{ABX}=\boldsymbol{0}$ 与齐次线性方程组 $\boldsymbol{BX}=\boldsymbol{0}$ 同解的充要条件是

$R(\boldsymbol{AB})=R(\boldsymbol{B})$.

4.（西安交通大学）设向量组 $\boldsymbol{\alpha}_1,\boldsymbol{\alpha}_2,\cdots,\boldsymbol{\alpha}_r$ 线性无关，而 $\boldsymbol{\alpha}_1,\boldsymbol{\alpha}_2,\cdots,\boldsymbol{\alpha}_r,\boldsymbol{\beta},\gamma$ 线性相关. 证明：要么 $\boldsymbol{\beta}$ 与 γ 中至少有一个可被 $\boldsymbol{\alpha}_1,\boldsymbol{\alpha}_2,\cdots,\boldsymbol{\alpha}_r$ 线性表出，要么 $\boldsymbol{\alpha}_1,\boldsymbol{\alpha}_2,\cdots,\boldsymbol{\alpha}_r,\boldsymbol{\beta}$ 与 $\boldsymbol{\alpha}_1,\boldsymbol{\alpha}_2,\cdots,\boldsymbol{\alpha}_r,\gamma$ 等价.

证明　由于 $\boldsymbol{\alpha}_1,\boldsymbol{\alpha}_2,\cdots,\boldsymbol{\alpha}_r,\boldsymbol{\beta},\gamma$ 线性相关，所以存在不全为 0 的数 $k_1,k_2,\cdots,k_r,l_1,l_2$ 使

$$k_1\boldsymbol{\alpha}_1+k_2\boldsymbol{\alpha}_2+\cdots+k_r\boldsymbol{\alpha}_r+l_1\boldsymbol{\beta}+l_2\gamma=\boldsymbol{0}. \qquad (*)$$

这里 l_1,l_2 不全为 0；否则 $\boldsymbol{\alpha}_1,\boldsymbol{\alpha}_2,\cdots,\boldsymbol{\alpha}_r$ 线性相关，产生矛盾.

1）如果 l_1,l_2 中有一个为 0，则另一个由 $\boldsymbol{\alpha}_1,\boldsymbol{\alpha}_2,\cdots,\boldsymbol{\alpha}_r$ 线性表出.

2）如 l_1,l_2 全不为 0，则由（$*$）式得

$$\boldsymbol{\beta}=-\sum_{i=1}^{r}\frac{k_i}{l_1}\boldsymbol{\alpha}_i-\frac{l_2}{l_1}\gamma,\gamma=-\sum_{i=1}^{r}\frac{k_i}{l_2}\boldsymbol{\alpha}_i-\frac{l_1}{l_2}\boldsymbol{\beta},$$

可得 $\boldsymbol{\alpha}_1,\boldsymbol{\alpha}_2,\cdots,\boldsymbol{\alpha}_r,\boldsymbol{\beta}$ 与 $\boldsymbol{\alpha}_1,\boldsymbol{\alpha}_2,\cdots,\boldsymbol{\alpha}_r,\gamma$ 等价.

5.（北京师范大学）设 $\boldsymbol{A}$ 是数域 P 上一个 $m\times n$ 矩阵，$R(\boldsymbol{A})=r$，k 是任意整数，满足条件 $r\leqslant k\leqslant n$. 证明：$\exists n$ 阶矩阵 B，使 $\boldsymbol{AB}=\boldsymbol{0}$，且 $R(\boldsymbol{A})+R(\boldsymbol{B})=k$.

证明　由题设，方程组 $\boldsymbol{Ax}=\boldsymbol{0}$ 的解空间为 $n-r$ 维. 又 $k-r\leqslant n-r$. 从 $\boldsymbol{Ax}=\boldsymbol{0}$ 的一个基础解系中任取 $k-r$ 个向量 $\boldsymbol{\beta}_1,\boldsymbol{\beta}_2,\cdots,\boldsymbol{\beta}_{k-r}$.

令
$$\boldsymbol{B}=(\boldsymbol{\beta}_1,\boldsymbol{\beta}_2,\cdots,\boldsymbol{\beta}_{k-r},\boldsymbol{0},\cdots,\boldsymbol{0}),$$
则
$$\boldsymbol{AB}=(\boldsymbol{A\beta}_1,\boldsymbol{A\beta}_2,\cdots,\boldsymbol{A\beta}_{k-r},\boldsymbol{0},\cdots,\boldsymbol{0})=\boldsymbol{0}.$$
且
$$R(\boldsymbol{A})+R(\boldsymbol{B})=r+(k-r)=k.$$

6.（苏州大学）设 $\boldsymbol{A},\boldsymbol{B}$ 为两个 n 阶方阵，$R(\boldsymbol{A})=R(\boldsymbol{B})=n-1$，其中 $n>1$，齐次线性方程组 $\boldsymbol{AX}=\boldsymbol{0},\boldsymbol{BX}=\boldsymbol{0}$ 同解. 证明：伴随矩阵 $\boldsymbol{A}^*$ 的非零列与 $\boldsymbol{B}^*$ 的非零列成比例.

证明　由于 $R(\boldsymbol{A})=R(\boldsymbol{B})=n-1$，则 $R(\boldsymbol{A}^*)=R(\boldsymbol{B}^*)=1$.

又因为 $\boldsymbol{AA}^*=|\boldsymbol{A}|\boldsymbol{E}=0,\boldsymbol{BB}^*=|\boldsymbol{B}|\boldsymbol{E}=0$，则有 $\boldsymbol{A}^*$ 的列向量是方程 $\boldsymbol{AX}=\boldsymbol{0}$ 的解，$\boldsymbol{B}^*$ 的列向量是方程 $\boldsymbol{BX}=\boldsymbol{0}$ 的解.

设 $\boldsymbol{\alpha}$ 是 $\boldsymbol{A}^*$ 的非零列，$\boldsymbol{\beta}$ 是 $\boldsymbol{B}^*$ 的非零列，则 $\boldsymbol{\alpha},\boldsymbol{\beta}$ 分别是方程 $\boldsymbol{AX}=\boldsymbol{0},\boldsymbol{BX}=\boldsymbol{0}$ 的基础解系. 因为 $\boldsymbol{AX}=\boldsymbol{0},\boldsymbol{BX}=\boldsymbol{0}$ 同解，则 $\boldsymbol{\alpha},\boldsymbol{\beta}$ 成比例.

7.（河南科技大学）设 4 元齐次线性方程组（i）为 $\begin{cases}x_1+x_2=0\\x_2-x_4=0\end{cases}$，又已知某 4 元齐次线性方程组（ii）的通解为：$k_1\begin{pmatrix}0\\1\\1\\0\end{pmatrix}+k_2\begin{pmatrix}-1\\2\\2\\1\end{pmatrix}$，（$k_1,k_2$ 为任意常数）.

1）求方程组（i）的基础解系；

2）问方程组（i）与（ii）是否有非零公共解？若有，则求出所有的非零公共解. 若没有，则说明理由.

解　1）把方程组（i）的系数矩阵化成行阶梯形

$$A=\begin{pmatrix}1&1&0&0\\0&1&0&-1\end{pmatrix}\to\begin{pmatrix}1&0&0&1\\0&1&0&-1\end{pmatrix},$$

求得线性无关的两个解向量为 $\boldsymbol{\xi}_1=\begin{pmatrix}0\\0\\1\\0\end{pmatrix}$，$\boldsymbol{\xi}_2=\begin{pmatrix}-1\\1\\0\\1\end{pmatrix}$，即方程组(i)的基础解系.

2)法1 方程组(ii)的通解中满足方程组(i)的解即是(i)和(ii)的公共解，将(ii)的通解代入方程组(i)，得

$$\begin{cases}-k_2+k_1+2k_2=0\\k_1+2k_2-k_2=0\end{cases},$$

解得 $k_1=-k_2$，故向量 $k_1\begin{pmatrix}0\\1\\1\\0\end{pmatrix}+k_2\begin{pmatrix}-1\\2\\2\\1\end{pmatrix}=k_2\begin{pmatrix}-1\\1\\1\\1\end{pmatrix}$，($k_2$ 为任意非零常数) 满足方程组(i)，它当然也是方程组(ii)的解，故方程组(i)与(ii)有非零公共解 $k_2\begin{pmatrix}-1\\1\\1\\1\end{pmatrix}$ (k_2 为任意非零常数).

法2 为确定方程组(i)与(ii)的非零公共解，也可以令(i)与(ii)的通解相等，即令

$$\lambda_1\begin{pmatrix}0\\0\\1\\0\end{pmatrix}+\lambda_2\begin{pmatrix}-1\\1\\0\\1\end{pmatrix}=k_1\begin{pmatrix}0\\1\\1\\0\end{pmatrix}+k_2\begin{pmatrix}-1\\2\\2\\1\end{pmatrix},$$

解得，$\lambda_1=\lambda_2=k_2, k_1=-k_2$ (k_2 为任意非零常数)，由此得到方程组(i)与(ii)的非零公共解为

$$\lambda_1\begin{pmatrix}0\\0\\1\\0\end{pmatrix}+\lambda_2\begin{pmatrix}-1\\1\\0\\1\end{pmatrix}=k_1\begin{pmatrix}0\\1\\1\\0\end{pmatrix}+k_2\begin{pmatrix}-1\\2\\2\\1\end{pmatrix}=k_2\begin{pmatrix}-1\\1\\1\\1\end{pmatrix},\ (k_2 \text{ 为任意非零常数}).$$

8.(华中师范大学)解线性方程组

$$\begin{cases}x_1+ax_2+a^2x_3=a^3,\\x_1+bx_2+b^2x_3=b^3,\\x_1+cx_2+c^2x_3=c^3.\end{cases}$$

其中 a,b,c 是互不相等的常数.

解 设系数行列式为 Δ，则

$$\Delta = \begin{vmatrix} 1 & a & a^2 \\ 1 & b & b^2 \\ 1 & c & c^2 \end{vmatrix} = (b-a)(c-a)(c-b) \neq 0 .$$

由克莱姆法则此方程组有唯一解.

$$\Delta_1 = \begin{vmatrix} a^3 & a & a^2 \\ b^3 & b & b^2 \\ c^3 & c & c^2 \end{vmatrix} = abc \begin{vmatrix} a^2 & 1 & a \\ b^2 & 1 & b \\ c^2 & 1 & c \end{vmatrix} = abc \cdot \Delta ,$$

$$\Delta_2 = \begin{vmatrix} 1 & a^3 & a^2 \\ 1 & b^3 & b^2 \\ 1 & c^3 & c^2 \end{vmatrix} = \begin{vmatrix} 1 & a^3 & a^2 \\ 0 & b^3-a^3 & b^2-a^2 \\ 0 & c^3-a^3 & c^2-a^2 \end{vmatrix}$$

$$= (b^3-a^3)(c^2-a^2) - (b^2-a^2)(c^3-a^3) ,$$

$$\Delta_3 = \begin{vmatrix} 1 & a & a^3 \\ 1 & b & b^3 \\ 1 & c & c^3 \end{vmatrix} = (b-a)(c^3-a^3) - (c-a)(b^3-a^3) .$$

故此方程组唯一解为：$\begin{cases} x_1 = \dfrac{\Delta_1}{\Delta} = abc, \\ x_2 = \dfrac{\Delta_2}{\Delta} = -(ab+ac+bc), \\ x_3 = a+b+c. \end{cases}$

9.（兰州大学）设

$$\begin{cases} (1+\lambda)x_1 + x_2 + x_3 = \lambda^2 + 2\lambda , \\ x_1 + (1+\lambda)x_2 + x_3 = \lambda^3 + 2\lambda^2 , \\ x_1 + x_2 + (1+\lambda)x_3 = \lambda^4 + 2\lambda^2 . \end{cases}$$

当 λ 为何值时方程组有解？并求解.

解　系数行列式 $\Delta = \lambda^2(\lambda+3)$.

1）当 $\lambda \neq 0$ 且 $\lambda \neq -3$ 时,原方程有唯一解,并由克莱姆法则可得

$$x_1 = \frac{(\lambda+2)(2-\lambda^2)}{\lambda+3} , x_2 = \frac{(\lambda+2)(2\lambda-1)}{\lambda+3} ,$$

$$x_3 = \frac{(\lambda+2)(\lambda^3+2\lambda^2-\lambda-1)}{\lambda+3} .$$

2）当 $\lambda = -3$ 时,原方程组无解.

3）当 $\lambda = 0$ 时,原方程组同解于 $x_1 + x_2 + x_3 = 0$,因此原方程有无穷多个解,其通解为 $\boldsymbol{x} = k_1 \begin{pmatrix} 1 \\ -1 \\ 0 \end{pmatrix} + k_2 \begin{pmatrix} 1 \\ 0 \\ -1 \end{pmatrix}$,其中 k_1, k_2 为任意常数.

10.（吉林大学）设 $\boldsymbol{A}$ 是 $m \times n$ 矩阵,证明：$\boldsymbol{Ax} = \boldsymbol{b}$ 有解的充要条件是若 $\boldsymbol{A}'\boldsymbol{z} = \boldsymbol{0}$,则 $\boldsymbol{b}'\boldsymbol{z} = \boldsymbol{0}$.

证明 必要性. 设 $\boldsymbol{A}\boldsymbol{x}_0=\boldsymbol{b}$，且 $\boldsymbol{A}'\boldsymbol{z}=\boldsymbol{0}$，那么 $\boldsymbol{b}'=\boldsymbol{x}_0'\boldsymbol{A}'$，右乘 z，得到 $\boldsymbol{b}'\boldsymbol{z}=\boldsymbol{x}_0'\boldsymbol{A}'\boldsymbol{z}=\boldsymbol{0}$.

充分性. 由于若 $\boldsymbol{A}'\boldsymbol{z}=\boldsymbol{0}$，有 $b'z=\boldsymbol{0}$ 成立，则 $\begin{pmatrix}\boldsymbol{A}'\\ \boldsymbol{b}'\end{pmatrix}\boldsymbol{z}=\boldsymbol{0}$ 与 $\boldsymbol{A}'\boldsymbol{z}=\boldsymbol{0}$ 同解. 因此，$\begin{pmatrix}\boldsymbol{A}'\\ \boldsymbol{b}'\end{pmatrix}\boldsymbol{z}=\boldsymbol{0}$ 与 $\boldsymbol{A}'\boldsymbol{z}=\boldsymbol{0}$ 的系数矩阵的秩相同. 进而得到

$$R(\boldsymbol{A})=R(\boldsymbol{A}')=R\begin{pmatrix}\boldsymbol{A}'\\ \boldsymbol{b}'\end{pmatrix}=R(\boldsymbol{A},\boldsymbol{b})=R(\bar{\boldsymbol{A}}),$$

故 $\boldsymbol{A}\boldsymbol{x}=\boldsymbol{b}$ 有解.

11.（华南师范大学）设 $\boldsymbol{A}$ 是 $m\times n$ 矩阵，证明非齐次线性方程组 $\boldsymbol{A}\boldsymbol{x}=\boldsymbol{b}$，其中 $\boldsymbol{b}\neq\boldsymbol{0}$ 有解的充要条件是齐次线性方程组 $\boldsymbol{A}'\boldsymbol{y}=\boldsymbol{0}$ 的每一组解 $c_1,c_2,\cdots,c_m$ 都适合 $c_1b_1+c_2b_2+\cdots+c_mb_m=\boldsymbol{0}$，其中 $\boldsymbol{A}'$ 表示 $\boldsymbol{A}$ 的转置，$\boldsymbol{b}=(b_1,b_2,\cdots,b_m)'$.

证明 必要性. 假设非齐次线性方程组 $\boldsymbol{A}\boldsymbol{x}=\boldsymbol{b}$，其中 $\boldsymbol{b}\neq\boldsymbol{0}$ 有解，设 $\boldsymbol{x}_0$ 为其中一个解，则 $\boldsymbol{b}=\boldsymbol{A}\boldsymbol{x}_0$，于是 $\boldsymbol{A}'\boldsymbol{y}=\boldsymbol{0}$ 的每一组解 $c_1,c_2,\cdots,c_m$，有

$$c_1b_1+c_2b_2+\cdots+c_mb_m=(b_1,b_2,\cdots,b_m)\begin{pmatrix}c_1\\c_2\\\vdots\\c_m\end{pmatrix}=(\boldsymbol{A}\boldsymbol{x}_0)'\begin{pmatrix}c_1\\c_2\\\vdots\\c_m\end{pmatrix}=\boldsymbol{x}_0'\boldsymbol{A}'\begin{pmatrix}c_1\\c_2\\\vdots\\c_m\end{pmatrix}=\boldsymbol{x}_0'\cdot\boldsymbol{0}=0.$$

充分性. 假设齐次线性方程组 $\boldsymbol{A}'\boldsymbol{y}=\boldsymbol{0}$ 的每一组解 $c_1,c_2,\cdots,c_m$ 都适合 $c_1b_1+c_2b_2+\cdots+c_mb_m=0$，则 $\boldsymbol{A}'\boldsymbol{y}=\boldsymbol{0}$ 的每一组解都是 $\boldsymbol{b}'\boldsymbol{y}=\boldsymbol{0}$ 的解，得到 $\boldsymbol{A}'\boldsymbol{y}=\boldsymbol{0}$ 与 $\begin{pmatrix}\boldsymbol{A}'\\ \boldsymbol{b}'\end{pmatrix}\boldsymbol{y}=\boldsymbol{0}$ 同解. 因此 $R(\boldsymbol{A}')=R\begin{pmatrix}\boldsymbol{A}'\\ b'\end{pmatrix}$，得到 $R(\boldsymbol{A})=R(\boldsymbol{A},\boldsymbol{b})$，故 $\boldsymbol{A}\boldsymbol{x}=\boldsymbol{b}$（其中 $\boldsymbol{b}\neq\boldsymbol{0}$）有解.

12.（中科院）若向量 $\boldsymbol{\alpha}_1,\boldsymbol{\alpha}_2,\cdots,\boldsymbol{\alpha}_n(n>2)$ 线性无关，讨论 $\boldsymbol{\alpha}_1+\boldsymbol{\alpha}_2,\boldsymbol{\alpha}_2+\boldsymbol{\alpha}_3,\cdots,\boldsymbol{\alpha}_{n-1}+\boldsymbol{\alpha}_n,\boldsymbol{\alpha}_n+\boldsymbol{\alpha}_1$ 的线性相关性.

证明 设有 $k_1(\boldsymbol{\alpha}_1+\boldsymbol{\alpha}_2)+\cdots+k_{n-1}(\boldsymbol{\alpha}_{n-1}+\boldsymbol{\alpha}_n)+k_n(\boldsymbol{\alpha}_n+\boldsymbol{\alpha}_1)=0$.

由 $\boldsymbol{\alpha}_1,\boldsymbol{\alpha}_2,\cdots,\boldsymbol{\alpha}_n$ 线性无关，知

$$\begin{cases}k_1+k_2=0\\k_2+k_3=0\\\quad\cdots\\k_1+k_n=0\end{cases}\text{，也即}\begin{pmatrix}1&1&0&\cdots&0\\0&1&1&\cdots&0\\0&0&1&\cdots&0\\\vdots&\vdots&\vdots&\ddots&\vdots\\1&0&0&\cdots&1\end{pmatrix}\begin{pmatrix}k_1\\\vdots\\k_n\end{pmatrix}=0.$$

而系数矩阵

$$\boldsymbol{A}=\begin{pmatrix}1&1&0&\cdots&0\\0&1&1&\cdots&0\\0&0&1&\cdots&0\\\vdots&\vdots&\vdots&\ddots&\vdots\\1&0&0&\cdots&1\end{pmatrix}.$$

当 n 为偶数时，$|\boldsymbol{A}|=1-1=0$，从而方程组有非零解，则向量组 $\boldsymbol{\alpha}_1+\boldsymbol{\alpha}_2,\boldsymbol{\alpha}_2+\boldsymbol{\alpha}_3,\cdots,\boldsymbol{\alpha}_{n-1}+\boldsymbol{\alpha}_n,\boldsymbol{\alpha}_n+\boldsymbol{\alpha}_1$ 线性相关.

当n为奇数时，$|A|=1+1=2\neq 0$，即方程组只有零解，则向量组$\boldsymbol{\alpha}_1+\boldsymbol{\alpha}_2,\boldsymbol{\alpha}_2+\boldsymbol{\alpha}_3,\cdots,\boldsymbol{\alpha}_{n-1}+\boldsymbol{\alpha}_n,\boldsymbol{\alpha}_n+\boldsymbol{\alpha}_1$线性无关.

13.（清华大学）已知m个向量$\boldsymbol{\alpha}_1,\boldsymbol{\alpha}_2,\cdots,\boldsymbol{\alpha}_m$线性相关，但其中任意$m-1$个都线性无关，证明：

1）如果等式$k_1\boldsymbol{\alpha}_1+k_2\boldsymbol{\alpha}_2+\cdots+k_m\boldsymbol{\alpha}_m=\mathbf{0}$，则这些$k_1,k_2,\cdots,k_m$或者全为0，或者全不为0；

2）如果两个等式$k_1\boldsymbol{\alpha}_1+k_2\boldsymbol{\alpha}_2+\cdots+k_m\boldsymbol{\alpha}_m=\mathbf{0}$，$l_1\boldsymbol{\alpha}_1+l_2\boldsymbol{\alpha}_2+\cdots+l_m\boldsymbol{\alpha}_m=\mathbf{0}$，其中$l_1\neq 0$，则

$$\frac{k_1}{l_1}=\frac{k_2}{l_2}=\cdots=\frac{k_m}{l_m}.$$

证明　1）如果$k_1=k_2=\cdots=k_m=0$，则证毕. 若有一个k不等于0，不失一般，设$k_1\neq 0$，那么其余的k_i都不能等于0. 若某个$k_i=0$，则有

$k_1\boldsymbol{\alpha}_1+\cdots+k_{i-1}\boldsymbol{\alpha}_{i-1}+k_{i+1}\boldsymbol{\alpha}_{i+1}+\cdots+k_m\boldsymbol{\alpha}_m=\mathbf{0}.$

由于$k_1\neq 0$，这与任意$m-1$个都线性无关的假设矛盾，从而得证$k_1,k_2,\cdots,k_m$全不为0.

2）由于$l_1\neq 0$，由上面1）知，$l_1,l_2,\cdots,l_m$全不为0.

如果$k_1=k_2=\cdots=k_m=0$，则结论成立. 若$k_1,k_2,\cdots,k_m$全不为0，则由条件可得

$(l_1k_2-k_1l_2)\boldsymbol{\alpha}_2+(l_1k_3-k_1l_3)\boldsymbol{\alpha}_3+\cdots+(l_1k_m-k_1l_m)\boldsymbol{\alpha}_m=\mathbf{0}.$

因而有$0=l_1k_2-k_1l_2=\cdots=l_1k_m-l_mk_1$.

最终得到$\dfrac{k_1}{l_1}=\dfrac{k_2}{l_2}=\cdots=\dfrac{k_m}{l_m}$.

14.（四川大学）设$\boldsymbol{A}$是一个n阶方阵，$\boldsymbol{A}^*$是$\boldsymbol{A}$的伴随矩阵，如果存在n维非零列向量$\boldsymbol{\alpha}$，满足$\boldsymbol{A\alpha}=0$，证明：非齐次线性方程组$\boldsymbol{A}^*\boldsymbol{x}=\boldsymbol{\alpha}$有解$\Leftrightarrow R(\boldsymbol{A})=n-1$.

证明　必要性. 由$\boldsymbol{A\alpha}=\mathbf{0}$，$\boldsymbol{\alpha}\neq\mathbf{0}$，知$R(\boldsymbol{A})\leqslant n-1$.

如果$R(\boldsymbol{A})<n-1$，则$R(\boldsymbol{A}^*)=0$，此与非齐次线性方程组$\boldsymbol{A}^*\boldsymbol{x}=\boldsymbol{\alpha}$有解矛盾，故有$R(\boldsymbol{A})=n-1$.

充分性. 将$\boldsymbol{A}^*$按列分块，记$\boldsymbol{A}^*=(\boldsymbol{\beta}_1,\boldsymbol{\beta}_2,\cdots,\boldsymbol{\beta}_n)$.

由于$R(\boldsymbol{A})=n-1$，所以$R(\boldsymbol{A}^*)=1$，并且线性方程组$\boldsymbol{Ax}=\mathbf{0}$的基础解系只包含一个向量.

而$\boldsymbol{\alpha}\neq\mathbf{0}$，且$\boldsymbol{A\alpha}=\mathbf{0}$，所以$\boldsymbol{\alpha}$为$\boldsymbol{Ax}=\mathbf{0}$的一个基础解系.

不妨设$\boldsymbol{\beta}_1\neq\mathbf{0}$，由于$\boldsymbol{AA}^*=|\boldsymbol{A}|\boldsymbol{E}=\mathbf{0}$，所以$\boldsymbol{A}^*$的列均为$\boldsymbol{Ax}=\mathbf{0}$的解向量. 特别地，$\boldsymbol{\beta}_1$是$\boldsymbol{Ax}=\mathbf{0}$的一个非零解，从而构成$\boldsymbol{Ax}=\mathbf{0}$的基础解系. 因此存在常数$c$，使$\boldsymbol{\alpha}=c\boldsymbol{\beta}_1$，这样有

$$\boldsymbol{\alpha}=(\boldsymbol{\beta}_1,\boldsymbol{\beta}_2,\cdots,\boldsymbol{\beta}_n)\begin{pmatrix}c\\0\\\vdots\\0\end{pmatrix},$$

所以$\boldsymbol{A}^*\boldsymbol{x}=\boldsymbol{\alpha}$有解.

15.(武汉大学)设$\boldsymbol{A}=(a_{ij})_{n\times n}$为$n$阶方阵,且$\sum_{j=1}^{n}a_{ij}=0,\forall i=1,2,\cdots,n$.求证:$\boldsymbol{A}_{11}=\boldsymbol{A}_{12}=\cdots=\boldsymbol{A}_{1n}$,这里$A_{ij}$是$a_{ij}$的代数余子式.

证明 由题设$\sum_{j=1}^{n}a_{ij}=0(i=1,2,\cdots,n)$知,

$$\boldsymbol{A}\begin{pmatrix}1\\ \vdots\\ 1\end{pmatrix}=\begin{pmatrix}0\\ \vdots\\ 0\end{pmatrix}, \qquad (*)$$

则$|\boldsymbol{A}|=0$,即$R(\boldsymbol{A})\leqslant n-1$.

当$R(\boldsymbol{A})=n-1$时,线性方程组$\boldsymbol{AX}=\boldsymbol{0}$的解空间维数为1,由($*$)式知$(1,\cdots,1)'$是$\boldsymbol{AX}=\boldsymbol{0}$的一个基础解系.

又因为此时有$\boldsymbol{AA}^*=\boldsymbol{0}$,所以$\boldsymbol{A}^*$的各列均为线性方程组$\boldsymbol{AX}=\boldsymbol{0}$的解.特别地,$\boldsymbol{A}^*$的第一列$(\boldsymbol{A}_{11},\boldsymbol{A}_{12},\cdots,\boldsymbol{A}_{1n})'$是$\boldsymbol{AX}=\boldsymbol{0}$的解,所以有$(A_{11},A_{12},\cdots,A_{1n})'$可由$(1,\cdots,1)'$线性表示,从而$A_{11}=A_{12}=\cdots=A_{1n}$.

当$R(\boldsymbol{A})<n-1$时,$R(\boldsymbol{A}^*)=0$即$\boldsymbol{A}^*=\boldsymbol{0}$.所以$A_{11}=A_{12}=\cdots=A_{1n}=0$.

第4章 矩 阵

矩阵理论是高等代数中的主要内容之一,并且是主要工具,它在数学及许多科学领域有着广泛的应用.本章主要研究矩阵的加法、减法、乘法、转置和矩阵求逆等基本运算和运算规律,注意区分和通常数字运算的异同,特别是乘法不满足交换律,会产生一系列问题.矩阵的逆是本章的重点和难点,需要引入伴随矩阵来判别矩阵是否可逆.在具体求逆矩阵时,利用伴随矩阵的方法计算量较大,对三阶以上的矩阵,更适合利用初等变换的方法求逆矩阵.最后是矩阵的秩的相关证明,它和向量组的秩、子式和方程组的解等密切相关,证明有一定难度.

4.1 矩阵的运算

定义1 设$\boldsymbol{A}=(a_{ij})_{sn}$,$\boldsymbol{B}=(b_{ij})_{sn}$是两个$s\times n$矩阵,则矩阵

$$\boldsymbol{C}=(c_{ij})_{sn}=(a_{ij}+b_{ij})_{sn}=\begin{pmatrix} a_{11}+b_{11} & a_{12}+b_{12} & \cdots & a_{1n}+b_{1n} \\ a_{21}+b_{21} & a_{22}+b_{22} & \cdots & a_{2n}+b_{2n} \\ \vdots & \vdots & & \vdots \\ a_{s1}+b_{s1} & a_{s2}+b_{s2} & \cdots & a_{sn}+b_{sn} \end{pmatrix}$$

称为$\boldsymbol{A}$和$\boldsymbol{B}$的和,记为$\boldsymbol{C}=\boldsymbol{A}+\boldsymbol{B}$.

定义2 设$\boldsymbol{A}=(a_{ik})_{sn}$,$\boldsymbol{B}=(b_{kj})_{nm}$,那么矩阵$\boldsymbol{C}=(c_{ij})_{sm}$,其中$c_{ij}=a_{i1}b_{1j}+a_{i2}b_{2j}+\cdots+a_{in}b_{nj}=\sum_{k=1}^{n}a_{ik}b_{kj}$,称为矩阵$\boldsymbol{A}$与$\boldsymbol{B}$的乘积,记为$\boldsymbol{C}=\boldsymbol{AB}$.

矩阵的乘法不适合交换律,即一般说来$\boldsymbol{AB}\neq\boldsymbol{BA}$.矩阵乘法的不可交换性,会使一些常见的等式不成立,例如$(\boldsymbol{AB})^2\neq\boldsymbol{A}^2\boldsymbol{B}^2$,$(\boldsymbol{A}+\boldsymbol{B})^2\neq\boldsymbol{A}^2+2\boldsymbol{AB}+\boldsymbol{B}^2$等.

定义3 主对角线上的元素全是1,其余元素全是0的$n\times n$矩阵

$$\begin{pmatrix} 1 & 0 & \cdots & 0 \\ 0 & 1 & \cdots & 0 \\ \vdots & \vdots & & \vdots \\ 0 & 0 & \cdots & 1 \end{pmatrix}$$

称为n阶单位矩阵,记为$\boldsymbol{E}_n$,或者在不致引起含混的时候简单记作$\boldsymbol{E}$.

定义 4 矩阵

$$\begin{pmatrix} ka_{11} & ka_{12} & \cdots & ka_{1n} \\ ka_{21} & ka_{22} & \cdots & ka_{2n} \\ \vdots & \vdots & & \vdots \\ ka_{s1} & ka_{s2} & \cdots & ka_{sn} \end{pmatrix}$$

称为矩阵 $\boldsymbol{A}=(a_{ij})_{sn}$ 与数 k 的数量乘积,记为 kA . 换句话说,用数 k 乘矩阵就是把矩阵的每个元素都乘上 k .

定义 5 设 $\boldsymbol{A}=\begin{pmatrix} a_{11} & a_{12} & \cdots & a_{1n} \\ a_{21} & a_{22} & \cdots & a_{2n} \\ \vdots & \vdots & & \vdots \\ a_{s1} & a_{s2} & \cdots & a_{sn} \end{pmatrix}$,转置指矩阵 $\boldsymbol{A}'=\begin{pmatrix} a_{11} & a_{21} & \cdots & a_{s1} \\ a_{12} & a_{22} & \cdots & a_{s2} \\ \vdots & \vdots & & \vdots \\ a_{1n} & a_{2n} & \cdots & a_{sn} \end{pmatrix}$.

显然, $s\times n$ 矩阵的转置是 $n\times s$ 矩阵.

定理 1 设 $\boldsymbol{A},\boldsymbol{B}$ 是数域 P 上的两个 $n\times n$ 矩阵,那么 $|\boldsymbol{AB}|=|\boldsymbol{A}||\boldsymbol{B}|$,即矩阵乘积的行列式等于它的因子的行列式的乘积.

用数学归纳法,定理 1 可以推广到多个因子的情形,即有

推论 1 设 $\boldsymbol{A}_1,\boldsymbol{A}_2,\cdots,\boldsymbol{A}_m$ 是数域 P 上的 $n\times n$ 矩阵,于是

$$|\boldsymbol{A}_1\boldsymbol{A}_2\cdots\boldsymbol{A}_m|=|\boldsymbol{A}_1||\boldsymbol{A}_2|\cdots|\boldsymbol{A}_m|.$$

定义 6 数域 P 上的 $n\times n$ 矩阵 A 称为非退化的,如果 $|\boldsymbol{A}|\neq 0$,否则称为退化的.

显然, $n\times n$ 矩阵是非退化的充要条件是它的秩等于 n .

推论 2 设 $\boldsymbol{A},\boldsymbol{B}$ 是数域 P 上 $n\times n$ 矩阵,矩阵 $\boldsymbol{AB}$ 为退化的充要条件是 $\boldsymbol{A},\boldsymbol{B}$ 中至少有一个是退化的.

定理 2 设 $\boldsymbol{A}$ 是数域 P 上 $n\times m$ 矩阵, $\boldsymbol{B}$ 是数域 P 上 $m\times s$ 矩阵,于是

$$R(\boldsymbol{AB})\leqslant \min[R(\boldsymbol{A}),R(\boldsymbol{B})].$$

本节知识拓展 理解矩阵和向量的关系, n 维向量也是特殊的矩阵. 研究向量组可以利用矩阵,当然研究矩阵也可以利用向量组的知识. 矩阵的加法、减法、数乘等运算和运算律与 n 维向量的一致. 注意矩阵的运算和行列式的运算的关系,不要混淆,比如矩阵加法与行列式性质 3,矩阵的数乘与行列式的性质 2 等.

例 1 设 $\boldsymbol{A}$ 是 3 阶方阵, $|\boldsymbol{A}|=-2$,把 $\boldsymbol{A}$ 按行分块 $\boldsymbol{A}=\begin{pmatrix} \boldsymbol{\alpha}_1 \\ \boldsymbol{\alpha}_2 \\ \boldsymbol{\alpha}_3 \end{pmatrix}$,其中 $\boldsymbol{\alpha}_j(j=1,2,3)$ 是 $\boldsymbol{A}$ 的第 j 行,则 $\left|\begin{pmatrix} \boldsymbol{\alpha}_3-2\boldsymbol{\alpha}_1 \\ 3\boldsymbol{\alpha}_2 \\ \boldsymbol{\alpha}_1 \end{pmatrix}\right|=$______ .

分析 应填 6. 计算抽象矩阵的行列式时,主要是利用行列式的性质及行列式的计算公式.

$$\left|\begin{pmatrix}\boldsymbol{\alpha}_3-2\boldsymbol{\alpha}_1\\3\boldsymbol{\alpha}_2\\\boldsymbol{\alpha}_1\end{pmatrix}\right|=\left|\begin{pmatrix}\boldsymbol{\alpha}_3\\3\boldsymbol{\alpha}_2\\\boldsymbol{\alpha}_1\end{pmatrix}\right|+\left|\begin{pmatrix}-2\boldsymbol{\alpha}_1\\3\boldsymbol{\alpha}_2\\\boldsymbol{\alpha}_1\end{pmatrix}\right|=3\left|\begin{pmatrix}\boldsymbol{\alpha}_3\\\boldsymbol{\alpha}_2\\\boldsymbol{\alpha}_1\end{pmatrix}\right|+0=-3\left|\begin{pmatrix}\boldsymbol{\alpha}_1\\\boldsymbol{\alpha}_2\\\boldsymbol{\alpha}_3\end{pmatrix}\right|=-3|\boldsymbol{A}|=6.$$

例2　设4阶方阵 $\boldsymbol{A}=(\boldsymbol{\alpha},\boldsymbol{\gamma}_2,\boldsymbol{\gamma}_3,\boldsymbol{\gamma}_4)$，$\boldsymbol{B}=(\boldsymbol{\beta},\boldsymbol{\gamma}_2,\boldsymbol{\gamma}_3,\boldsymbol{\gamma}_4)$，其中 $\boldsymbol{\alpha},\boldsymbol{\beta},\boldsymbol{\gamma}_2,\boldsymbol{\gamma}_3,\boldsymbol{\gamma}_4$ 均为4维向量，且 $|\boldsymbol{A}|=4$，$|\boldsymbol{B}|=1$，则 $|\boldsymbol{A}+\boldsymbol{B}|=$ ________.

分析　应填40.

$$\begin{aligned}|\boldsymbol{A}+\boldsymbol{B}|&=|(\boldsymbol{\alpha}+\boldsymbol{\beta},2\boldsymbol{\gamma}_2,2\boldsymbol{\gamma}_3,2\boldsymbol{\gamma}_4)|=2^3|(\boldsymbol{\alpha},\boldsymbol{\gamma}_2,\boldsymbol{\gamma}_3,\boldsymbol{\gamma}_4)|+2^3|(\boldsymbol{\beta},\boldsymbol{\gamma}_2,\boldsymbol{\gamma}_3,\boldsymbol{\gamma}_4)|\\&=8(|\boldsymbol{A}|+|\boldsymbol{B}|)=8\times5=40.\end{aligned}$$

例3　设 $\boldsymbol{A}=\begin{pmatrix}a_1&0&\cdots&0\\0&a_2&\cdots&0\\\vdots&\vdots&&\vdots\\0&0&\cdots&a_n\end{pmatrix}$，其中 $a_i\neq a_j$ 当 $i\neq j(i,j=1,2,\cdots,n)$．证明：与 $\boldsymbol{A}$ 可交换的矩阵只能是对角矩阵.

证明　设 $\boldsymbol{B}=\begin{pmatrix}b_{11}&\cdots&b_{1n}\\\vdots&&\vdots\\b_{n1}&\cdots&b_{nn}\end{pmatrix}$ 与 $\boldsymbol{A}$ 可交换，即

$$\begin{pmatrix}a_1&&&\\&a_2&&\\&&\ddots&\\&&&a_n\end{pmatrix}\begin{pmatrix}b_{11}&\cdots&b_{1n}\\\vdots&&\vdots\\b_{n1}&\cdots&b_{nn}\end{pmatrix}=\begin{pmatrix}b_{11}&\cdots&b_{1n}\\\vdots&&\vdots\\b_{n1}&\cdots&b_{nn}\end{pmatrix}\begin{pmatrix}a_1&&&\\&a_2&&\\&&\ddots&\\&&&a_n\end{pmatrix},$$

得

$$\begin{pmatrix}a_1b_{11}&a_1b_{12}&\cdots&a_1b_{1n}\\a_2b_{21}&a_2b_{22}&\cdots&a_2b_{2n}\\\vdots&\vdots&&\vdots\\a_nb_{n1}&a_nb_{n2}&\cdots&a_nb_{nn}\end{pmatrix}=\begin{pmatrix}a_1b_{11}&a_2b_{12}&\cdots&a_nb_{1n}\\a_1b_{21}&a_2b_{22}&\cdots&a_nb_{2n}\\\vdots&\vdots&&\vdots\\a_1b_{n1}&a_2b_{n2}&\cdots&a_nb_{nn}\end{pmatrix}.$$

由于 $a_1,\cdots,a_n$ 互异，比较非对角线元素得 $a_ib_{ij}=a_jb_{ij}$，即 $(a_i-a_j)b_{ij}=0$，于是 $b_{ij}=0(i\neq j)$，故与 $\boldsymbol{A}$ 可交换的矩阵 $\boldsymbol{B}=\begin{pmatrix}b_{11}&&&\\&b_{22}&&\\&&\ddots&\\&&&b_{nn}\end{pmatrix}$ 为对角矩阵.

4.2　逆矩阵

定义7　n 阶方阵 $\boldsymbol{A}$ 称为可逆的，如果有 n 阶方阵 $\boldsymbol{B}$，使得 $\boldsymbol{AB}=\boldsymbol{BA}=\boldsymbol{E}$，这里 $\boldsymbol{E}$ 是 n 阶单位矩阵.

定义8　如果矩阵 $\boldsymbol{B}$ 适合 $\boldsymbol{AB}=\boldsymbol{BA}=\boldsymbol{E}$，那么 $\boldsymbol{B}$ 就称为 $\boldsymbol{A}$ 的逆矩阵，记为 $\boldsymbol{A}^{-1}$.

定义 9 设 A_{ij} 是矩阵 $\boldsymbol{A}=(a_{ij})_{n\times n}$ 中元素 a_{ij} 的代数余子式,矩阵

$$\boldsymbol{A}^*=\begin{pmatrix}A_{11}&A_{21}&\cdots&A_{n1}\\A_{12}&A_{22}&\cdots&A_{n2}\\\vdots&\vdots&&\vdots\\A_{1n}&A_{2n}&\cdots&A_{nn}\end{pmatrix}$$

称为矩阵 $\boldsymbol{A}$ 的伴随矩阵.

定理 3 矩阵 $\boldsymbol{A}$ 可逆的充要条件是 $\boldsymbol{A}$ 非退化的,而

$$\boldsymbol{A}^{-1}=\frac{1}{d}\boldsymbol{A}^*(d=|\boldsymbol{A}|\neq 0).$$

推论 如果矩阵 $\boldsymbol{A},\boldsymbol{B}$ 可逆,那么 $\boldsymbol{A}'$ 与 $\boldsymbol{AB}$ 也可逆,且

$$(\boldsymbol{A}')^{-1}=(\boldsymbol{A}^{-1})',\ (\boldsymbol{AB})^{-1}=\boldsymbol{B}^{-1}\boldsymbol{A}^{-1}.$$

定理 4 $\boldsymbol{A}$ 是一个 $s\times n$ 矩阵,如果 $\boldsymbol{P}$ 是 $s\times s$ 可逆矩阵,$\boldsymbol{Q}$ 是 $n\times n$ 可逆矩阵,那么秩($\boldsymbol{A}$)=秩($\boldsymbol{PA}$)=秩($\boldsymbol{AQ}$).

定义 10 由单位矩阵 $\boldsymbol{E}$ 经过一次初等变换得到的矩阵称为初等矩阵.

引理 对一个 $s\times n$ 矩阵 $\boldsymbol{A}$ 作一初等行变换就相当于在 $\boldsymbol{A}$ 的左边乘上相应的 $s\times s$ 初等矩阵;对 $\boldsymbol{A}$ 作一初等列变换就相当于在 $\boldsymbol{A}$ 的右边乘上相应的 $n\times n$ 初等矩阵.

定义 11 矩阵 $\boldsymbol{A}$ 与 $\boldsymbol{B}$ 称为等价的,如果 $\boldsymbol{B}$ 可由 $\boldsymbol{A}$ 经过一系列初等变换得到.

等价是矩阵间的一种关系. 不难证明,它具有反身性、对称性与传递性.

定理 5 任意一个 $s\times n$ 矩阵 $\boldsymbol{A}$ 都与形式为 $\begin{pmatrix}1&0&\cdots&0&\cdots&0\\0&1&\cdots&0&\cdots&0\\\vdots&\vdots&&\vdots&&\vdots\\0&0&\cdots&1&\cdots&0\\\vdots&\vdots&&\vdots&&\vdots\\0&0&\cdots&0&\cdots&0\end{pmatrix}$ 的矩阵等价,它称为矩阵 $\boldsymbol{A}$ 的标准形,“1”的个数等于 $\boldsymbol{A}$ 的秩(1 的个数可以是零).

定理 6 n 阶矩阵 $\boldsymbol{A}$ 为可逆的充要条件是它能表成一些初等矩阵的乘积:

$$\boldsymbol{A}=\boldsymbol{Q}_1\boldsymbol{Q}_2\cdots\boldsymbol{Q}_m.$$

推论 1 两个 $s\times n$ 矩阵 $\boldsymbol{A},\boldsymbol{B}$ 等价的充要条件为,存在可逆的 s 阶矩阵 $\boldsymbol{P}$ 与可逆的 n 阶矩阵 $\boldsymbol{Q}$ 使 $\boldsymbol{A}=\boldsymbol{PBQ}$.

由定理 6 有 $\boldsymbol{Q}_m^{-1}\cdots\boldsymbol{Q}_2^{-1}\boldsymbol{Q}_1^{-1}\boldsymbol{A}=\boldsymbol{E}$.

因为初等矩阵的逆矩阵还是初等矩阵,同时在矩阵 $\boldsymbol{A}$ 的左边乘初等矩阵就相当于对 A 作初等行变换.

推论 2 可逆矩阵总可以经过一系列初等行变换化成单位矩阵.

写为矩阵形式 $\boldsymbol{P}_m\cdots\boldsymbol{P}_1(\boldsymbol{AE})=(\boldsymbol{P}_m\cdots\boldsymbol{P}_1\boldsymbol{AP}_m\cdots\boldsymbol{P}_1\boldsymbol{E})=(\boldsymbol{EA}^{-1})$.

上式提供了一个具体求逆矩阵的方法. 作 $n\times 2n$ 矩阵 $(\boldsymbol{AE})$,用初等行变换把它的左边一半化成 $\boldsymbol{E}$,这时,右边的一半就是 $\boldsymbol{A}^{-1}$.

本节知识拓展 矩阵的等价是一种关系,满足反身性、对称性和传递性,后续矩阵的合同、相似也是矩阵的一种关系. 等价标准形在相关证明题里面较为实用. 利用初等变换

给出逆矩阵是一个更有效的方法.

例 1　设 $\begin{pmatrix}1 & 1 & -1\\0 & 2 & 2\\1 & -1 & 0\end{pmatrix}\boldsymbol{X}=\begin{pmatrix}1 & -1 & 1\\1 & 1 & 0\\2 & 1 & 1\end{pmatrix}$,求矩阵 $\boldsymbol{X}$.

解　记 $\boldsymbol{AX}=\boldsymbol{B}$,$\boldsymbol{A}=\begin{pmatrix}1 & 1 & -1\\0 & 2 & 2\\1 & -1 & 0\end{pmatrix}$,$\boldsymbol{A}^{-1}=\begin{pmatrix}\frac{1}{3} & \frac{1}{6} & \frac{2}{3}\\\frac{1}{3} & \frac{1}{6} & -\frac{1}{3}\\-\frac{1}{3} & \frac{1}{3} & \frac{1}{3}\end{pmatrix}$,故

$$\boldsymbol{X}=\boldsymbol{A}^{-1}\boldsymbol{B}=\begin{pmatrix}\frac{1}{3} & \frac{1}{6} & \frac{2}{3}\\\frac{1}{3} & \frac{1}{6} & -\frac{1}{3}\\-\frac{1}{3} & \frac{1}{3} & \frac{1}{3}\end{pmatrix}\begin{pmatrix}1 & -1 & 1\\1 & 1 & 0\\2 & 1 & 1\end{pmatrix}=\begin{pmatrix}\frac{11}{6} & \frac{1}{2} & 1\\-\frac{1}{6} & -\frac{1}{2} & 0\\\frac{2}{3} & 1 & 0\end{pmatrix}.$$

例 2　证明:$|\boldsymbol{A}^*|=|\boldsymbol{A}|^{n-1}$,其中 $\boldsymbol{A}$ 是 $n\times n\ (n\geqslant 2)$ 矩阵.

证明　由 $\boldsymbol{AA}^*=|\boldsymbol{A}|\boldsymbol{E}$ 得

$$|\boldsymbol{A}||\boldsymbol{A}^*|=|\boldsymbol{AA}^*|=||\boldsymbol{A}|\boldsymbol{E}|=|\boldsymbol{A}|^n\cdot|\boldsymbol{E}|=|\boldsymbol{A}|^n.$$

当 $|\boldsymbol{A}|\neq 0$ 时,$|\boldsymbol{A}^*|=\frac{|\boldsymbol{A}|^n}{|\boldsymbol{A}|}=|\boldsymbol{A}|^{n-1}$;

当 $|\boldsymbol{A}|=0$ 时,若 $\boldsymbol{A}=\boldsymbol{O}$ 时,$\boldsymbol{A}^*=\boldsymbol{O}$. 于是 $|\boldsymbol{A}^*|=|\boldsymbol{A}|^{n-1}$.

若 $\boldsymbol{A}\neq\boldsymbol{O}$ 时,$\boldsymbol{AA}^*=|\boldsymbol{A}|\boldsymbol{E}=\boldsymbol{O}$. 由《高等代数》教材第四章习题 18 题有 $R(\boldsymbol{A})+R(\boldsymbol{A}^*)\leqslant n$. 故 $R(\boldsymbol{A}^*)<n$,即 $|\boldsymbol{A}^*|=0$,也有 $|\boldsymbol{A}^*|=|\boldsymbol{A}|^{n-1}$.

例 3　证明:如果 $\boldsymbol{A}$ 是 $n\times n\ (n\geqslant 2)$ 矩阵,那么 $R(\boldsymbol{A}^*)=\begin{cases}n, R(\boldsymbol{A})=n,\\1, R(\boldsymbol{A})=n-1,\\0, R(\boldsymbol{A})<n-1.\end{cases}$.

证明　1) 当 $R(\boldsymbol{A})=n$ 时,$|\boldsymbol{A}^*|=|\boldsymbol{A}|^{n-1}$ 可逆,故 $R(\boldsymbol{A}^*)=n$.

2) 当 $R(\boldsymbol{A})=n-1$ 时,$\boldsymbol{AA}^*=|\boldsymbol{A}|\boldsymbol{E}=\boldsymbol{O}$. 由《高等代数》教材第四章习题 18 题有

$$R(\boldsymbol{A})+R(\boldsymbol{A}^*)\leqslant n,\text{即 } R(\boldsymbol{A}^*)\leqslant n-R(\boldsymbol{A})=1.$$

若 $R(\boldsymbol{A}^*)=0$,则 $\boldsymbol{A}^*=(\boldsymbol{A}_{ji})=\boldsymbol{O}$. 于是 $\boldsymbol{A}$ 的所有 $n-1$ 阶子式均为零,与 $R(\boldsymbol{A})=n-1$ 矛盾,故 $R(\boldsymbol{A}^*)=1$.

3) 当 $R(\boldsymbol{A})<n-1$ 时,$\boldsymbol{A}$ 的所有 $n-1$ 阶子式均为零,由伴随矩阵 $\boldsymbol{A}^*=(A_{ji})$ 的定义知 $\boldsymbol{A}^*=\boldsymbol{O}$,即 $R(\boldsymbol{A}^*)=0$.

4.3　分块矩阵

设 $\boldsymbol{A}=(a_{ik})_{sn}$,$\boldsymbol{B}=(b_{kj})_{nm}$,把 $\boldsymbol{A}$,$\boldsymbol{B}$ 分成一些小矩阵

$$A=\begin{matrix} & n_1 & n_2 & \cdots & n_l \\ s_1 & A_{11} & A_{12} & \cdots & A_{1l} \\ s_2 & A_{21} & A_{22} & \cdots & A_{2l} \\ \vdots & \vdots & \vdots & & \vdots \\ s_t & A_{t1} & A_{t2} & \cdots & A_{tl}\end{matrix},\quad B=\begin{matrix} & m_1 & m_2 & \cdots & m_r \\ n_1 & B_{11} & B_{12} & \cdots & B_{1r} \\ n_2 & B_{21} & B_{22} & \cdots & B_{2r} \\ \vdots & \vdots & \vdots & & \vdots \\ n_l & B_{l1} & B_{l2} & \cdots & B_{lr}\end{matrix},$$

其中每个 $\boldsymbol{A}_{ij}$ 是 $s_i \times n_j$ 小矩阵，每个 $\boldsymbol{B}_{ij}$ 是 $n_i \times m_j$ 小矩阵，于是有

$$C=AB=\begin{matrix} & m_1 & m_2 & \cdots & m_r \\ s_1 & C_{11} & C_{12} & \cdots & C_{1r} \\ s_2 & C_{21} & C_{22} & \cdots & C_{2r} \\ \vdots & \vdots & \vdots & & \vdots \\ s_t & C_{t1} & C_{t2} & \cdots & C_{tr}\end{matrix},$$

其中 $\boldsymbol{C}_{pq}=\boldsymbol{A}_{p1}\boldsymbol{B}_{1q}+\boldsymbol{A}_{p2}\boldsymbol{B}_{2q}+\cdots+\boldsymbol{A}_{pl}\boldsymbol{B}_{lq}=\sum_{k=1}^{l}\boldsymbol{A}_{pk}\boldsymbol{B}_{kq}(p=1,2,\cdots,t;q=1,2,\cdots,r)$.

形式为 $\begin{pmatrix} a_1 & 0 & \cdots & 0 \\ 0 & a_2 & \cdots & 0 \\ \vdots & \vdots & & \vdots \\ 0 & 0 & \cdots & a_n \end{pmatrix}$ 的矩阵，通常称为对角矩阵，记为 $diag(a_1,a_2,\cdots,a_n)$. 而

形式为 $\begin{pmatrix} \boldsymbol{A}_1 & 0 & \cdots & 0 \\ 0 & \boldsymbol{A}_2 & \cdots & 0 \\ \vdots & \vdots & & \vdots \\ 0 & 0 & \cdots & \boldsymbol{A}_l \end{pmatrix}$ 的矩阵，其中 $\boldsymbol{A}_i$ 是 $n_i \times n_i$ $(i=1,2,\cdots,l)$ 矩阵，通常称为准对角矩阵. 当然，准对角矩阵包括对角矩阵作为特殊情形.

对于两个有相同分块的准对角矩阵

$$\boldsymbol{A}=\begin{pmatrix} \boldsymbol{A}_1 & 0 & \cdots & 0 \\ 0 & \boldsymbol{A}_2 & \cdots & 0 \\ \vdots & \vdots & & \vdots \\ 0 & 0 & \cdots & \boldsymbol{A}_l \end{pmatrix},\ \boldsymbol{B}=\begin{pmatrix} \boldsymbol{B}_1 & 0 & \cdots & 0 \\ 0 & \boldsymbol{B}_2 & \cdots & 0 \\ \vdots & \vdots & & \vdots \\ 0 & 0 & \cdots & \boldsymbol{B}_l \end{pmatrix},$$

如果它们相应的分块是同阶的，那么显然有

$$\boldsymbol{AB}=\begin{pmatrix} \boldsymbol{A}_1\boldsymbol{B}_1 & 0 & \cdots & 0 \\ 0 & \boldsymbol{A}_2\boldsymbol{B}_2 & \cdots & 0 \\ \vdots & \vdots & & \vdots \\ 0 & 0 & \cdots & \boldsymbol{A}_l\boldsymbol{B}_l \end{pmatrix},\ \boldsymbol{A}+\boldsymbol{B}=\begin{pmatrix} \boldsymbol{A}_1+\boldsymbol{B}_1 & 0 & \cdots & 0 \\ 0 & \boldsymbol{A}_2+\boldsymbol{B}_2 & \cdots & 0 \\ \vdots & \vdots & & \vdots \\ 0 & 0 & \cdots & \boldsymbol{A}_l+\boldsymbol{B}_l \end{pmatrix}$$

它们还是准对角矩阵.

其次，如果 $\boldsymbol{A}_1,\boldsymbol{A}_2,\cdots,\boldsymbol{A}_l$ 都是可逆矩阵，那么

$$\begin{pmatrix} A_1 & 0 & \cdots & 0 \\ 0 & A_2 & \cdots & 0 \\ \vdots & \vdots & & \vdots \\ 0 & 0 & \cdots & A_l \end{pmatrix}^{-1} = \begin{pmatrix} A_1^{-1} & 0 & \cdots & 0 \\ 0 & A_2^{-1} & \cdots & 0 \\ \vdots & \vdots & & \vdots \\ 0 & 0 & \cdots & A_l^{-1} \end{pmatrix},$$

现设某个单位矩阵如下进行分块：$\begin{pmatrix} E_m & O \\ O & E_n \end{pmatrix}$.

对它进行两行(列)对换；某一行(列)左乘(右乘)一个矩阵 P ；一行(列)加上另一行(列)的 P (矩阵)倍数，就可得到如下类型的一些矩阵：

$$\begin{pmatrix} O & E_n \\ E_m & O \end{pmatrix}, \begin{pmatrix} P & O \\ O & E_n \end{pmatrix}, \begin{pmatrix} E_m & O \\ O & P \end{pmatrix}, \begin{pmatrix} E_m & P \\ O & E_n \end{pmatrix}, \begin{pmatrix} E_m & O \\ P & E_n \end{pmatrix}.$$

和初等矩阵与初等变换的关系一样，用这些矩阵左乘任一个分块矩阵

$$\begin{pmatrix} A & B \\ C & D \end{pmatrix},$$

只要分块乘法能够进行，其结果就是对它进行相应的变换：

$$\begin{pmatrix} O & E_m \\ E_n & O \end{pmatrix}\begin{pmatrix} A & B \\ C & D \end{pmatrix} = \begin{pmatrix} C & D \\ A & B \end{pmatrix}, \begin{pmatrix} P & O \\ O & E_n \end{pmatrix}\begin{pmatrix} A & B \\ C & D \end{pmatrix} = \begin{pmatrix} PA & PB \\ C & D \end{pmatrix},$$

$$\begin{pmatrix} E_m & O \\ P & E_n \end{pmatrix}\begin{pmatrix} A & B \\ C & D \end{pmatrix} = \begin{pmatrix} A & B \\ C + PA & D + PB \end{pmatrix}.$$

同样，用它们右乘任一矩阵，进行分块乘法时也有相应的结果.

本节知识拓展　分块矩阵对运算时分块的方式有一定要求，注意与通常矩阵运算的异同，并运用到行列式的计算中去.

例 1　设 B 为一 $r \times r$ 矩阵，C 为一 $r \times n$ 矩阵，且 $R(C) = r$. 证明：

1) 如果 $BC = O$ ，那么 $B = O$ ；

2) 如果 $BC = C$ ，那么 $B = E$.

证明　1) 由于 $R(C) = r$ ，C 中必有一 r 阶子式不为零(不妨设由 C 的前 r 列构成 C_1，$|C_1| \neq 0$). 由分块矩阵 $C = (C_1, C_2)$ ，使 $BC_1 = O$ ，只有 $B = O$.

2) 由 $BC = C$ 得 $(B - E)C = O$ ，利用 1) 得 $B - E = O$ ，即 $B = E$.

例 2　证明：$R(A + B) \leqslant R(A) + R(B)$.

证明　设 $A = (\alpha_1, \cdots, \alpha_n)$，$B = (\beta_1, \cdots, \beta_n)$，则

$$A + B = (\alpha_1 + \beta_1, \cdots, \alpha_n + \beta_n).$$

不妨设 $\alpha_1, \cdots, \alpha_{r_1}$ 与 $\beta_1, \cdots, \beta_{r_2}$ 分别是 A 与 B 之列向量组的极大线性无关组，则有

$$\alpha_i = k_{i1}\alpha_1 + \cdots + k_{ir_1}\alpha_{r_1}, \beta_i = l_{i1}\beta_1 + \cdots + l_{ir_2}\beta_{r_2} (i = 1, 2, \cdots, n)$$

从而

$$\alpha_i + \beta_i = k_{i1}\alpha_1 + \cdots + k_{ir_1}\alpha_{r_1} + l_{i1}\beta_1 + \cdots + l_{ir_2}\beta_{r_2} (i = 1, 2, \cdots, n)$$

即 $A + B$ 的列向量组可由 $\alpha_1, \cdots, \alpha_{r_1}, \beta_1, \cdots, \beta_{r_2}$ 线性表示. 故

$$R(A + B) \leqslant r_1 + r_2 = R(A) + R(B).$$

例 3 设 $\boldsymbol{A},\boldsymbol{B}$ 为 $n\times n$ 矩阵. 证明:如果 $\boldsymbol{AB}=\boldsymbol{O}$, 那么

$$R(\boldsymbol{A})+R(\boldsymbol{B})\leqslant n.$$

证明 若 $R(\boldsymbol{A})=n$,则 $\boldsymbol{A}$ 可逆,得 $\boldsymbol{B}=\boldsymbol{O}$,即 $R(\boldsymbol{B})=0$. 结论成立.

若 $R(\boldsymbol{A})<n$,记 $\boldsymbol{B}=(\boldsymbol{\beta}_1,\cdots,\boldsymbol{\beta}_n)$,由 $\boldsymbol{AB}=\boldsymbol{O}$, 得

$$\boldsymbol{A}(\boldsymbol{\beta}_1,\cdots,\boldsymbol{\beta}_n)=(\boldsymbol{0},\cdots,\boldsymbol{0})\text{ ,即 }\boldsymbol{A}\boldsymbol{\beta}_i=\boldsymbol{0}(i=1,\cdots,n),$$

也即 $\boldsymbol{\beta}_i$ 是线性方程组 $\boldsymbol{Ax}=\boldsymbol{0}$ 的解向量,故

$$R(\boldsymbol{B})\leqslant n-R(\boldsymbol{A})\text{ ,即 }R(\boldsymbol{A})+R(\boldsymbol{B})\leqslant n.$$

例 4 设 $\boldsymbol{A},\boldsymbol{B}$ 分别是 $n\times m$ 和 $m\times n$ 矩阵. 证明: $\begin{vmatrix}\boldsymbol{E}_m & \boldsymbol{B}\\ \boldsymbol{A} & \boldsymbol{E}_n\end{vmatrix}=|\boldsymbol{E}_n-\boldsymbol{AB}|=|\boldsymbol{E}_m-\boldsymbol{BA}|$.

证明 由于 $\begin{pmatrix}\boldsymbol{E}_m & \boldsymbol{O}\\ -\boldsymbol{A} & \boldsymbol{E}_n\end{pmatrix}\begin{pmatrix}\boldsymbol{E}_m & \boldsymbol{B}\\ \boldsymbol{A} & \boldsymbol{E}_n\end{pmatrix}=\begin{pmatrix}\boldsymbol{E}_m & \boldsymbol{B}\\ \boldsymbol{O} & \boldsymbol{E}_n-\boldsymbol{AB}\end{pmatrix}$,两边取行列式有

$$\begin{vmatrix}\boldsymbol{E}_m & \boldsymbol{B}\\ \boldsymbol{A} & \boldsymbol{E}_n\end{vmatrix}=\begin{vmatrix}\boldsymbol{E}_m & \boldsymbol{B}\\ \boldsymbol{O} & \boldsymbol{E}_n-\boldsymbol{AB}\end{vmatrix}=|\boldsymbol{E}_m||\boldsymbol{E}_n-\boldsymbol{AB}|=|\boldsymbol{E}_n-\boldsymbol{AB}|.$$

又由 $\begin{pmatrix}\boldsymbol{E}_m & \boldsymbol{B}\\ \boldsymbol{A} & \boldsymbol{E}_n\end{pmatrix}\begin{pmatrix}\boldsymbol{E}_m & \boldsymbol{O}\\ -\boldsymbol{A} & \boldsymbol{E}_n\end{pmatrix}=\begin{pmatrix}\boldsymbol{E}_m-\boldsymbol{BA} & \boldsymbol{B}\\ \boldsymbol{O} & \boldsymbol{E}_n\end{pmatrix}$,两边取行列式有

$$\begin{vmatrix}\boldsymbol{E}_m & \boldsymbol{B}\\ \boldsymbol{A} & \boldsymbol{E}_n\end{vmatrix}=\begin{vmatrix}\boldsymbol{E}_m-\boldsymbol{BA} & \boldsymbol{B}\\ \boldsymbol{O} & \boldsymbol{E}_n\end{vmatrix}=|\boldsymbol{E}_m-\boldsymbol{BA}||\boldsymbol{E}_n|=|\boldsymbol{E}_m-\boldsymbol{BA}|.$$

本章知识拓展 矩阵是高等代数的一个重要研究对象和主要研究工具,矩阵的运用贯彻高等代数始终,主要体现在:矩阵的多项式,比如特征多项式、最小多项式等;第 2 章行列式是方阵的一个算式;第 5 章二次型中,一个二次型与一个对称矩阵一一对应,研究二次型可以利用它的矩阵;第 6 章线性空间是抽象的,矩阵空间给出相关实例;第 7 章线性变换,在线性空间的一组基确定之后,线性变换和它的矩阵一一对应;第 8 章 $\boldsymbol{\lambda}$-矩阵,也就是元素在多项式环上 $P[\lambda]$ 的矩阵. 第 9 章同样有正交矩阵等内容.

典型习题选讲

1. 设 $\boldsymbol{A}$ 是一个 $n\times n$ 矩阵, $R(\boldsymbol{A})=1$. 证明:

1) $\boldsymbol{A}=\begin{pmatrix}a_1\\ a_2\\ \vdots\\ a_n\end{pmatrix}(b_1,b_2,\cdots,b_n)$;

2) $\boldsymbol{A}^2=k\boldsymbol{A}$.

证明 1)由 $R(\boldsymbol{A})=1$ 知,有 $\boldsymbol{A}=(a_{ij})$ 的某元素 $a_{i_0j_0}\neq 0$,且 $\boldsymbol{A}$ 的每两列都成比例. 记

$\boldsymbol{A}=(\boldsymbol{\alpha}_1,\boldsymbol{\alpha}_2,\cdots,\boldsymbol{\alpha}_n)$，则有 $\boldsymbol{\alpha}_i=b_i\boldsymbol{\beta}_1$，$\boldsymbol{\beta}_1=\begin{pmatrix}a_1\\ \vdots\\ a_n\end{pmatrix}$ 为非零列向量，于是

$$\boldsymbol{A}=(\boldsymbol{\alpha}_1,\boldsymbol{\alpha}_2,\cdots,\boldsymbol{\alpha}_n)=(b_1\boldsymbol{\beta}_1,b_2\boldsymbol{\beta}_1,\cdots,b_n\boldsymbol{\beta}_1)$$
$$=\begin{pmatrix}b_1a_1 & b_2a_1\cdots & b_na_1\\ b_1a_2 & b_2a_2\cdots & b_na_2\\ \vdots & \vdots & \vdots\\ b_1a_n & b_2a_n\cdots & b_na_n\end{pmatrix}=\begin{pmatrix}a_1\\ a_2\\ \vdots\\ a_n\end{pmatrix}(b_1,b_2,\cdots,b_n).$$

2)由 1)得

$$\boldsymbol{A}^2=\begin{pmatrix}a_1\\ a_2\\ \vdots\\ a_n\end{pmatrix}(b_1,b_2,\cdots,b_n)\begin{pmatrix}a_1\\ a_2\\ \vdots\\ a_n\end{pmatrix}(b_1,b_2,\cdots,b_n)=k\begin{pmatrix}a_1\\ a_2\\ \vdots\\ a_n\end{pmatrix}(b_1,b_2,\cdots,b_n)=kA.$$

其中数 $k=\sum\limits_{i=1}^{n}b_ia_i$．

2. 设 A 为 2×2 矩阵，证明：如果 $A^l=\boldsymbol{O},l\geqslant 2$，那么 $\boldsymbol{A}^2=\boldsymbol{O}$．

证明　由 $\boldsymbol{A}^l=\boldsymbol{O}$，有 $|\boldsymbol{A}^l|=|\boldsymbol{A}|^l=0$，则 $|\boldsymbol{A}|=0$，即有 $R(\boldsymbol{A})\leqslant 1$. 若 $R(\boldsymbol{A})=0$，则 $\boldsymbol{A}=\boldsymbol{O}$，此时 $\boldsymbol{A}^2=\boldsymbol{O}$．若 $R(\boldsymbol{A})=1$，由上题有 $\boldsymbol{A}^2=k\boldsymbol{A}$，$\boldsymbol{A}^l=k^{l-1}\boldsymbol{A}(l\geqslant 2)$．

因为 $\boldsymbol{A}\neq\boldsymbol{O}$，由 $\boldsymbol{A}^l=k^{l-1}\boldsymbol{A}=\boldsymbol{O}$，得 $k=0$，故 $\boldsymbol{A}^2=k\boldsymbol{A}=\boldsymbol{O}$．

3. 设 $\boldsymbol{A}$ 为 $n\times n$ 矩阵，证明：如果 $\boldsymbol{A}^2=\boldsymbol{E}$，那么

$$R(\boldsymbol{A}+\boldsymbol{E})+R(\boldsymbol{A}-\boldsymbol{E})=n.$$

证明　由 $\boldsymbol{A}^2=\boldsymbol{E}$，得

$$(\boldsymbol{A}+\boldsymbol{E})(\boldsymbol{A}-\boldsymbol{E})=\boldsymbol{A}^2-\boldsymbol{E}=\boldsymbol{O}.$$

由 4.3 例 3，有 $R(\boldsymbol{A}+\boldsymbol{E})+R(\boldsymbol{A}-\boldsymbol{E})\leqslant n$．又 $2\boldsymbol{E}=(\boldsymbol{E}+\boldsymbol{A})+(\boldsymbol{E}-\boldsymbol{A})$，利用 4.3 例 2，有

$$R(\boldsymbol{A}+\boldsymbol{E})+R(\boldsymbol{A}-\boldsymbol{E})=R(\boldsymbol{E}+\boldsymbol{A})+R(\boldsymbol{E}-\boldsymbol{A})$$
$$\geqslant R[(\boldsymbol{E}+\boldsymbol{A})+(\boldsymbol{E}-\boldsymbol{A})]=R(2\boldsymbol{E})=n.$$

故 $R(\boldsymbol{A}+\boldsymbol{E})+R(\boldsymbol{A}-\boldsymbol{E})=n$．

4. 设 $\boldsymbol{A}$ 为 $n\times n$ 矩阵，且 $\boldsymbol{A}^2=\boldsymbol{A}$．证明：

$$R(\boldsymbol{A})+R(\boldsymbol{A}-\boldsymbol{E})=n.$$

证明　由 $\boldsymbol{A}^2=\boldsymbol{A}$，得 $(\boldsymbol{A}-\boldsymbol{E})\boldsymbol{A}=\boldsymbol{O}$．

利用 4.3 例 3，得 $R(\boldsymbol{A})+R(\boldsymbol{A}-\boldsymbol{E})\leqslant n$．利用 4.3 例 2，有

$$R(\boldsymbol{A}-\boldsymbol{E})+R(\boldsymbol{A})=R(\boldsymbol{E}-\boldsymbol{A})+R(\boldsymbol{A})\geqslant R[(\boldsymbol{E}-\boldsymbol{A})+\boldsymbol{A}]=R(\boldsymbol{E})=n,$$

故 $R(\boldsymbol{A})+R(\boldsymbol{A}-\boldsymbol{E})=n$．

5. 证明：

$$(\boldsymbol{A}^*)^*=|\boldsymbol{A}|^{n-2}\boldsymbol{A},$$

其中 $\boldsymbol{A}$ 是 $n\times n$ 矩阵（$n>2$）．

证明　利用 $\boldsymbol{A}\boldsymbol{A}^*=\boldsymbol{A}^*\boldsymbol{A}=|\boldsymbol{A}|\boldsymbol{E}$．

1)当$|A|\neq 0$时,$A^*=|A|A^{-1}$,于是

$$\begin{aligned}(A^*)^*&=(|A|A^{-1})^*=||A|A^{-1}|(|A|A^{-1})^{-1}\\&=|A|^n|A^{-1}|\frac{1}{|A|}(A^{-1})^{-1}\\&=|A|^n|A|^{-1}\frac{1}{|A|}A=|A|^{n-2}A.\end{aligned}$$

2)当$|A|=0$时,由4.2例3知,$R(A^*)\leqslant 1$.

当$n>2$时,$R(A^*)\leqslant 1<n-1$,有$R(A^*)^*=0$,$(A^*)^*=O$,从而$(A^*)^*=|A|^{n-2}A$.

6.设A,B,C,D都是$n\times n$矩阵,且$|A|\neq 0$,$AC=CA$.证明:

$$\begin{vmatrix}A&B\\C&D\end{vmatrix}=|AD-CB|.$$

证明 因为$\begin{pmatrix}E_n&O\\-CA^{-1}&E_n\end{pmatrix}\begin{pmatrix}A&B\\C&D\end{pmatrix}=\begin{pmatrix}A&B\\O&D-CA^{-1}B\end{pmatrix}$,所以

$$\begin{aligned}\begin{vmatrix}A&B\\C&D\end{vmatrix}&=\begin{vmatrix}E_n&0\\-CA^{-1}&E_n\end{vmatrix}\begin{vmatrix}A&B\\C&D\end{vmatrix}=\begin{vmatrix}A&B\\O&D-CA^{-1}B\end{vmatrix}\\&=|A||D-CA^{-1}B|=|AD-ACA^{-1}B|\\&=|AD-CAA^{-1}B|=|AD-CB|,\text{因为}AC=CA.\end{aligned}$$

7.设A是一$n\times n$矩阵,且$R(A)=r$,证明:存在一$n\times n$可逆矩阵P,使PAP^{-1}的后$n-r$行全为零.

证明 由$R(A)=r$知,存在可逆矩阵P,Q,使

$$PAQ=\begin{pmatrix}E_r&O\\O&O\end{pmatrix},\text{即}PAP^{-1}=\begin{pmatrix}E_r&O\\O&O\end{pmatrix}Q^{-1}P^{-1}.$$

记$Q^{-1}P^{-1}=\begin{pmatrix}B&C\\D&F\end{pmatrix}$,有$PAP^{-1}=\begin{pmatrix}E_r&O\\O&O\end{pmatrix}\begin{pmatrix}B&C\\D&F\end{pmatrix}=\begin{pmatrix}B&C\\O&O\end{pmatrix}$,

即PAP^{-1}的后$n-r$行全为零.

8.设$A=(a_{ij})_{sn}$,$B=(b_{ij})_{nm}$.证明:$R(AB)\geqslant R(A)+R(B)-n$.

证明 设$R(A)=r_1$,$R(B)=r_2$,$R(AB)=r$,则存在可逆矩阵P,Q使

$$PAQ=\begin{pmatrix}E_{r_1}&O\\O&O\end{pmatrix}.$$

记$Q^{-1}B=\begin{pmatrix}B_{r_1\times m}\\B_{(n-r_1)\times m}\end{pmatrix}$,有$r=R(AB)=R(PAQQ^{-1}B)$,而

$$PAQQ^{-1}B=\begin{pmatrix}E_{r_1}&O\\O&O\end{pmatrix}\begin{pmatrix}B_{r_1\times m}\\B_{(n-r_1)\times m}\end{pmatrix}=\begin{pmatrix}B_{r_1\times m}\\O\end{pmatrix}.$$

于是,$R(B_{r_1\times m})=R(AB)=r$.但$R(Q^{-1}B)=r_2$,说明在$B_{(n-r_1)\times m}$中线性无关的行数为$r_2-r$,而总行数为$n-r_1$,故$r_2-r\leqslant n-r_1$,即$r\geqslant r_1+r_2-n$.

9.矩阵的列(行)向量组如果是线性无关的,就称该矩阵为列(行)满秩的.设A是

$m \times r$ 矩阵,则 $\boldsymbol{A}$ 是列满秩的充分必要条件为存在 m 阶可逆矩阵 $\boldsymbol{P}$ 使

$$\boldsymbol{A} = \boldsymbol{P}\begin{pmatrix} \boldsymbol{E}_r \\ \boldsymbol{O} \end{pmatrix}.$$

同样地,$\boldsymbol{A}$ 为行满秩的充分必要条件为存在 r 阶可逆矩阵 $\boldsymbol{Q}$ 使

$$\boldsymbol{A} = (\boldsymbol{E}_m \quad \boldsymbol{O})\,\boldsymbol{Q}.$$

证明　1)充分性. 设 $\boldsymbol{A} = \boldsymbol{P}\begin{pmatrix} \boldsymbol{E}_r \\ \boldsymbol{O} \end{pmatrix}$,其中 $\boldsymbol{P}$ 可逆,则

$$R(\boldsymbol{A}) = R\left[\boldsymbol{P}\begin{pmatrix} \boldsymbol{E}_r \\ \boldsymbol{O} \end{pmatrix}\right] = R\begin{pmatrix} \boldsymbol{E}_r \\ \boldsymbol{O} \end{pmatrix} = r,$$

即 $\boldsymbol{A}$ 列满秩.

必要性. 因为 $R(\boldsymbol{A}) = r$,则存在 m 阶可逆矩阵 $\boldsymbol{P}_0$, r 阶可逆矩阵 $\boldsymbol{Q}_0$,使

$$\boldsymbol{A} = \boldsymbol{P}_0\begin{pmatrix} \boldsymbol{E}_r \\ \boldsymbol{O} \end{pmatrix}\boldsymbol{Q}_0 = \boldsymbol{P}_0\begin{pmatrix} \boldsymbol{Q}_0 \\ \boldsymbol{O} \end{pmatrix} = \boldsymbol{P}_0\begin{pmatrix} \boldsymbol{Q}_0 & \\ & \boldsymbol{E}_{m-r} \end{pmatrix}\begin{pmatrix} \boldsymbol{E}_r \\ \boldsymbol{O} \end{pmatrix},$$

则取 $\boldsymbol{P} = \boldsymbol{P}_0\begin{pmatrix} \boldsymbol{Q}_0 & \\ & \boldsymbol{E}_{m-r} \end{pmatrix}$ 即证.

2)充分性显然. 对必要性,因为 $\boldsymbol{A}$ 行满秩,则 $\boldsymbol{A}'$ 列满秩. 由 1)存在可逆矩阵 $\boldsymbol{P}$,使 $\boldsymbol{A}' = \boldsymbol{P}\begin{pmatrix} \boldsymbol{E}_{m\times m} \\ \boldsymbol{O} \end{pmatrix}$,所以 $\boldsymbol{A} = (\boldsymbol{E}_{m\times m} \quad \boldsymbol{O})\,\boldsymbol{P}'$,取 $\boldsymbol{Q} = \boldsymbol{P}'$ 即可.

10. 设 $m \times n$ 矩阵 $\boldsymbol{A}$ 的秩为 r,则有 $m \times r$ 的列满秩矩阵 $\boldsymbol{P}$ 和 $r \times m$ 的行满秩矩阵 $\boldsymbol{Q}$,使 $\boldsymbol{A} = \boldsymbol{PQ}$.

证明　由 $R(\boldsymbol{A}) = r$,存在 $m \times m$ 可逆矩阵 $\boldsymbol{P}_1$, $n \times n$ 可逆矩阵 $\boldsymbol{Q}_1$,使

$$\boldsymbol{A} = \boldsymbol{P}_1\begin{pmatrix} \boldsymbol{E}_r & \boldsymbol{O} \\ \boldsymbol{O} & \boldsymbol{O} \end{pmatrix}\boldsymbol{Q}_1 = \boldsymbol{P}_1\begin{pmatrix} \boldsymbol{E}_r \\ \boldsymbol{O} \end{pmatrix}(\boldsymbol{E}_r \quad \boldsymbol{O})\,\boldsymbol{Q}_1.$$

令 $\boldsymbol{P} = \boldsymbol{P}_1\begin{pmatrix} \boldsymbol{E}_r \\ \boldsymbol{O} \end{pmatrix}$,$\boldsymbol{Q} = (\boldsymbol{E}_r \quad \boldsymbol{O})\,\boldsymbol{Q}_1$,由上题知,$\boldsymbol{P}$ 是 $m \times r$ 的列满秩矩阵,$\boldsymbol{Q}$ 是 $r \times m$ 的行满秩矩阵,使 $\boldsymbol{A} = \boldsymbol{PQ}$.

11. 如果存在整数 m,使 $\boldsymbol{A}^m = \boldsymbol{O}$,则称 $\boldsymbol{A}$ 为幂零阵. 证明:n 阶幂零阵 $\boldsymbol{A}$,使 $\boldsymbol{A}^k = \boldsymbol{O}$ 的最小正整数 $k \leqslant n$.

证明　当 $\boldsymbol{A} = \boldsymbol{O}$ 时,结论显然成立.

当 $\boldsymbol{A} \neq \boldsymbol{O}$ 时,设 k 是使 $\boldsymbol{A}^k = \boldsymbol{O}$ 的最小正整数,则 $\boldsymbol{A}^{k-1} \neq \boldsymbol{O}$.

所以 $\exists \boldsymbol{X} \neq \boldsymbol{0}$,使 $\boldsymbol{A}^{k-1}\boldsymbol{X} \neq \boldsymbol{0}$[否则,分别取 $\boldsymbol{X} = \boldsymbol{\varepsilon}_i$,即 n 维单位向量,则 $\boldsymbol{A}^{k-1}(\boldsymbol{\varepsilon}_1, \boldsymbol{\varepsilon}_2, \cdots, \boldsymbol{\varepsilon}_n) = \boldsymbol{0}$,即 $\boldsymbol{A}^{k-1} = \boldsymbol{0}$,得出矛盾].

下证 $\boldsymbol{X}, \boldsymbol{AX}, \cdots, \boldsymbol{A}^{k-1}\boldsymbol{X}$ 线性无关. 设有

$$l_0\boldsymbol{X} + l_1\boldsymbol{AX} + \cdots + l_{k-1}\boldsymbol{A}^{k-1}\boldsymbol{X} = \boldsymbol{0},$$

左乘 $\boldsymbol{A}^{k-1}$,得到 $l_0\boldsymbol{A}^{k-1}\boldsymbol{X} = \boldsymbol{0}$,进而有 $l_0 = 0$. 类似可得 $l_1 = \cdots = l_{k-1} = 0$. 因此 $\boldsymbol{X}, \boldsymbol{AX}, \cdots, \boldsymbol{A}^{k-1}\boldsymbol{X}$ 是 k 个线性无关的 n 维向量.

但 $n+1$ 个 n 维向量线性相关,所以 $k \leqslant n$.

注 读者还可以考虑利用 $\boldsymbol{A}$ 的若当标准形直接给出本题证明.

1.(华南师范大学)设 $\boldsymbol{A},\boldsymbol{B}$ 为 n 阶方阵. 证明:

$$R(\boldsymbol{A})+R(\boldsymbol{B})=R\begin{pmatrix}\boldsymbol{A}&\boldsymbol{O}\\\boldsymbol{O}&\boldsymbol{B}\end{pmatrix}\leqslant R\begin{pmatrix}\boldsymbol{A}&\boldsymbol{C}\\\boldsymbol{O}&\boldsymbol{B}\end{pmatrix}.$$

证明 设 $R(\boldsymbol{A})=s,R(\boldsymbol{B})=t$,存在可逆矩阵 $\boldsymbol{P}_1,\boldsymbol{P}_2,\boldsymbol{Q}_1,\boldsymbol{Q}_2$,使得

$$\boldsymbol{P}_1\boldsymbol{A}\boldsymbol{Q}_1=\begin{pmatrix}\boldsymbol{E}_s&\boldsymbol{O}\\\boldsymbol{O}&\boldsymbol{O}\end{pmatrix},\boldsymbol{P}_2\boldsymbol{B}\boldsymbol{Q}_2=\begin{pmatrix}\boldsymbol{E}_t&\boldsymbol{O}\\\boldsymbol{O}&\boldsymbol{O}\end{pmatrix}.$$

由于 $\begin{pmatrix}\boldsymbol{P}_1&\boldsymbol{O}\\\boldsymbol{O}&\boldsymbol{P}_2\end{pmatrix}\begin{pmatrix}\boldsymbol{A}&\boldsymbol{O}\\\boldsymbol{O}&\boldsymbol{B}\end{pmatrix}\begin{pmatrix}\boldsymbol{Q}_1&\boldsymbol{O}\\\boldsymbol{O}&\boldsymbol{Q}_2\end{pmatrix}=\begin{pmatrix}\boldsymbol{E}_s&\boldsymbol{O}&\boldsymbol{O}&\boldsymbol{O}\\\boldsymbol{O}&\boldsymbol{O}&\boldsymbol{O}&\boldsymbol{O}\\\boldsymbol{O}&\boldsymbol{O}&\boldsymbol{E}_t&\boldsymbol{O}\\\boldsymbol{O}&\boldsymbol{O}&\boldsymbol{O}&\boldsymbol{O}\end{pmatrix}$,得 $R\begin{pmatrix}\boldsymbol{A}&\boldsymbol{O}\\\boldsymbol{O}&\boldsymbol{B}\end{pmatrix}=s+t$.

又 $\begin{pmatrix}\boldsymbol{P}_1&\boldsymbol{O}\\\boldsymbol{O}&\boldsymbol{P}_2\end{pmatrix}\begin{pmatrix}\boldsymbol{A}&\boldsymbol{C}\\\boldsymbol{O}&\boldsymbol{B}\end{pmatrix}\begin{pmatrix}\boldsymbol{Q}_1&\boldsymbol{O}\\\boldsymbol{O}&\boldsymbol{Q}_2\end{pmatrix}=\begin{pmatrix}\boldsymbol{P}_1\boldsymbol{A}\boldsymbol{Q}_1&\boldsymbol{P}_1\boldsymbol{C}\boldsymbol{Q}_2\\\boldsymbol{O}&\boldsymbol{P}_2\boldsymbol{B}\boldsymbol{Q}_2\end{pmatrix}=\begin{pmatrix}\boldsymbol{E}_s&\boldsymbol{O}&*&*\\\boldsymbol{O}&\boldsymbol{O}&*&*\\\boldsymbol{O}&\boldsymbol{O}&\boldsymbol{E}_t&\boldsymbol{O}\\\boldsymbol{O}&\boldsymbol{O}&\boldsymbol{O}&\boldsymbol{O}\end{pmatrix}$,

得 $R\begin{pmatrix}\boldsymbol{A}&\boldsymbol{C}\\\boldsymbol{O}&\boldsymbol{B}\end{pmatrix}\geqslant s+t$. 因此结论成立.

2.(中科院)设 $\boldsymbol{A}$ 是 n 阶实方阵. 证明:$\boldsymbol{A}$ 为实对称矩阵当且仅当 $\boldsymbol{A}\boldsymbol{A}'=\boldsymbol{A}^2$,其中 $\boldsymbol{A}'$ 表示 $\boldsymbol{A}$ 的转置.

证明 必要性. 因为 $\boldsymbol{A}$ 为实对称矩阵,即 $\boldsymbol{A}'=\boldsymbol{A}$,所以 $\boldsymbol{A}\boldsymbol{A}'=\boldsymbol{A}\boldsymbol{A}=\boldsymbol{A}^2$.

充分性. 令 $K=\boldsymbol{A}-\boldsymbol{A}'$,只要证 $K=\boldsymbol{O}$ 即可. 事实上

$$\begin{aligned}Tr(KK')&=Tr(\boldsymbol{A}-\boldsymbol{A}')(\boldsymbol{A}-\boldsymbol{A}')'=Tr(\boldsymbol{A}-\boldsymbol{A}')(\boldsymbol{A}'-\boldsymbol{A})\\&=Tr(\boldsymbol{A}\boldsymbol{A}'-\boldsymbol{A}'^2-\boldsymbol{A}^2+\boldsymbol{A}'\boldsymbol{A})=2Tr\boldsymbol{A}\boldsymbol{A}'-2Tr(\boldsymbol{A}^2),\end{aligned}$$

这是因为 $Tr(\boldsymbol{A}\boldsymbol{A}')=Tr(\boldsymbol{A}'\boldsymbol{A}),Tr(\boldsymbol{A}'^2)=Tr(\boldsymbol{A}^2)$. 而 $\boldsymbol{A}\boldsymbol{A}'=\boldsymbol{A}^2$,故 $Tr(\boldsymbol{K}\boldsymbol{K}')=\boldsymbol{O}$. 所以 $K=\boldsymbol{O}$,即 $\boldsymbol{A}=\boldsymbol{A}'$.

3.(山东大学)设 $\boldsymbol{A}$ 为 n 阶可逆的反对称矩阵,$\boldsymbol{b}$ 为 n 维列向量,设

$\boldsymbol{B}=\begin{pmatrix}\boldsymbol{A}&\boldsymbol{b}\\\boldsymbol{b}'&\boldsymbol{0}\end{pmatrix}$,证明:$R(\boldsymbol{B})=n$.

证明 因为 $\boldsymbol{A}$ 可逆,且 $\boldsymbol{A}'=-\boldsymbol{A}$,所以

$$(\boldsymbol{A}^{-1})'=(\boldsymbol{A}')^{-1}=-\boldsymbol{A}^{-1},$$

即 $\boldsymbol{A}^{-1}$ 反对称,故有 $\boldsymbol{b}'\boldsymbol{A}^{-1}\boldsymbol{b}=0$. 而

$$\begin{pmatrix}\boldsymbol{A}&\boldsymbol{b}\\\boldsymbol{b}'&\boldsymbol{0}\end{pmatrix}\to\begin{pmatrix}\boldsymbol{A}&\boldsymbol{0}\\\boldsymbol{0}&-\boldsymbol{b}'\boldsymbol{A}^{-1}\boldsymbol{b}\end{pmatrix}\to\begin{pmatrix}\boldsymbol{A}&\boldsymbol{0}\\\boldsymbol{0}&\boldsymbol{0}\end{pmatrix},$$

所以 $R(\boldsymbol{B})=R\begin{pmatrix}\boldsymbol{A} & \boldsymbol{b}\\ \boldsymbol{b}' & 0\end{pmatrix}=R(\boldsymbol{A})=n$.

4.(浙江大学)设整数系方程组 $\sum_{j=1}^{n}a_{ij}x_j=b_i(i=1,2,\cdots,n)$,对任意 $b_1,b_2,\cdots,b_n$ 均有整数解,证明:其系数行列式必为 ± 1.

证明　设 $\boldsymbol{A}=(a_{ij})_{n\times n},\boldsymbol{B}=(b_1,b_2,\cdots,b_n)',\boldsymbol{X}=(x_1,x_2,\cdots,x_n)'$,则原方程组即为 $\boldsymbol{AX}=\boldsymbol{B}$. 由题设,分别取 $\boldsymbol{B}$ 为

$$\boldsymbol{\varepsilon}_1=(1,0,\cdots,0)',\boldsymbol{\varepsilon}_2=(0,1,\cdots,0)',\cdots,\boldsymbol{\varepsilon}_n=(0,0,\cdots,1)'.$$

则方程组 $\boldsymbol{AX}=\boldsymbol{\varepsilon}_i$ 有整数向量构成的解 $\boldsymbol{\beta}_1,\boldsymbol{\beta}_2,\cdots,\boldsymbol{\beta}_n$,即 $\boldsymbol{A\beta}_i=\boldsymbol{\varepsilon}_i$, $i=1,2,\cdots,n$. 所以

$$\boldsymbol{A}(\boldsymbol{\beta}_1,\boldsymbol{\beta}_2,\cdots,\boldsymbol{\beta}_n)=(\boldsymbol{\varepsilon}_1,\boldsymbol{\varepsilon}_2,\cdots,\boldsymbol{\varepsilon}_n).$$

即

$$\boldsymbol{A}(\boldsymbol{\beta}_1,\boldsymbol{\beta}_2,\cdots,\boldsymbol{\beta}_n)=\boldsymbol{E},$$

所以 $\boldsymbol{A}^{-1}=(\boldsymbol{\beta}_1,\boldsymbol{\beta}_2,\cdots,\boldsymbol{\beta}_n)$ 也是整数阵.

故由 $|\boldsymbol{A}|\cdot|\boldsymbol{A}^{-1}|=1$ 知, $|\boldsymbol{A}|=\pm 1$.

5.(厦门大学)设 $\boldsymbol{A}$ 、$\boldsymbol{B}$ 都是 n 阶方阵, $\boldsymbol{E}$ 为 n 阶单位矩阵. 证明: $\boldsymbol{ABA}=\boldsymbol{B}^{-1}$ 的充要条件是 $R(\boldsymbol{E}+\boldsymbol{AB})+R(\boldsymbol{E}-\boldsymbol{AB})=n$.

证明　必要性. 由 $\boldsymbol{ABA}=\boldsymbol{B}^{-1}$ 得, $(\boldsymbol{AB})^2=\boldsymbol{E}$,所以有

$$\boldsymbol{E}-(\boldsymbol{AB})^2=(\boldsymbol{E}+\boldsymbol{AB})(\boldsymbol{E}-\boldsymbol{AB})=\boldsymbol{O}$$

故

$$R(\boldsymbol{E}-\boldsymbol{AB})+R(\boldsymbol{E}+\boldsymbol{AB})\leqslant n.$$

又

$$n=R(2\boldsymbol{E})=R[(\boldsymbol{E}-\boldsymbol{AB})+(\boldsymbol{E}+\boldsymbol{AB})]\leqslant R(\boldsymbol{E}-\boldsymbol{AB})+R(\boldsymbol{E}+\boldsymbol{AB}).$$

可得 $R(\boldsymbol{E}-\boldsymbol{AB})+R(\boldsymbol{E}+\boldsymbol{AB})=n$.

充分性. 如果 $R(\boldsymbol{E}-\boldsymbol{AB})+R(\boldsymbol{E}+\boldsymbol{AB})=n$,则有

$$R\begin{pmatrix}\boldsymbol{E}+\boldsymbol{AB} & \boldsymbol{O}\\ \boldsymbol{O} & \boldsymbol{E}-\boldsymbol{AB}\end{pmatrix}=n.$$

又由

$$\begin{pmatrix}\boldsymbol{E}+\boldsymbol{AB} & \boldsymbol{O}\\ \boldsymbol{O} & \boldsymbol{E}-\boldsymbol{AB}\end{pmatrix}\to\begin{pmatrix}\boldsymbol{E}+\boldsymbol{AB} & \boldsymbol{E}-\boldsymbol{AB}\\ \boldsymbol{O} & \boldsymbol{E}-\boldsymbol{AB}\end{pmatrix}\to\begin{pmatrix}2\boldsymbol{E} & \boldsymbol{E}-\boldsymbol{AB}\\ \boldsymbol{E}-\boldsymbol{AB} & \boldsymbol{E}-\boldsymbol{AB}\end{pmatrix}$$

$$\to\begin{pmatrix}2\boldsymbol{E} & \boldsymbol{E}-\boldsymbol{AB}\\ \boldsymbol{O} & \frac{1}{2}[\boldsymbol{E}-(\boldsymbol{AB})^2]\end{pmatrix}\to\begin{pmatrix}2\boldsymbol{E} & \boldsymbol{O}\\ \boldsymbol{O} & \frac{1}{2}[\boldsymbol{E}-(\boldsymbol{AB})^2]\end{pmatrix},$$

知

$$R(2\boldsymbol{E})+R[\frac{1}{2}(\boldsymbol{E}-\boldsymbol{AB})^2]=n.$$

所以

$\frac{1}{2}[\boldsymbol{E}-(\boldsymbol{AB})^2]=\boldsymbol{O}$,因此有 $(\boldsymbol{AB})^2=\boldsymbol{E}$,即 $\boldsymbol{ABA}=\boldsymbol{B}^{-1}$.

6.(南开大学)设 $\boldsymbol{A}$ 、$\boldsymbol{B}$ 分别为数域 $\boldsymbol{P}$ 上 $m\times s$ 矩阵和 $s\times n$ 矩阵,令 $\boldsymbol{AB}=\boldsymbol{C}$. 证明:如

秩 $\boldsymbol{A}=r$，则数域 $\boldsymbol{P}$ 上存在一个秩为 $\min\{s-r,n\}$ 的 $s\times n$ 矩阵 $\boldsymbol{D}$，满足对于数域 $\boldsymbol{P}$ 上任何方阵 $\boldsymbol{Q}$，有

$$\boldsymbol{A}(\boldsymbol{DQ}+\boldsymbol{B})=\boldsymbol{C}.$$

证明 由于 $\boldsymbol{AB}=\boldsymbol{C}$，欲证存在秩为 $\min\{s-r,n\}$ 的 $s\times n$ 矩阵 $\boldsymbol{D}$，满足 $\forall \boldsymbol{Q}\in \boldsymbol{P}^{n\times n}$，有 $\boldsymbol{A}(\boldsymbol{DQ}+\boldsymbol{B})=\boldsymbol{C}$，即 $\boldsymbol{ADQ}=\boldsymbol{O}$.

因为 $R(A)=r$，所以存在 m 阶可逆矩阵 P，s 阶可逆矩阵 R，使

$$\boldsymbol{A}=\boldsymbol{P}\begin{pmatrix}\boldsymbol{E}_r & \boldsymbol{O}\\ \boldsymbol{O} & \boldsymbol{O}\end{pmatrix}R.$$

取 $D_{s\times n}=R^{-1}\begin{pmatrix}\boldsymbol{O}_{r\times n}\\ \boldsymbol{X}_{(s-r)\times n}\end{pmatrix}$，这里秩 $(\boldsymbol{X})=\min\{s-r,n\}$，则 $\forall \boldsymbol{Q}\in \boldsymbol{P}^{n\times n}$，有

$$\begin{aligned}\boldsymbol{ADQ}&=\boldsymbol{P}\begin{pmatrix}\boldsymbol{E}_r & \boldsymbol{O}\\ \boldsymbol{O} & \boldsymbol{O}\end{pmatrix}R\cdot R^{-1}\begin{pmatrix}\boldsymbol{O}\\ \boldsymbol{X}\end{pmatrix}\boldsymbol{Q}\\ &=\boldsymbol{P}\begin{pmatrix}\boldsymbol{E}_r & \boldsymbol{O}\\ \boldsymbol{O} & \boldsymbol{O}\end{pmatrix}\begin{pmatrix}\boldsymbol{O}\\ \boldsymbol{X}\end{pmatrix}\boldsymbol{Q}=\boldsymbol{O}.\end{aligned}$$

7.(武汉大学)求所有的与 $\begin{pmatrix}1 & a\\ 0 & 1\end{pmatrix}$ 相乘可交换的 2×2 实矩阵,这里 a 是非零实数.

解 设 $\begin{pmatrix}x_1 & x_2\\ x_3 & x_4\end{pmatrix}\in \mathbf{R}^{2\times 2}$，且 $\begin{pmatrix}x_1 & x_2\\ x_3 & x_4\end{pmatrix}\begin{pmatrix}1 & a\\ 0 & 1\end{pmatrix}=\begin{pmatrix}1 & a\\ 0 & 1\end{pmatrix}\begin{pmatrix}x_1 & x_2\\ x_3 & x_4\end{pmatrix}$.

那么，$\begin{cases}x_1=x_1+ax_3,\\ ax_1+x_2=x_2+ax_4,\\ x_3=x_3,\\ ax_3+x_4=x_4,\end{cases}$

解得 $x_3=0, x_1=x_4, x_2$ 可以为任意实数.

所以与 $\begin{pmatrix}1 & a\\ 0 & 1\end{pmatrix}$ 可交换的实矩阵为 $\begin{pmatrix}c & b\\ 0 & c\end{pmatrix}$，其中 b,c 为任意实数.

8.(中国科技大学) 设 $\boldsymbol{A}=\begin{pmatrix}a & b\\ 0 & c\end{pmatrix}$，其中 a,b,c 为实数,试求 a,b,c 的一切可能值,使 $\boldsymbol{A}^{100}=\begin{pmatrix}1 & 0\\ 0 & 1\end{pmatrix}$.

解 $\boldsymbol{A}$ 是上三角矩阵,它的乘方还是上三角阵,所以

$$\boldsymbol{A}^{100}=\begin{pmatrix}a^{100} & f(a,b,c)\\ 0 & c^{100}\end{pmatrix}=\begin{pmatrix}1 & 0\\ 0 & 1\end{pmatrix},$$

其中 $f(a,b,c)$ 是 a,b,c 的整系数多项式. 由上式有

$$a^{100}=1, c^{100}=1, a=\pm 1, c=\pm 1.$$

下面分别讨论.

1)当 $a=c=1$ 时,则

$$A^{100}=\begin{pmatrix}1&b\\0&1\end{pmatrix}^{100}=\begin{pmatrix}1&100b\\0&1\end{pmatrix}=\begin{pmatrix}1&0\\0&1\end{pmatrix}.$$

所以 $b=0$，这时 $A=\begin{pmatrix}1&0\\0&1\end{pmatrix}$.

2)当 $a=c=-1$ 时，可得 $A=\begin{pmatrix}-1&0\\0&-1\end{pmatrix}$.

3)当 $a=-c=1$ 或 $a=-c=-1$ 时，这时 b 可以为任何实数.

综上可知 A 有4种可能：

$$\begin{pmatrix}1&0\\0&1\end{pmatrix},\begin{pmatrix}-1&0\\0&-1\end{pmatrix},\begin{pmatrix}1&b\\0&-1\end{pmatrix},\begin{pmatrix}-1&b\\0&1\end{pmatrix}.$$

其中 b 为任意实数.

9.(河南大学) A 为实矩阵，若对任意实矩阵 M，有 $Tr(AM)=0$，则 $A=O$.

证明 设 $A=(a_{ij})\in\mathbf{R}^{n\times m}$. 取 E_{ij} 是 (i,j) 元为1，其余均为0的 $m\times n$ 矩阵，由假设有

$$Tr(AE_{ij})=a_{ji}=0\ ,\ (i=1,2,\cdots,m;j=1,2,\cdots,n)$$

此即 $A=0$.

10.(华中师范大学) 设 $A^2-A-6E=O$，证明：$A+3E$、$A-2E$ 都是可逆矩阵，并将它们的逆矩阵表为 A 的多项式.

证明

因为 $A^2-A-6E=O$，则有 $A^2-A-12E=-6E$，进而得到

$$(A-4E)(A+3E)=-6E.$$

可知 $A+3E$ 可逆，且

$$(A+3E)^{-1}=-\frac{1}{6}(A-4E)=-\frac{1}{6}A+\frac{2}{3}E.$$

再由条件可得 $A^2-A-2E=4E$，进而得到 $(A-2E)(A+E)=4E$. 可知 $A-2E$ 可逆，且

$$(A-2E)^{-1}=\frac{1}{4}A+\frac{1}{4}E.$$

11.(华中科技大学) 设 A 为 n 阶方阵，若存在唯一的 n 阶方阵 B，使得 $ABA=A$. 证明：$BAB=B$.

证明 若秩 $R(A)=0$，则 $A=\mathbf{0}$，于是对任意 B，均有 $ABA=\mathbf{0}B\mathbf{0}=\mathbf{0}=A$，即 B 不唯一(舍去).

若 $0<R(A)=r<n$，则满足条件的 B 也是不唯一的. 这是因为 $R(A)=r$，于是存在可逆阵 P,Q，使 $A=P\begin{pmatrix}E_r&O\\O&O\end{pmatrix}Q$. 设 $B=Q^{-1}\begin{pmatrix}D&F\\G&H\end{pmatrix}P^{-1}$，则由 $ABA=A$ 有 $P\begin{pmatrix}D&O\\O&O\end{pmatrix}Q=P\begin{pmatrix}E_r&O\\O&O\end{pmatrix}Q$. 进而得到 $D=E_r$，也就是 $B=Q^{-1}\begin{pmatrix}E_r&F\\G&H\end{pmatrix}P^{-1}$，其中 F,G,H 是任意的，即 B 不是唯一的(舍去).

因此由题意知 $R(A)=n$，则 $|A|\neq0$，于是 A^{-1} 存在. 在 $ABA=A$ 两边右乘 A^{-1} 有

$AB=E$，再左乘 B，有 $BAB=BE=B$.

12.（上海交通大学）设 A 为非零矩阵，但不必为方阵，证明：$AX=E$ 有解当且仅当 $CA=O$ 必有 $C=O$，其中 E 为单位矩阵.

证明 设 A 为 $m\times n$ 矩阵.

必要性. 如果 $AX=E$ 有解 $B_{n\times m}$，即 $AB=E_m$，

则有

$$m\geqslant R(A)\geqslant R(E_m)=m,$$

所以 $R(A)=m$. 又 $CA=O$，所以有 $R(A)+R(C)\leqslant m$，从而可得 $R(C)=0$，即 $C=O$.

充分性. 如果 $R(A_{m\times n})<m$，则线性方程组 $A'X_{m\times 1}=0$ 有非零解. 任取一个非零解 X_1，令 $C'=(X_1,0,\cdots,0)_{m\times 1}$，则有 $C\neq O$，且 $A'C'=O$，即 $CA=O$，矛盾. 所以 $R(A_{m\times n})=m$.

因为 $R(A_{m\times n})=m$，所以存在 $m\times m$ 可逆矩阵 P，$n\times n$ 可逆阵 Q 使得

$$PAQ=(E_m,O).$$

所以 $AQ=P^{-1}(E_m,O)=(P^{-1},O)$，进一步有 $AQ\begin{pmatrix}P\\O\end{pmatrix}=(P^{-1},O)\begin{pmatrix}P\\O\end{pmatrix}=P^{-1}P=E_m$，即 $AX=E$ 有解.

13.（武汉大学）设 A 为 n 阶方阵，证明：如果 $R(A)+R(A-E)=n$，则 A 可对角化.

解 因为

$$\begin{pmatrix}E&E\\O&E\end{pmatrix}\begin{pmatrix}A&O\\O&A-E\end{pmatrix}\begin{pmatrix}E&O\\-E&E\end{pmatrix}=\begin{pmatrix}E&A-E\\E-A&A-E\end{pmatrix},$$

$$\begin{pmatrix}E&O\\A-E&E\end{pmatrix}\begin{pmatrix}E&A-E\\E-A&A-E\end{pmatrix}\begin{pmatrix}E&E-A\\O&E\end{pmatrix}=\begin{pmatrix}E&O\\O&A^2-A\end{pmatrix},$$

则有 $R\begin{pmatrix}A&O\\O&A-E\end{pmatrix}=R\begin{pmatrix}E&O\\O&A^2-A\end{pmatrix}$，进而得到

$$n=R(A)+R(A-E)=R(E)+R(A^2-A).$$

因此 $R(A^2-A)=O\Rightarrow A^2-A=O\Rightarrow A^2=A$. 故 A 的最小多项式没有重根，A 可对角化.

14.（华中科技大学）设 A,B 为 n 阶方阵，存在正整数 l，使 $A^l=E$. 证明：

1）A 相似于对角阵；

2）设 $A^{l-1}B^{l-1}+\cdots+AB+E=O$，则 B 也相似于对角阵.

证明 1）由条件知 A 有零化多项式 $g(\lambda)=\lambda^l-1$. 又 $(g(\lambda),g'(\lambda))=1$，则 $g(\lambda)$ 无重根，因此有 A 与对角矩阵相似.

2）在给定条件式左乘 A，右乘 B，并注意到 $A^l=E$，则有

$B^l+A^{l-1}B^{l-1}+A^{l-2}B^{l-2}+\cdots A^2B^2+AB=O$，与条件式相减有 $B^l=E$. 与1）证明类似，可得 B 也可以对角化.

15.（中科院）若 α 为一实数，试计算 $\lim\limits_{n\to+\infty}\begin{pmatrix}1&\dfrac{\alpha}{n}\\\dfrac{\alpha}{n}&1\end{pmatrix}^n$.

解 记$\boldsymbol{A}=\begin{pmatrix}1 & \frac{\alpha}{n}\\ \frac{\alpha}{n} & 1\end{pmatrix}$,当$\alpha=0$时,显然$\lim\limits_{n\to+\infty}\begin{pmatrix}1 & \frac{\alpha}{n}\\ \frac{\alpha}{n} & 1\end{pmatrix}^n=\begin{pmatrix}1 & 0\\ 0 & 1\end{pmatrix}$.

当$\alpha\neq 0$时,$|\boldsymbol{\lambda E}-\boldsymbol{A}|=(\lambda-1)^2-\frac{\alpha^2}{n^2}=0.$

从而$\boldsymbol{A}$的特征值为$\boldsymbol{\lambda}_{1,2}=1\pm\frac{\alpha}{n}$.对应于特征值$\boldsymbol{\lambda}_1=1-\frac{\alpha}{n}$的特征向量为

$\boldsymbol{\alpha}_1=\begin{pmatrix}-1\\ 1\end{pmatrix}$,对应于特征值$\boldsymbol{\lambda}_1=1+\frac{\alpha}{n}$的特征向量为$\boldsymbol{\alpha}_2=\begin{pmatrix}1\\ 1\end{pmatrix}$.

单位正交化,得$\boldsymbol{\beta}_1=\frac{\boldsymbol{\alpha}_1}{\sqrt{2}},\boldsymbol{\beta}_2=\frac{\boldsymbol{\alpha}_2}{\sqrt{2}}$,从而有

$$\boldsymbol{P}^{-1}\boldsymbol{AP}=\begin{pmatrix}1-\frac{\alpha}{n} & 0\\ 0 & 1+\frac{\alpha}{n}\end{pmatrix},P=\frac{1}{\sqrt{2}}\begin{pmatrix}-1 & 1\\ 1 & 1\end{pmatrix},得\boldsymbol{A}^n=\boldsymbol{P}\begin{pmatrix}\left(1-\frac{\alpha}{n}\right)^n & 0\\ 0 & \left(1+\frac{\alpha}{n}\right)^n\end{pmatrix}P^{-1}.$$

因此$$\lim_{n\to+\infty}A^n=\lim_{n\to+\infty}P\begin{pmatrix}\left(1-\frac{\alpha}{n}\right)^n & 0\\ 0 & \left(1+\frac{\alpha}{n}\right)^n\end{pmatrix}P^{-1}=\begin{pmatrix}-1 & 1\\ 1 & 1\end{pmatrix}\begin{pmatrix}e^{-\alpha} & 0\\ 0 & e^{\alpha}\end{pmatrix}\cdot\frac{1}{2}\begin{pmatrix}-1 & 1\\ 1 & 1\end{pmatrix}$$

$$=\frac{1}{2}\begin{pmatrix}e^{\alpha}+e^{-\alpha} & e^{\alpha}-e^{-\alpha}\\ e^{\alpha}-e^{-\alpha} & e^{\alpha}+e^{-\alpha}\end{pmatrix}.$$

第5章　二次型

二次型理论起源于几何中化二次曲线与二次曲面方程为标准形式的问题，它在数学的其他分支及物理、力学和工程技术领域中也经常用到. 本章利用矩阵的理论和方法来研究二次型，主要内容是化二次型为标准形或者对称矩阵合同于对角矩阵，同时第9章介绍的用正交线性替换化实二次型为标准形的方法更应熟练掌握. 另一部分主要内容是正定二次型与正定矩阵的判定与证明. 对于具体的实二次型或是实对称矩阵，一般采用顺序主子式大于零或者合同于单位矩阵等充分必要条件来判定；而对抽象的实二次型或者实对称矩阵，通常采用定义及特征值等方法判定其正定性.

5.1　二次型及其矩阵表示

设 P 是一个数域，一个系数在数域 P 中的 $x_1,\cdots,x_n$ 的二次齐次多项式

$$f(x_1,x_2,\cdots,x_n)=a_{11}x_1^2+2a_{12}x_1x_2+\cdots+2a_{1n}x_1x_n+a_{22}x_2^2+\cdots+2a_{2n}x_2x_n+\cdots+a_{nn}x_n^2$$

称为数域 P 上的一个 n 元二次型，简称二次型.

定义1　设 $x_1,\cdots,x_n;y_1,\cdots,y_n$ 是两组文字，系数在数域 P 中的一组关系式

$$\begin{cases}x_1=c_{11}y_1+c_{12}y_2+\cdots+c_{1n}y_n,\\x_2=c_{21}y_1+c_{22}y_2+\cdots+c_{2n}y_n,\\\qquad\cdots\cdots\\x_n=c_{n1}y_1+c_{n2}y_2+\cdots+c_{nn}y_n\end{cases}$$

称为由 $x_1,\cdots,x_n$ 到 $y_1,\cdots,y_n$ 的一个线性替换，或简称线性替换. 如果系数行列式 $|c_{ij}|\neq 0$，那么该线性替换称为非退化的.

线性替换把二次型变成二次型.

设 $f(x_1,x_2,\cdots,x_n)=\boldsymbol{X}'\boldsymbol{A}\boldsymbol{X},\boldsymbol{A}=\boldsymbol{A}'$ 是一个二次型，作非退化线性替换 $\boldsymbol{X}=\boldsymbol{C}\boldsymbol{Y}$，得到一个 $y_1,y_2,\cdots,y_n$ 的二次型 $\boldsymbol{Y}'\boldsymbol{B}\boldsymbol{Y}$.

现在来看矩阵 $\boldsymbol{A}$ 与 $\boldsymbol{B}$ 的关系，有

$$\begin{aligned}f(x_1,x_2,\cdots,x_n)&=\boldsymbol{X}'\boldsymbol{A}\boldsymbol{X}=(\boldsymbol{C}\boldsymbol{Y})'\boldsymbol{A}(\boldsymbol{C}\boldsymbol{Y})=\boldsymbol{Y}'\boldsymbol{C}'\boldsymbol{A}\boldsymbol{C}\boldsymbol{Y}\\&=\boldsymbol{Y}'(\boldsymbol{C}'\boldsymbol{A}\boldsymbol{C})\boldsymbol{Y}=\boldsymbol{Y}'\boldsymbol{B}\boldsymbol{Y}.\end{aligned}$$

容易看出，矩阵 $\boldsymbol{C}'\boldsymbol{A}\boldsymbol{C}$ 也是对称的，由此即得 $\boldsymbol{B}=\boldsymbol{C}'\boldsymbol{A}\boldsymbol{C}$. 这是前后两个二次型的矩阵的关系.

定义2 数域 P 上两个 n 阶矩阵 $\boldsymbol{A},\boldsymbol{B}$ 称为合同的,如果有数域 P 上可逆的 $n\times n$ 矩阵 $\boldsymbol{C}$,使得 $\boldsymbol{B}=\boldsymbol{C}'\boldsymbol{A}\boldsymbol{C}$. 由矩阵 $\boldsymbol{A}$ 到矩阵 $\boldsymbol{C}'\boldsymbol{A}\boldsymbol{C}$ 的变换称为矩阵的一个合同变换.

合同是矩阵之间的一个关系,具有反身性、对称性和传递性.

本节知识拓展 注意利用矩阵来研究二次型的方法. 理解矩阵的三种关系:等价、合同与相似.

例1 与矩阵 $\boldsymbol{A}=\begin{pmatrix}1&0&0\\0&-1&2\\0&2&2\end{pmatrix}$ 合同的矩阵是( ).

(A) $\begin{pmatrix}1&&\\&-1&\\&&0\end{pmatrix}$ (B) $\begin{pmatrix}1&&\\&1&\\&&-1\end{pmatrix}$

(C) $\begin{pmatrix}1&&\\&-1&\\&&-1\end{pmatrix}$ (D) $\begin{pmatrix}-1&&\\&-1&\\&&0\end{pmatrix}$.

分析 应选(B). $\boldsymbol{A}$ 是实对称矩阵,为确定与 $\boldsymbol{A}$ 合同的矩阵,需先求出 $\boldsymbol{A}$ 的秩及正惯性指数.

解 法1 由 $\boldsymbol{A}$ 构成二次型,并用配方法得

$$f=\boldsymbol{X}'\boldsymbol{A}\boldsymbol{X}=x_1^2-x_2^2+4x_2x_3+2x_3^2=x_1^2-(x_2-2x_3)^2+6x_3^2=y_1^2-y_2^2+6y_3^2,$$

可见 $\boldsymbol{A}$ 的秩为3,且正惯性指数为2,与(B)中矩阵的秩与正惯性指数相同,故选(B).

法2 用初等变换法化 $\boldsymbol{A}$ 的对角矩阵(因不需求合同变换矩阵 $\boldsymbol{P}$,故对 $\boldsymbol{A}$ 直接做对称的初等行、列变换化为对角阵).

$$\boldsymbol{A}\xrightarrow[c_3+2c_2]{r_3+2r_2}\begin{pmatrix}1&0&0\\0&-1&0\\0&0&6\end{pmatrix}$$

故 $\boldsymbol{A}$ 的秩为3,且正惯性指数为2.

法3 可求得 $\boldsymbol{A}$ 的特征值为1,3,-2,从而 A 的秩为3,且正惯性指数为2.

例2 设 $\boldsymbol{A}=\begin{pmatrix}2&-1&-1\\-1&2&-1\\-1&-1&2\end{pmatrix}$,$\boldsymbol{B}=\begin{pmatrix}1&&\\&1&\\&&0\end{pmatrix}$,则 $\boldsymbol{A}$ 与 $\boldsymbol{B}$( ).

(A)合同且相似 (B)合同但不相似

(C)不合同但相似 (D)即不合同,也不相似

解 应选(B).

分析 事实上,$\boldsymbol{A}$、$\boldsymbol{B}$ 都是实对称矩阵,易知 $|\lambda\boldsymbol{E}-\boldsymbol{A}|=\lambda(\lambda-3)^2$,所以 $\boldsymbol{A}$ 的特征值为3,3,0;而 $\boldsymbol{B}$ 的特征值为1,1,0,所以 $\boldsymbol{A}$ 与 $\boldsymbol{B}$ 合同,但不相似.

5.2 标准形与规范形

定理1 数域 P 上任意一个二次型都可以经过非退化线性替换变成平方和 $d_1x_1^2+$

$d_2x_2^2+\cdots+d_nx_n^2$ 的形式,该形式称为二次型的标准形.

易知,标准形的矩阵是对角矩阵,

$$d_1x_1^2+d_2x_2^2+\cdots+d_nx_n^2=(x_1,x_2,\cdots,x_n)\begin{pmatrix}d_1&0&\cdots&0\\0&d_2&\cdots&0\\\vdots&\vdots&&\vdots\\0&0&\cdots&d_n\end{pmatrix}\begin{pmatrix}x_1\\x_2\\\vdots\\x_n\end{pmatrix}.$$

反过来,矩阵为对角形的二次型就只包含平方项.

定理2 在数域 P 上,任意一个对称矩阵都合同于一对角矩阵.

定理3 任意一个复系数的二次型经过一适当的非退化线性替换可以变成规范形,且规范形是唯一的.

定理4 任意一个实数域上的二次型,经过一适当的非退化线性替换可以变成规范形,且规范形是唯一的.这个定理通常称为惯性定理.

定义3 在实二次型 $f(x_1,x_2,\cdots,x_n)$ 的规范形中,正平方项的个数 p 称为 $f(x_1,x_2,\cdots,x_n)$ 的正惯性指数;负平方项的个数 $r-p$ 称为 $f(x_1,x_2,\cdots,x_n)$ 的负惯性指数;它们的差 $p-(r-p)=2p-r$ 称为 $f(x_1,x_2,\cdots,x_n)$ 的符号差.

定理5 1)任一复对称矩阵 $\boldsymbol{A}$ 都合同于一个下述形式的对角矩阵:

$$\begin{pmatrix}1&&&&&\\&\ddots&&&&\\&&1&&&\\&&&0&&\\&&&&\ddots&\\&&&&&0\end{pmatrix}=\begin{pmatrix}\boldsymbol{I}_r&\boldsymbol{O}\\\boldsymbol{O}&\boldsymbol{O}\end{pmatrix}$$

其中对角线上"1"的个数等于 A 的秩.

2)任一实对称矩阵 $\boldsymbol{A}$ 都合同于一个下述形式的对角矩阵:

$$\begin{pmatrix}\boldsymbol{I}_p&\boldsymbol{0}&\boldsymbol{0}\\\boldsymbol{0}&-\boldsymbol{I}_{r-p}&\boldsymbol{0}\\\boldsymbol{0}&\boldsymbol{0}&\boldsymbol{0}\end{pmatrix},$$

其中对角线上"1"的个数 p 及"-1"的个数 $r-p$ (r 等于 $\boldsymbol{A}$ 的秩)都是唯一确定的,分别称为 $\boldsymbol{A}$ 的正、负惯性指数,它们的差 $2p-r$ 称为 $\boldsymbol{A}$ 的符号差.

注 两个复数对称矩阵合同的充要条件是它们的秩相等.

本节知识拓展 求实二次型的标准形和规范形,利用《高等代数》教材第九章定理8的特征值的方法比较方便,同时可以确定正负惯性指数.

例1 $\boldsymbol{A}$ 是一个实矩阵,证明 $R(\boldsymbol{A}'\boldsymbol{A})=R(\boldsymbol{A})$.

证明 设 $\boldsymbol{A}=(a_{ij})_{m\times n}$,只须证线性方程组 $\boldsymbol{A}'\boldsymbol{A}\boldsymbol{X}=\boldsymbol{0}$ 与 $\boldsymbol{A}\boldsymbol{X}=\boldsymbol{0}$ 同解.便可得基础解系所含向量个数相等,即 $n-R(\boldsymbol{A}'\boldsymbol{A})=n-R(\boldsymbol{A})$,从而 $R(\boldsymbol{A}'\boldsymbol{A})=R(\boldsymbol{A})$.

设 $\boldsymbol{X}$ 是 $\boldsymbol{A}'\boldsymbol{A}\boldsymbol{X}=\boldsymbol{0}$ 的解,左乘 $\boldsymbol{X}'$ 得

$$0=\boldsymbol{X}'\boldsymbol{A}'\boldsymbol{A}\boldsymbol{X}\xlongequal{\boldsymbol{Y}=\boldsymbol{A}\boldsymbol{X}}\boldsymbol{Y}'\boldsymbol{Y}=y_1^2+\cdots+y_m^2,$$

故 $\boldsymbol{Y}=\boldsymbol{0}$,即 $\boldsymbol{X}$ 是 $\boldsymbol{AX}=\boldsymbol{0}$ 的解.

反之,设 $\boldsymbol{X}$ 是 $\boldsymbol{AX}=\boldsymbol{0}$ 的解,左乘 $\boldsymbol{A}'$ 得 $\boldsymbol{A}'\boldsymbol{AX}=\boldsymbol{0}$,即 $\boldsymbol{X}$ 是 $\boldsymbol{A}'\boldsymbol{AX}=\boldsymbol{0}$ 的解. 因此,$\boldsymbol{A}'\boldsymbol{AX}=\boldsymbol{0}$ 与 $\boldsymbol{AX}=\boldsymbol{0}$ 同解.

例2 设二次型 $f(x_1,x_2,x_3)=x_1^2-x_2^2+2ax_1x_3+4x_2x_3$ 的负惯性指数为1,则 a 的取值范围是________.

解 法1(配方法)

$f(x_1,x_2,x_3)=(x_1+ax_3)^2-a^2x_3^2-(x_2-2x_3)^2+4x_3^2=(x_1+ax_3)^2-(x_2-2x_3)^2+(4-a^2)x_3^2.$

由于二次型的负惯性指数为1,所以 $4-a^2\geqslant 0$,所以 $-2\leqslant a\leqslant 2$.

应填 $[-2,2]$.

法2 二次型的矩阵为 $A=\begin{pmatrix}1&0&a\\0&-1&2\\a&2&0\end{pmatrix}$,由于主对角元之和为零,所以 A 的三个特征值不可能全为负数,因此负惯性指数为1等价于 $|A|\leqslant 0$. 由此可得答案.

例3 设二次型 $f(x_1,x_2,x_3)=ax_1^2+ax_2^2+(a-1)x_3^2+2x_1x_3-2x_2x_3$.

1)求二次型 f 的矩阵的所有特征值;

2)若二次型 f 的规范形为 $y_1^2+y_2^2$,求 a 的值.

解 1)二次型 f 的矩阵 $A=\begin{pmatrix}a&0&1\\0&a&-1\\1&-1&a-1\end{pmatrix}$,

由于 $|\lambda E-A|=\begin{vmatrix}\lambda-a&0&-1\\0&\lambda-a&1\\-1&1&\lambda-a+1\end{vmatrix}=(\lambda-a)[\lambda-(a+1)][\lambda-(a-2)]$,

所以 A 的特征值为 $\lambda_1=a$, $\lambda_2=a+1$, $\lambda_3=a-2$.

2)法1 由于 f 的规范形为 $y_1^2+y_2^2$,所以 A 合同于 $\begin{pmatrix}1&0&0\\0&1&0\\0&0&0\end{pmatrix}$,其秩为2,故有 $|A|=\lambda_1\lambda_2\lambda_3=0$,于是 $a=-1$ 或 $a=2$ 或 $a=0$.

当 $a=0$ 时, $\lambda_1=0$, $\lambda_2=1$, $\lambda_3=-2$,此时 f 的规范形为 $y_1^2-y_2^2$,不合题意.

当 $a=-1$ 时, $\lambda_1=-1$, $\lambda_2=0$, $\lambda_3=-3$,此时 f 的规范形为 $-y_1^2-y_2^2$,不合题意.

当 $a=2$ 时, $\lambda_1=2$, $\lambda_2=3$, $\lambda_3=0$,此时 f 的规范形为 $y_1^2+y_2^2$.

综上可知, $a=2$.

法2 由于 f 的规范形为 $y_1^2+y_2^2$,所以 $\boldsymbol{A}$ 的特征值有2个为正数,一个为零. 又 $a-2<a<a+1$,所以 $a=2$.

5.3 正定二次型与正定矩阵

定义4 实二次型 $f(x_1,x_2,\cdots,x_n)$ 称为正定的,如果对于任意一组不全为零的实数

$c_1, c_2, \cdots, c_n$，都有 $f(c_1, c_2, \cdots, c_n) > 0$.

命题 实二次型 $f(x_1, x_2, \cdots, x_n) = d_1x_1^2 + d_2x_2^2 + \cdots + d_nx_n^2$ 是正定的当且仅当 $d_i > 0$，$i = 1, 2, \cdots, n$.

非退化实线性替换保持正定性不变.

定理 6 实数域上二次型 $f(x_1, x_2, \cdots, x_n)$ 是正定的当且仅当它的正惯性指数等于 n.

命题 正定二次型 $f(x_1, x_2, \cdots, x_n)$ 的规范形为 $y_1^2 + y_2^2 + \cdots + y_n^2$.

定义 5 实对称矩阵 $\boldsymbol{A}$ 称为正定的，如果二次型 $\boldsymbol{X}'\boldsymbol{A}\boldsymbol{X}$ 正定.

命题 一个实对称矩阵是正定的当且仅当它与单位矩阵合同.

推论 正定矩阵的行列式大于零.

定义 6 子式

$$P_i = \begin{vmatrix} a_{11} & a_{12} & \cdots & a_{1i} \\ a_{21} & a_{22} & \cdots & a_{2i} \\ \vdots & \vdots & \cdots & \vdots \\ a_{i1} & a_{i2} & \cdots & a_{ii} \end{vmatrix}, (i = 1, 2, \cdots, n),$$

称为矩阵 $\boldsymbol{A} = (a_{ij})_{nn}$ 的顺序主子式.

定理 7 实二次型 $f(x_1, x_2, \cdots, x_n) = \sum\limits_{i=1}^{n}\sum\limits_{j=1}^{n} a_{ij}x_ix_j = \boldsymbol{X}'\boldsymbol{A}\boldsymbol{X}$ 是正定的当且仅当矩阵 $\boldsymbol{A}$ 的顺序主子式全大于零.

定义 7 设 $f(x_1, x_2, \cdots, x_n)$ 是一实二次型，如果对于任意一组不全为零的实数 $c_1, c_2, \cdots, c_n$，如果都有 $f(c_1, c_2, \cdots, c_n) < 0$，那么 $f(x_1, x_2, \cdots, x_n)$ 称为负定的；如果都有 $f(c_1, c_2, \cdots, c_n) \geqslant 0$，那么 $f(x_1, x_2, \cdots, x_n)$ 称为半正定的；如果都有 $f(c_1, c_2, \cdots, c_n) \leqslant 0$，那么 $f(x_1, x_2, \cdots, x_n)$ 称为半负定的；如果它既不是半正定又不是半负定，那么 $f(x_1, x_2, \cdots, x_n)$ 就称为不定的.

注 不难看出负定二次型的判别条件. 这是因为当 $f(x_1, x_2, \cdots, x_n)$ 是负定时，$-f(x_1, x_2, \cdots, x_n)$ 就是正定的.

定理 8 对于实二次型 $f(x_1, x_2, \cdots, x_n) = \boldsymbol{X}'\boldsymbol{A}\boldsymbol{X}$，其中 $\boldsymbol{A}$ 是实对称的，下列条件等价：

1) $f(x_1, x_2, \cdots, x_n)$ 是半正定的；

2) 它的正惯性指数与秩相等；

3) 有可逆实矩阵 $\boldsymbol{C}$，使 $\boldsymbol{C}'\boldsymbol{A}\boldsymbol{C} = \begin{pmatrix} d_1 & & & \\ & d_2 & & \\ & & \ddots & \\ & & & d_n \end{pmatrix}$，其中 $d_i \geqslant 0, i = 1, 2, \cdots, n$；

4) 有实矩阵 $\boldsymbol{C}$ 使 $\boldsymbol{A} = \boldsymbol{C}'\boldsymbol{C}$；

5) $\boldsymbol{A}$ 的所有主子式皆大于或等于零.

本节知识拓展 尽管本节以正定二次型和正定矩阵为主，但是半正定和负定二次型有时也会考查. 注意利用实二次型的矩阵的特征值来研究二次型的正定性.

例 1　t 取什么值时，二次型 $x_1^2+x_2^2+5x_3^2+2tx_1x_2-2x_1x_3+4x_2x_3$ 是正定的？

解　$f(x_1,x_2,x_3)=(x_1,x_2,x_3)\begin{pmatrix}1 & t & -1\\ t & 1 & 2\\ -1 & 2 & 5\end{pmatrix}\begin{pmatrix}x_1\\ x_2\\ x_3\end{pmatrix}$.

由 $\Delta_1=1>0$，$\Delta_2=\begin{vmatrix}1 & t\\ t & 1\end{vmatrix}=1-t^2>0$，$\Delta_3=|A|=-t(4+5t)>0$，

解得 $-\dfrac{4}{5}<t<0$.

例 2　证明：如果 $\boldsymbol{A}$ 是正定矩阵，那么 $\boldsymbol{A}^{-1}$ 也是正定矩阵.

证明　因为 $\boldsymbol{A}$ 是正定矩阵，则 $\boldsymbol{A}'=\boldsymbol{A}$，进而得到 $(A^{-1})'=(A')^{-1}=\boldsymbol{A}^{-1}$，也即 $\boldsymbol{A}^{-1}$ 是对称的.

法 1　由 $\boldsymbol{A}$ 为正定矩阵知，$\boldsymbol{X}'\boldsymbol{A}\boldsymbol{X}$ 为正定二次型，令 $\boldsymbol{X}=\boldsymbol{A}^{-1}\boldsymbol{Y}$，有

$$\boldsymbol{X}'\boldsymbol{A}\boldsymbol{X}=(\boldsymbol{A}^{-1}Y)'\boldsymbol{A}(\boldsymbol{A}^{-1}Y)=Y'(\boldsymbol{A}^{-1})'Y=Y'(\boldsymbol{A}')^{-1}Y=Y'\boldsymbol{A}^{-1}Y,$$

从而 $Y'\boldsymbol{A}^{-1}Y$ 为正定二次型，故 $\boldsymbol{A}^{-1}$ 为正定矩阵.

法 2　因 $\boldsymbol{A}$ 为正定矩阵，故存在实可逆矩阵 $\boldsymbol{C}$，使 $\boldsymbol{A}=\boldsymbol{C}'\boldsymbol{C}$，那么 $\boldsymbol{A}^{-1}=\boldsymbol{C}^{-1}(\boldsymbol{C}^{-1})'$，从而 $\boldsymbol{A}^{-1}$ 正定.

例 3　如果 $\boldsymbol{A},\boldsymbol{B}$ 都是 n 阶正定矩阵，证明：$\boldsymbol{A}+\boldsymbol{B}$ 也是正定矩阵.

证明　由于 $\boldsymbol{A},\boldsymbol{B}$ 都是正定矩阵，则 $\boldsymbol{A},\boldsymbol{B}$ 均为对称矩阵，进而得到 $\boldsymbol{A}+\boldsymbol{B}$ 也是对称矩阵.

再由 $\boldsymbol{A},\boldsymbol{B}$ 是正定矩阵知，对任一 n 维列向量 $\boldsymbol{X}\neq 0$，都有 $\boldsymbol{X}'\boldsymbol{A}\boldsymbol{X}>0$，$\boldsymbol{X}'\boldsymbol{B}\boldsymbol{X}>0$，故 $\boldsymbol{X}'(\boldsymbol{A}+\boldsymbol{B})\boldsymbol{X}=\boldsymbol{X}'\boldsymbol{A}\boldsymbol{X}+\boldsymbol{X}'\boldsymbol{B}\boldsymbol{X}>0$，即 $\boldsymbol{A}+\boldsymbol{B}$ 为正定矩阵.

例 4　设 $\boldsymbol{A}$ 为 n 阶正定矩阵，$\boldsymbol{B}$ 为 n 阶实反对称矩阵. 证明 $\boldsymbol{A}-\boldsymbol{B}^2$ 为正定矩阵.

分析　对于抽象的矩阵 $\boldsymbol{A}$，通常采用定义法，即对任意 $\boldsymbol{X}\neq 0$ 恒有 $\boldsymbol{X}'\boldsymbol{A}\boldsymbol{X}>0$，则 $\boldsymbol{A}$ 为正定矩阵；如果 $\boldsymbol{A}$ 的特征值易知，则当 $\boldsymbol{A}$ 的所有特征值大于零时，$\boldsymbol{A}$ 正定.

证明　因为 $\boldsymbol{A}$ 是正定矩阵，所以 $\boldsymbol{A}'=\boldsymbol{A}$. 又 $\boldsymbol{B}'=-\boldsymbol{B}$，从而

$$(A-B^2)'=A'-(B')^2=A-(-B)^2=A-B^2,$$

即 $\boldsymbol{A}-\boldsymbol{B}^2$ 是实对称矩阵. 对任意 $\boldsymbol{X}\neq 0$，有

$$X'(A-B^2)X=X'(A+B'B)X=X'AX+(BX)'(BX)>0,$$

这是因为 $(BX)'(BX)\geqslant 0$，故 $\boldsymbol{A}-\boldsymbol{B}^2$ 是正定矩阵.

本章知识拓展　二次型是二次齐次多项式，二次型化规范形与数域密切相关，注意利用矩阵的理论来研究二次型及其正定性. 本章与第 7 章的联系：利用特征值来研究实二次型的正负惯性指数和正定性. 本章与第 9 章的联系：实二次型的矩阵是实对称矩阵，存在正交的线性替换把二次型化为标准形，且系数是二次型矩阵的全部特征值.

典型习题选讲

1. 设实二次型$f(x_1,x_2,\cdots,x_n)=\sum\limits_{i=1}^{s}(a_{i1}x_1+a_{i2}x_2+\cdots+a_{in}x_n)^2$. 证明：$f(x_1,x_2,\cdots,x_n)$ 的秩等于矩阵

$$A=\begin{pmatrix} a_{11} & a_{12} & \cdots & a_{1n} \\ a_{21} & a_{22} & \cdots & a_{2n} \\ \vdots & \vdots & & \vdots \\ a_{s1} & a_{s2} & \cdots & a_{sn} \end{pmatrix}$$

的秩.

证明 由矩阵乘法知,一个 $s\times 1$ 矩阵 α 左乘自己的转置,即 $\alpha'\alpha$,就是 α 中各元素平方和的形式. 因此

$$\begin{aligned} f(x_1,x_2,\cdots,x_n) &= \sum_{i=1}^{s}(a_{i1}x_1+a_{i2}x_2+\cdots+a_{in}x_n)^2 \\ &= (a_{11}x_1+a_{12}x_2+\cdots+a_{1n}x_n,\cdots,a_{s1}x_1+a_{s2}x_2+\cdots+a_{sn}x_n) \\ &\quad \begin{pmatrix} a_{11}x_1+a_{12}x_2+\cdots+a_{1n}x_n \\ \vdots \\ a_{s1}x_1+a_{s2}x_2+\cdots+a_{sn}x_n \end{pmatrix} \\ &= (AX)'(AX), \\ &= X'(A'A)X. \end{aligned}$$

故二次型的秩等于 $R(A'A)=R(A)$.

2. 设 $\boldsymbol{A}=\begin{pmatrix} \boldsymbol{A}_{11} & \boldsymbol{A}_{12} \\ \boldsymbol{A}_{21} & \boldsymbol{A}_{22} \end{pmatrix}$ 是一对称矩阵,且 $|\boldsymbol{A}_{11}|\neq 0$,证明:存在 $\boldsymbol{T}=\begin{pmatrix} \boldsymbol{E} & \boldsymbol{X} \\ \boldsymbol{O} & \boldsymbol{E} \end{pmatrix}$ 使 $\boldsymbol{T}'\boldsymbol{A}\boldsymbol{T}=\begin{pmatrix} \boldsymbol{A}_{11} & \boldsymbol{O} \\ \boldsymbol{O} & * \end{pmatrix}$,其中 * 表示一个阶数与 $\boldsymbol{A}_{22}$ 相同的矩阵.

证明 欲将 $\boldsymbol{A}$ 左下角子块 $\boldsymbol{A}_{21}$ 化为 $\boldsymbol{O}$,需左乘分块初等矩阵

$\boldsymbol{T}'=\begin{pmatrix} \boldsymbol{E} & \boldsymbol{O} \\ -\boldsymbol{A}_{21}\boldsymbol{A}_{11}^{-1} & \boldsymbol{E} \end{pmatrix}$,则得

$$\begin{pmatrix} \boldsymbol{E} & \boldsymbol{O} \\ -\boldsymbol{A}_{21}\boldsymbol{A}_{11}^{-1} & \boldsymbol{E} \end{pmatrix}\begin{pmatrix} \boldsymbol{A}_{11} & \boldsymbol{A}_{12} \\ \boldsymbol{A}_{21} & \boldsymbol{A}_{22} \end{pmatrix}=\begin{pmatrix} \boldsymbol{A}_{11} & \boldsymbol{A}_{12} \\ \boldsymbol{O} & \boldsymbol{A}_{22}-\boldsymbol{A}_{21}\boldsymbol{A}_{11}^{-1}\boldsymbol{A}_{12} \end{pmatrix}.$$

由 $\boldsymbol{A}$ 为对称阵知, $\boldsymbol{A}_{11}'=\boldsymbol{A}_{11}$, $\boldsymbol{A}_{21}'=\boldsymbol{A}_{12}$,从而

$$(-\boldsymbol{A}_{21}\boldsymbol{A}_{11}^{-1})'=-(\boldsymbol{A}_{11}^{-1})'\boldsymbol{A}_{21}'=-\boldsymbol{A}_{11}^{-1}\boldsymbol{A}_{12},$$

此时 $\boldsymbol{T}=\begin{pmatrix} \boldsymbol{E} & \boldsymbol{O} \\ -\boldsymbol{A}_{21}\boldsymbol{A}_{11}^{-1} & \boldsymbol{E} \end{pmatrix}'=\begin{pmatrix} \boldsymbol{E} & -(\boldsymbol{A}_{21}\boldsymbol{A}_{11}^{-1})' \\ \boldsymbol{O} & \boldsymbol{E} \end{pmatrix}=\begin{pmatrix} \boldsymbol{E} & -\boldsymbol{A}_{11}^{-1}\boldsymbol{A}_{12} \\ \boldsymbol{O} & \boldsymbol{E} \end{pmatrix}$.

故

$$\boldsymbol{T}'\boldsymbol{A}\boldsymbol{T}=\begin{pmatrix}\boldsymbol{E} & \boldsymbol{O}\\ -\boldsymbol{A}_{21}\boldsymbol{A}_{11}^{-1} & \boldsymbol{E}\end{pmatrix}\begin{pmatrix}\boldsymbol{A}_{11} & \boldsymbol{A}_{12}\\ \boldsymbol{A}_{21} & \boldsymbol{A}_{22}\end{pmatrix}\begin{pmatrix}\boldsymbol{E} & -\boldsymbol{A}_{11}^{-1}\boldsymbol{A}_{12}\\ \boldsymbol{O} & \boldsymbol{E}\end{pmatrix}$$

$$=\begin{pmatrix}\boldsymbol{A}_{11} & \boldsymbol{A}_{12}\\ \boldsymbol{O} & \boldsymbol{A}_{22}-\boldsymbol{A}_{21}\boldsymbol{A}_{11}^{-1}\boldsymbol{A}_{12}\end{pmatrix}\begin{pmatrix}\boldsymbol{E} & -\boldsymbol{A}_{11}^{-1}\boldsymbol{A}_{12}\\ \boldsymbol{O} & \boldsymbol{E}\end{pmatrix}=\begin{pmatrix}\boldsymbol{A}_{11} & \boldsymbol{O}\\ \boldsymbol{O} & \boldsymbol{A}_{22}-\boldsymbol{A}_{21}\boldsymbol{A}_{11}^{-1}\boldsymbol{A}_{12}\end{pmatrix}.$$

3. 设$\boldsymbol{A}$是n阶实对称矩阵,证明:存在一正实数c,使得对任一个实n维向量$\boldsymbol{X}$,都有$|\boldsymbol{X}'\boldsymbol{A}\boldsymbol{X}|\leqslant c\boldsymbol{X}'\boldsymbol{X}$. .

证明 $|\boldsymbol{X}'\boldsymbol{A}\boldsymbol{X}|=\left|\sum\limits_{i,j=1}^{n}a_{ij}x_ix_j\right|\leqslant\sum\limits_{i,j=1}^{n}|a_{ij}||x_i||x_j|$.

记$a=\max\{|a_{ij}||1\leqslant i,j\leqslant n\}$,并利用$|x_i||x_j|\leqslant\dfrac{x_i^2+x_j^2}{2}$,得

$$|\boldsymbol{X}'\boldsymbol{A}\boldsymbol{X}|\leqslant\sum_{i,j=1}^{n}|a_{ij}||x_i||x_j|\leqslant\sum_{i=1}^{n}\sum_{j=1}^{n}a|x_i||x_j|\leqslant a\sum_{i=1}^{n}\sum_{j=1}^{n}\frac{x_i^2+x_j^2}{2}$$

$$=\frac{a}{2}\left[n\sum_{i=1}^{n}x_i^2+n\sum_{j=1}^{n}x_j^2\right]=an\sum_{i=1}^{n}x_i^2=c\boldsymbol{X}'\boldsymbol{X}\text{(其中 }c=an\text{)}.$$

4. 主对角线上全是1的上三角矩阵成为特殊上三角矩阵. 设$\boldsymbol{A}$是一对称矩阵. $\boldsymbol{T}$为特殊上三角矩阵,而$\boldsymbol{B}=\boldsymbol{T}'\boldsymbol{A}\boldsymbol{T}$,证明:$\boldsymbol{A}$与$\boldsymbol{B}$的顺序主子式有相同的值.

证明 法1 归纳法. 当$n=2$时,$\boldsymbol{A}=\begin{pmatrix}a_{11} & a_{12}\\ a_{21} & a_{22}\end{pmatrix}$,$\boldsymbol{T}=\begin{pmatrix}1 & b\\ 0 & 1\end{pmatrix}$,则

$$\boldsymbol{B}=\boldsymbol{T}'\boldsymbol{A}\boldsymbol{T}=\begin{pmatrix}1 & 0\\ b & 1\end{pmatrix}\begin{pmatrix}a_{11} & a_{12}\\ a_{21} & a_{22}\end{pmatrix}\begin{pmatrix}1 & b\\ 0 & 1\end{pmatrix}=\begin{pmatrix}a_{11} & *\\ * & *\end{pmatrix}.$$

显然$\boldsymbol{B}$的一阶顺序余子式a_{11}与$\boldsymbol{A}$的相同,而$\boldsymbol{B}$的二阶顺序主子式

$$|\boldsymbol{B}|=|\boldsymbol{T}'||\boldsymbol{A}||\boldsymbol{T}|=|\boldsymbol{A}|,$$

即$n=2$时结论成立.

假设结论对$n-1$阶矩阵成立. 下证对n阶矩阵成立. 将$\boldsymbol{A},\boldsymbol{T},\boldsymbol{B}$写成分矩阵

$$\boldsymbol{A}=\begin{pmatrix}\boldsymbol{A}_{n-1} & *\\ * & a_{nn}\end{pmatrix},\ \boldsymbol{T}=\begin{pmatrix}\boldsymbol{T}_{n-1} & *\\ \boldsymbol{0} & 1\end{pmatrix},\ \boldsymbol{B}=\begin{pmatrix}\boldsymbol{B}_{n-1} & *\\ * & b_{nn}\end{pmatrix},$$

其中$\boldsymbol{T}_{n-1}$为特殊上三角矩阵,则

$$\boldsymbol{B}=\begin{pmatrix}\boldsymbol{T}_{n-1}' & \boldsymbol{0}\\ *' & 1\end{pmatrix}\begin{pmatrix}\boldsymbol{A}_{n-1} & *\\ * & a_{nn}\end{pmatrix}\begin{pmatrix}\boldsymbol{T}_{n-1} & *\\ \boldsymbol{0} & 1\end{pmatrix}=\begin{pmatrix}\boldsymbol{T}_{n-1}'\boldsymbol{A}\boldsymbol{T}_{n-1} & *\\ * & *\end{pmatrix},$$

由归纳假设,$\boldsymbol{B}$的一切$\leqslant n-1$阶顺序主子式,即$\boldsymbol{B}_{n-1}$的顺序主子式与$\boldsymbol{T}_{n-1}'\boldsymbol{A}_{n-1}\boldsymbol{T}_{n-1}$的顺序主子式有相同的值,而$\boldsymbol{B}$的$n$阶顺序主子式

$$|\boldsymbol{B}|=|\boldsymbol{T}'||\boldsymbol{A}||\boldsymbol{T}|=|\boldsymbol{A}|$$

与$\boldsymbol{A}$的n阶顺序主子式相等,故命题得证.

法2 设$|\boldsymbol{A}_i|$,$|\boldsymbol{T}_i|$分别为$\boldsymbol{A}$,$\boldsymbol{T}$的第i个顺序主子式,则$\boldsymbol{B}=\boldsymbol{T}'\boldsymbol{A}\boldsymbol{T}=\begin{pmatrix}\boldsymbol{T}_i'\boldsymbol{A}_i\boldsymbol{T}_i & *\\ * & *\end{pmatrix}$的第$i$个顺序主子式$|\boldsymbol{T}_i'\boldsymbol{A}_i\boldsymbol{T}_i|=|\boldsymbol{A}_i|$.

5. 证明：如果 $\sum_{i=1}^{n}\sum_{j=1}^{n} a_{ij}x_ix_j\ (a_{ij}=a_{ji})$ 是正定二次型，那么

$$f(y_1,y_2,\cdots,y_n)=\begin{vmatrix} a_{11} & a_{12} & \cdots & a_{1n} & y_1 \\ a_{21} & a_{22} & \cdots & a_{2n} & y_2 \\ \vdots & \vdots & & \vdots & \vdots \\ a_{n1} & a_{n2} & \cdots & a_{nn} & y_n \\ y_1 & y_2 & \cdots & y_n & 0 \end{vmatrix}$$

是负定二次型.

证明 令 $\boldsymbol{Y}=\begin{pmatrix} y_1 \\ \vdots \\ y_n \end{pmatrix}$，$\boldsymbol{X}=\begin{pmatrix} x_1 \\ \vdots \\ x_n \end{pmatrix}$，$\boldsymbol{A}=(a_{ij})_{nn}$，作非退化线性替换 $\boldsymbol{Y}=\boldsymbol{AX}$，则

$$f(y_1,y_2,\cdots,y_n)=\begin{vmatrix} A & Y \\ Y' & O \end{vmatrix}=\begin{vmatrix} A & AX \\ X'A & O \end{vmatrix}$$

$$=\begin{vmatrix} A & AX \\ O & -X'AX \end{vmatrix}=-|\boldsymbol{A}|\boldsymbol{X'AX},$$

又 $\boldsymbol{A}$ 正定，$|\boldsymbol{A}|>0$，则 $f(y_1,y_2,\cdots,y_n)=-|\boldsymbol{A}|\boldsymbol{X'AX}$ 负定.

6. 设 $\boldsymbol{A},\boldsymbol{B}$ 均为正定矩阵，则 $\boldsymbol{AB}$ 正定 $\Leftrightarrow \boldsymbol{AB}=\boldsymbol{BA}$.

证明 必要性. 因为 $\boldsymbol{A}$、$\boldsymbol{B}$ 及 $\boldsymbol{AB}$ 正定，所以它们均为对称矩阵.
故 $\boldsymbol{BA}=\boldsymbol{B'A'}=(\boldsymbol{AB})'=\boldsymbol{AB}$.

充分性. 因为 $\boldsymbol{AB}=\boldsymbol{BA}$，所以 $(\boldsymbol{AB})'=\boldsymbol{B'A'}=\boldsymbol{BA}=\boldsymbol{AB}$.

又存在可逆矩阵 $\boldsymbol{P}$，$\boldsymbol{Q}$，使

$$\boldsymbol{A}=\boldsymbol{P'P},\ \boldsymbol{B}=\boldsymbol{Q'Q}.$$

所以 $\boldsymbol{AB}=\boldsymbol{P'PQ'Q}$，从而

$$(P')^{-1}(AB)P'=PQ'QP'=(QP')'(QP').$$

因此 $\boldsymbol{AB}$ 与 $(QP')'(QP')$ 相似，而 $(QP')'(QP')$ 为正定阵（因为 QP' 可逆）.

所以 $\boldsymbol{AB}$ 的特征值全为正数，结合 $\boldsymbol{AB}$ 对称可知 $\boldsymbol{AB}$ 正定.

7. 设 $\boldsymbol{A}$ 为 m 阶实对称矩阵且正定，$\boldsymbol{B}$ 为 $m\times n$ 实矩阵. 试证：$\boldsymbol{B'AB}$ 为正定矩阵的充分必要条件是 $R(\boldsymbol{B})=n$.

证明 充分性. 因为 $(\boldsymbol{B'AB})'=\boldsymbol{B'A'}(\boldsymbol{B'})'=\boldsymbol{B'AB}$，所以 $\boldsymbol{B'AB}$ 为实对称矩阵.

由于 $R(\boldsymbol{B})=n$，则齐次线性方程组 $\boldsymbol{BX}=\boldsymbol{0}$ 只有零解，从而对任意实 n 维列向量 $\boldsymbol{X}\neq\boldsymbol{0}$ 有 $\boldsymbol{BX}\neq\boldsymbol{0}$. 又 $\boldsymbol{A}$ 为正定矩阵，对于 $\boldsymbol{BX}\neq\boldsymbol{0}$ 有 $(\boldsymbol{BX})'\boldsymbol{A}(\boldsymbol{BX})>0$. 于是对任意 $\boldsymbol{X}\neq\boldsymbol{0}$，有

$$\boldsymbol{X'}(\boldsymbol{B'AB})\boldsymbol{X}=(\boldsymbol{X'B'})\boldsymbol{A}(\boldsymbol{BX})=(\boldsymbol{BX})'\boldsymbol{A}(\boldsymbol{BX})>0,$$

故 $\boldsymbol{B'AB}$ 为正定矩阵.

必要性. 已知 $\boldsymbol{B'AB}$ 为正定矩阵，则对任意实 n 维列向量 $\boldsymbol{X}\neq\boldsymbol{0}$，有

$\boldsymbol{X'}(\boldsymbol{B'AB})\boldsymbol{X}>0$，即 $(\boldsymbol{BX})'\boldsymbol{A}(\boldsymbol{BX})>0$，也就是有 $\boldsymbol{BX}\neq\boldsymbol{0}$. 因此 $\boldsymbol{BX}=\boldsymbol{0}$ 只有零解，从而 $R(\boldsymbol{B})=n$.

8. 设 $\boldsymbol{A},\boldsymbol{B}$ 分别为 m,n 阶正定矩阵，证明 $\boldsymbol{C}=\begin{pmatrix} \boldsymbol{A} & \boldsymbol{O} \\ \boldsymbol{O} & \boldsymbol{B} \end{pmatrix}$ 是正定矩阵.

证明　因为 $\boldsymbol{C}'=\begin{pmatrix}\boldsymbol{A}' & \boldsymbol{O}\\ \boldsymbol{O} & \boldsymbol{B}'\end{pmatrix}=\begin{pmatrix}\boldsymbol{A} & \boldsymbol{O}\\ \boldsymbol{O} & \boldsymbol{B}\end{pmatrix}=\boldsymbol{C}$，所以 $\boldsymbol{C}$ 是实对称矩阵.

法 1　设 $\boldsymbol{Z}=\begin{pmatrix}\boldsymbol{X}\\ \boldsymbol{Y}\end{pmatrix}$ 为 $m+n$ 维列向量，其中 $\boldsymbol{X},\boldsymbol{Y}$ 分别为 m,n 维列向量，

当 $\boldsymbol{Z}\neq\boldsymbol{0}$，$\boldsymbol{X},\boldsymbol{Y}$ 不同时为零向量，于是

$$\boldsymbol{Z}'\boldsymbol{C}\boldsymbol{Z}=(\boldsymbol{X}',\boldsymbol{Y}')\begin{pmatrix}\boldsymbol{A} & \boldsymbol{O}\\ \boldsymbol{O} & \boldsymbol{B}\end{pmatrix}\begin{pmatrix}\boldsymbol{X}\\ \boldsymbol{Y}\end{pmatrix}=\boldsymbol{X}'\boldsymbol{A}\boldsymbol{X}+\boldsymbol{Y}'\boldsymbol{B}\boldsymbol{Y}>0\ ,$$

故 $\boldsymbol{C}$ 为正定矩阵.

法 2　由 $\boldsymbol{A}$，$\boldsymbol{B}$ 是正定矩阵知，存在 m 阶可逆矩阵 $\boldsymbol{P}$ 和 n 阶可逆矩阵 $\boldsymbol{Q}$，使得 $\boldsymbol{P}'\boldsymbol{A}\boldsymbol{P}=\boldsymbol{E}_m$，$\boldsymbol{Q}'\boldsymbol{B}\boldsymbol{Q}=\boldsymbol{E}_n$. 令 $\boldsymbol{M}=\begin{pmatrix}\boldsymbol{P} & \boldsymbol{O}\\ \boldsymbol{O} & \boldsymbol{Q}\end{pmatrix}$，则 $\boldsymbol{M}$ 是 $m+n$ 阶矩阵，且

$$\boldsymbol{M}'\boldsymbol{C}\boldsymbol{M}=\begin{pmatrix}\boldsymbol{P}' & \boldsymbol{O}\\ \boldsymbol{O} & \boldsymbol{Q}'\end{pmatrix}\begin{pmatrix}\boldsymbol{A} & \boldsymbol{O}\\ \boldsymbol{O} & \boldsymbol{B}\end{pmatrix}\begin{pmatrix}\boldsymbol{P} & \boldsymbol{O}\\ \boldsymbol{O} & \boldsymbol{Q}\end{pmatrix}=\begin{pmatrix}\boldsymbol{P}'\boldsymbol{A}\boldsymbol{P} & \boldsymbol{O}\\ \boldsymbol{O} & \boldsymbol{Q}'\boldsymbol{B}\boldsymbol{Q}\end{pmatrix}=\begin{pmatrix}\boldsymbol{E}_m & \boldsymbol{O}\\ \boldsymbol{O} & \boldsymbol{E}_n\end{pmatrix}=\boldsymbol{E}_{m+n}\ ,$$

故 $\boldsymbol{C}$ 为正定矩阵.

法 3　设 $\boldsymbol{A}$ 的特征值为 $\lambda_1,\lambda_2,\cdots,\lambda_m$，$\boldsymbol{B}$ 的特征值为 $\mu_1,\mu_2,\cdots,\mu_n$，则由

$$|\boldsymbol{C}-\lambda\boldsymbol{E}_{m+n}|=\begin{vmatrix}\boldsymbol{A}-\lambda\boldsymbol{E}_m & \boldsymbol{O}\\ \boldsymbol{O} & \boldsymbol{B}-\lambda\boldsymbol{E}_n\end{vmatrix}=|\boldsymbol{A}-\lambda\boldsymbol{E}_m||\boldsymbol{B}-\lambda\boldsymbol{E}_n|=0$$

知 C 的特征值为 $\lambda_1,\lambda_2,\cdots,\lambda_m$，$\mu_1,\mu_2,\cdots,\mu_n$. 由于 $\boldsymbol{A}$，$\boldsymbol{B}$ 是正定矩阵，从而 $\lambda_i>0(i=1,2,\cdots,m)$，$\mu_j>0(j=1,2,\cdots,n)$，即 C 的特征值全大于零. 故 $\boldsymbol{C}$ 为正定矩阵.

9. 设 $\boldsymbol{A}$ 为一个 n 阶实对称矩阵，且 $|\boldsymbol{A}|<0$，证明：必存在实 n 维列向量 $\boldsymbol{X}\neq\boldsymbol{0}$，使 $\boldsymbol{X}'\boldsymbol{A}\boldsymbol{X}<0$.

证明　法 1　因 $\boldsymbol{A}$ 为 n 阶实对称矩阵，且 $|\boldsymbol{A}|<0$，故二次型 $f(x_1,\cdots,x_n)=\boldsymbol{X}'\boldsymbol{A}\boldsymbol{X}$ 的秩为 n，且不是正定的，故负惯性指数至少是 1，从而 f 可经实的非退化线性替换 $\boldsymbol{X}=\boldsymbol{C}\boldsymbol{Y}$ 化成

$$f=\boldsymbol{X}'\boldsymbol{A}\boldsymbol{X}=\boldsymbol{Y}'\boldsymbol{C}'\boldsymbol{A}\boldsymbol{C}\boldsymbol{Y}=\boldsymbol{Y}'\begin{pmatrix}1 & & & & & \\ & \ddots & & & & \\ & & 1 & & & \\ & & & -1 & & \\ & & & & \ddots & \\ & & & & & -1\end{pmatrix}\boldsymbol{Y}$$

$$=y_1^2+\cdots+y_p^2-y_{p+1}^2-\cdots-y_n^2(1\leqslant p<n)\ ,$$

取 $Y_0=(0,\cdots,0,1)'$，则有 $X=CY_0\neq\boldsymbol{0}$ 使得

$$f=\boldsymbol{X}'\boldsymbol{A}\boldsymbol{X}=Y_0{}'\begin{pmatrix}1 & & & & & \\ & \ddots & & & & \\ & & 1 & & & \\ & & & -1 & & \\ & & & & \ddots & \\ & & & & & -1\end{pmatrix}Y_0=-1<0\ .$$

法2　反证.假设对任一n维列向量$\boldsymbol{X}\neq\boldsymbol{0}$,都有$\boldsymbol{X}'\boldsymbol{A}\boldsymbol{X}\geqslant 0$,则$\boldsymbol{A}$半正定.因此$\boldsymbol{A}$的秩与正惯性指数相等,均小于$n$,即$R(\boldsymbol{A})<n$,于是$|\boldsymbol{A}|=0$,这与$|\boldsymbol{A}|<0$矛盾.

10.设n阶矩阵$\boldsymbol{A}$正定,$\boldsymbol{B}$为实对称,则存在可逆阵$\boldsymbol{T}$,使$\boldsymbol{T}'\boldsymbol{A}\boldsymbol{T}=\boldsymbol{T}'\boldsymbol{B}\boldsymbol{T}$均为对角阵.

证明　由$\boldsymbol{A}$正定可知,存在可逆阵$\boldsymbol{T}_1$,使得$\boldsymbol{T}_1{}'\boldsymbol{A}\boldsymbol{T}_1=\boldsymbol{E}$,令$\boldsymbol{T}_1{}'\boldsymbol{B}\boldsymbol{T}_1=\boldsymbol{B}_1$,则$\boldsymbol{B}_1$仍为实对称矩阵,所以存在正交阵$\boldsymbol{T}_2$,使得$\boldsymbol{T}_2{}'\boldsymbol{B}_1\boldsymbol{T}_2=diag(\mu_1,\mu_2,\cdots,\mu_n)$.

取$\boldsymbol{T}=\boldsymbol{T}_1\boldsymbol{T}_2$,显有$\boldsymbol{T}'\boldsymbol{A}\boldsymbol{T}=\boldsymbol{T}_2{}'(\boldsymbol{T}_1{}'\boldsymbol{A}\boldsymbol{T}_1)\boldsymbol{T}_2=\boldsymbol{T}_2{}'\boldsymbol{E}\boldsymbol{T}_2=\boldsymbol{E}$,且

$$\boldsymbol{T}'\boldsymbol{B}\boldsymbol{T}=\boldsymbol{T}_2{}'(\boldsymbol{T}_1{}'\boldsymbol{B}\boldsymbol{T}_1)\boldsymbol{T}_2=\boldsymbol{T}_2{}'\boldsymbol{B}_1\boldsymbol{T}_2=diag(\mu_1,\mu_2,\cdots,\mu_n).$$

11.证明:二次型$f(x_1,\cdots,x_n)$是半正定的充分必要条件是它的正惯性指数与秩相等.

证明　充分性.设f的秩r与正惯性指数p相等,则负惯性指数为零,那么f可经实的非退化线性替换$\boldsymbol{X}=\boldsymbol{C}\boldsymbol{Y}$化为

$$f(x_n,\cdots,x_n)=\boldsymbol{X}'\boldsymbol{A}\boldsymbol{X}=y_1^2+\cdots+y_r^2\geqslant 0,$$

即f是半正定的.

必要性.设f为半正定的,则f的负惯性指数必为零.否则,f可经实的非退化线性替换$X=CY$化为标准形

$$f(x_n,\cdots,x_n)=y_1^2+\cdots+y_p^2-y_{p+1}^2-\cdots-y_r^2,$$

取$Y_0=(0,\cdots,0,1,0,\cdots,0)'$(1为第$r$个分量),则有$\boldsymbol{X}=\boldsymbol{C}\boldsymbol{Y}_0\neq\boldsymbol{0}$使得

$$f(x_n,\cdots,x_n)=-1<0,$$

这与f是半正定的相矛盾,故f的秩与正惯性指数相同.

考研真题选讲

1.(山东大学)设二次型$f(x_1,x_2,x_3,x_4)$的正惯性指数为1,又矩阵$\boldsymbol{A}$满足$\boldsymbol{A}^2-2\boldsymbol{A}=3I$,求此二次型的规范形.

解　设λ是矩阵$\boldsymbol{A}$的特征值,因为$\boldsymbol{A}^2-2\boldsymbol{A}=3\boldsymbol{I}$,所以$\lambda^2-2\lambda-3=0$,从而$\lambda=-1$或3.

又$\dfrac{\boldsymbol{A}(\boldsymbol{A}-2\boldsymbol{E})}{3}=\boldsymbol{I}$,

即$\boldsymbol{A}$可逆,结合f正惯性指数为1,可得$\boldsymbol{A}$的特征值为3,-1,-1,-1,

所以f在正交的线性替换下的标准形为$3y_1^2-y_2^2-y_3^2-y_4^2$,进而其规范形为$z_1^2-z_2^2-z_3^2-z_4^2$.

2.(浙江大学)设$\boldsymbol{A}=(a_{ij})_{n\times n}$是可逆实对称阵,证明:二次型

$$f(x_1,\cdots,x_n)=\begin{vmatrix}0 & x_1 & \cdots & x_n\\ -x_1 & a_{11} & \cdots & a_{1n}\\ \vdots & \vdots & & \vdots\\ -x_n & a_{n1} & \cdots & a_{nn}\end{vmatrix}$$

的矩阵是 $\boldsymbol{A}$ 的伴随阵 $\boldsymbol{A}^*$.

证明　令 $\boldsymbol{X}'=(x_1,\cdots,x_n)$,$\boldsymbol{A}=(a_{ij})_{n\times n}$,则

$$f(x_1,\cdots,x_n)=\begin{vmatrix}0 & \boldsymbol{X}'\\ -\boldsymbol{X} & \boldsymbol{A}\end{vmatrix}=\begin{vmatrix}\boldsymbol{X}'\boldsymbol{A}^{-1}\boldsymbol{X} & \boldsymbol{X}'\\ 0 & \boldsymbol{A}\end{vmatrix}=\boldsymbol{X}'\mid\boldsymbol{A}\mid\boldsymbol{A}^{-1}\boldsymbol{X}=\boldsymbol{X}'\boldsymbol{A}^*\boldsymbol{X}.$$

再结合

$$(\boldsymbol{A}^*)'=(\mid\boldsymbol{A}\mid\boldsymbol{A}^{-1})'=\mid\boldsymbol{A}\mid(\boldsymbol{A}^{-1})'=\mid\boldsymbol{A}\mid(\boldsymbol{A}')^{-1}=\mid\boldsymbol{A}\mid\boldsymbol{A}^{-1}=\boldsymbol{A}^*,$$

即 $\boldsymbol{A}^*$ 对称,立知 $\boldsymbol{A}^*$ 为二次型 $f(x_1,\cdots,x_n)$ 的矩阵.

3.(上海交通大学)设 $\boldsymbol{A}$、$\boldsymbol{C}$ 为正定阵,$\boldsymbol{B}$ 是满足 $\boldsymbol{AX}+\boldsymbol{XA}=\boldsymbol{C}$ 的唯一解,求证 $\boldsymbol{B}$ 正定.

证明　法 1　由题设 $\boldsymbol{AB}+\boldsymbol{BA}=\boldsymbol{C}$,所以 $\boldsymbol{B}'\boldsymbol{A}'+\boldsymbol{A}'\boldsymbol{B}'=\boldsymbol{C}'=\boldsymbol{C}$,即 $\boldsymbol{AB}'+\boldsymbol{B}'\boldsymbol{A}=\boldsymbol{C}$,结合 $\boldsymbol{B}$ 是 $\boldsymbol{AX}+\boldsymbol{XA}=\boldsymbol{C}$ 的唯一解,知 $\boldsymbol{B}'=\boldsymbol{B}$.

又设 λ 是 $\boldsymbol{B}$ 的任一特征值, $\boldsymbol{BX}=\lambda\boldsymbol{X}(\boldsymbol{X}\neq 0)$,则

$$\begin{aligned}\boldsymbol{X}'\boldsymbol{CX}&=\boldsymbol{X}'\boldsymbol{ABX}+\boldsymbol{X}'\boldsymbol{BAX}=\boldsymbol{X}'\boldsymbol{A}\lambda\boldsymbol{X}+(\boldsymbol{BX})'\boldsymbol{AX}\\&=\lambda\boldsymbol{X}'\boldsymbol{AX}+(\lambda\boldsymbol{X})'\boldsymbol{AX}=2\lambda\boldsymbol{X}'\boldsymbol{AX}.\end{aligned}$$

由 $\boldsymbol{A}$、$\boldsymbol{C}$ 正定,知 $\boldsymbol{X}'\boldsymbol{AX}>0$,$\boldsymbol{X}'\boldsymbol{CX}>0$. 因而 $\lambda>0$,得到 $\boldsymbol{B}$ 正定.

法 2　同证法 1,可得 $\boldsymbol{B}'=\boldsymbol{B}$.

因为 $\boldsymbol{B}$ 实对称,所以存在正交阵 $\boldsymbol{T}$,使

$$\boldsymbol{T}^{-1}\boldsymbol{BT}=\begin{pmatrix}\lambda_1 & & \\ & \ddots & \\ & & \lambda_n\end{pmatrix}.$$

又因为 $\boldsymbol{T}^{-1}\boldsymbol{ATT}^{-1}\boldsymbol{BT}+\boldsymbol{T}^{-1}\boldsymbol{BTT}^{-1}\boldsymbol{AT}=\boldsymbol{T}^{-1}\boldsymbol{CT}$,令

$\boldsymbol{T}^{-1}\boldsymbol{AT}=(a_{ij})_{n\times n}$,$\boldsymbol{T}^{-1}\boldsymbol{CT}=(c_{ij})_{n\times n}$,则

$$\begin{pmatrix}\lambda_1a_{11} & & *\\ & \ddots & \\ * & & \lambda_na_{nn}\end{pmatrix}+\begin{pmatrix}\lambda_1a_{11} & & *\\ & \ddots & \\ * & & \lambda_na_{nn}\end{pmatrix}=\begin{pmatrix}c_{11} & & *\\ & \ddots & \\ * & & c_{nn}\end{pmatrix},$$

所以 $2\lambda_ia_{ii}=c_{ii}(i=1,2,\cdots,n)$.

由 $\boldsymbol{A}$、$\boldsymbol{C}$ 均为正定矩阵,知 $\boldsymbol{A}$、$\boldsymbol{C}$ 的顺序主子式全大于零,得到 $a_{ii}>0$,$c_{ii}>0(i=1,2,\cdots,n)$. 因此 $\lambda_i>0$,$i=1,2,\cdots,n$,得到 $\boldsymbol{B}$ 正定.

注　如果已知抽象矩阵满足的矩阵关系式,在证明其正定时,可考虑证明其特征值大于 0.

4.(华东师范大学) 设 $\boldsymbol{A}$,$\boldsymbol{B}$ 均是正定阵,证明:

1)方程 $\mid\lambda\boldsymbol{A}-\boldsymbol{B}\mid=0$ 的根均大于 0;

2)方程 $\mid\lambda\boldsymbol{A}-\boldsymbol{B}\mid=0$ 的所有根等于 1 当且仅当 $\boldsymbol{A}=\boldsymbol{B}$.

证明　1)因为 $\boldsymbol{A}$,$\boldsymbol{B}$ 正定,所以存在可逆阵 $\boldsymbol{P}$,使

$$\boldsymbol{P}'\boldsymbol{AP}=\boldsymbol{E},\ \boldsymbol{P}'\boldsymbol{BP}=\begin{pmatrix}\lambda_1 & & \\ & \ddots & \\ & & \lambda_n\end{pmatrix}.$$

又因为 $\boldsymbol{B}$ 正定,则 $\boldsymbol{P}'\boldsymbol{BP}$ 正定,所以 $\lambda_i>0$, $i=1,2,\cdots,n$.

而
$$P'(\lambda A-B)P=\begin{pmatrix}\lambda-\lambda_1 & & \\ & \ddots & \\ & & \lambda-\lambda_n\end{pmatrix},$$

所以
$$|\lambda A-B||P|^2=\prod_{i=1}^{n}(\lambda-\lambda_i),$$
即 $|\lambda A-B|$ 的根为 $\lambda_1,\cdots,\lambda_n$ 且全大于0.

2)必要性. 因为 $|\lambda A-B|=0$ 的根 $\lambda_i=1,i=1,2,\cdots,n$. 由1)知,
$$P'BP=E=P'AP\Rightarrow A=B.$$

充分性. 因为 $A=B$,则
$$|\lambda A-B|=|\lambda B-B|=(\lambda-1)^n|B|,(|B|>0).$$
所以 $|\lambda A-B|=0$ 的所有根均等于1.

5.(南开大学) 设 A 是实反对称矩阵,证明: $E-A^{10}$ 一定是正定矩阵.

证明 设 A 为 n 阶矩阵,由于 $A'=-A$, 且 A 为实方阵,所以 A 的特征值只能是0或纯虚数.

不妨设 A 的全部特征值为: $\overbrace{0,\cdots,0}^{t个},a_1i,\cdots,a_si$. (这里 $t+s=n,0\leqslant t,s\leqslant n,a_1,\cdots,a_s$ 为非零实数).

由于当 λ 是 A 的特征值时, $1-\lambda^{10}$ 是 $E-A^{10}$ 的特征值,所以 $E-A^{10}$ 的全部特征值为: $\overbrace{1,\cdots,1}^{t个},1+a_1^{10},\cdots 1+a_s^{10}$. 可见 A 的特征值全为正数.

又 $(E-A^{10})'=E-(A^{10})'=E-A^{10}$,

即 $E-A^{10}$ 是对称方阵,所以 $E-A^{10}$ 是一个正定矩阵.

6.(河南大学) 设 A, B 是两个 n 阶实对称矩阵,且 A 正定. 证明:复方阵 $A+B\mathrm{i}$ 是可逆矩阵.

证明 反证. 若 $A+B\mathrm{i}$ 为奇异矩阵,则齐次线性方程组 $(A+\mathrm{i}B)X=0$ 有非零解. 任取非零解 $\alpha+\mathrm{i}\beta$ (α, β 为 n 维实向量),则由 $(A+B\mathrm{i})(\alpha+\mathrm{i}\beta)=\mathbf{0}$ 得
$$\begin{cases}A\alpha-B\beta=\mathbf{0},\\ A\beta+B\alpha=\mathbf{0}.\end{cases}$$
因此有
$$\alpha'A\alpha-\alpha'B\beta=0,$$
$$\beta'A\beta+\beta'B\alpha=0.$$
考虑到 $B'=B$,有 $\alpha'B\beta=\beta'B\alpha$,上面两式相加得 $\alpha'A\alpha+\beta'A\beta=0$.

由 A 正定知, $\alpha'A\alpha\geqslant 0,\beta'A\beta\geqslant 0$,进而 $\alpha'A\alpha=\beta'A\beta=\mathbf{0}$. 因此有 $\alpha=\beta=0$,得出矛盾. 故 $A+B\mathrm{i}$ 是可逆矩阵.

注 由于 A 正定, B 是实对称矩阵,故存在可逆矩阵 T,使 $T'AT$ 与 $T'BT$ 均为对角阵,由此可给出另一个证明.

7.(南京大学) 把二次型
$$f(x_1,x_2,x_3)=4x_1x_2-2x_1x_3-2x_2x_3+3x_3^2$$
化为标准形,并求相应的线性替换和二次型的符号差.

解 $f=3[x_3^2-2x_3(\frac{1}{3}x_1+\frac{1}{3}x_2)+(\frac{1}{3}x_1+\frac{1}{3}x_2)^2]-3(\frac{1}{3}x_1+\frac{1}{3}x_2)^2+4x_1x_2$

$=3(\frac{1}{3}x_1+\frac{1}{3}x_2-x_3)^2-\frac{1}{3}(x_1-5x_2)^2+8x_2^2$. 令

$$\begin{pmatrix}y_1\\y_2\\y_3\end{pmatrix}=\begin{pmatrix}\frac{1}{3}&\frac{1}{3}&-1\\1&-5&0\\0&1&0\end{pmatrix}\begin{pmatrix}x_1\\x_2\\x_3\end{pmatrix},$$

即作非退化线性替换为

$$\begin{pmatrix}x_1\\x_2\\x_3\end{pmatrix}=\begin{pmatrix}0&1&5\\0&0&1\\-1&\frac{1}{3}&2\end{pmatrix}\begin{pmatrix}y_1\\y_2\\y_3\end{pmatrix},$$

使$f(x_1,x_2,x_3)=3y_1^2-\frac{1}{3}y_2^2+8y_3^2$,$f$的符号差$=2-1=1$.

8.(华中师范大学)用正交线性替换化二次型

$$f(x_1,x_2,x_3)=x_1^2+2x_2^2+3x_3^2-4x_1x_2-4x_2x_3$$

为标准形,并写出所作的正交线性替换.

解 设此二次型对应的矩阵为$\boldsymbol{A}$,则

$$\boldsymbol{A}=\begin{pmatrix}1&-2&0\\-2&2&-2\\0&-2&3\end{pmatrix}.$$

又$|\lambda\boldsymbol{E}-\boldsymbol{A}|=(\lambda+1)(\lambda-2)(\lambda-5)$,

则$\boldsymbol{A}$的特征值为$\lambda_1=-1,\lambda_2=2,\lambda_3=5$.

当$\lambda=-1$时,的特征向量$\alpha_1=(2,2,1)'$;

当$\lambda=2$时,的特征向量$\alpha_2=(-2,1,2)'$;

当$\lambda=5$时,的特征向量$\alpha_3=(-1,2,-2)'$.

再单位化得

$\beta_1=\frac{1}{3}(2,2,1)'$,

$\beta_2=\frac{1}{3}(-2,1,2)'$,

$\beta_3=\frac{1}{3}(-1,2,-2)'$.

令$\boldsymbol{T}=(\beta_1,\beta_2,\beta_3)$,则$\boldsymbol{T}$为正交阵. 再做正交线性替换

$$\begin{pmatrix}x_1\\x_2\\x_3\end{pmatrix}=\begin{pmatrix}\frac{2}{3}&-\frac{2}{3}&-\frac{1}{3}\\\frac{2}{3}&\frac{1}{3}&\frac{2}{3}\\\frac{1}{3}&\frac{2}{3}&-\frac{2}{3}\end{pmatrix}\begin{pmatrix}y_1\\y_2\\y_3\end{pmatrix},$$

得到$f(x_1,x_2,x_3)=-y_1^2+2y_2^2+5y_3^2$.

9.(华南师范大学) 已知二次型$f=3x_1^2+3x_2^2+2x_3^2+2bx_1x_2(b>0)$通过正交替换化为标准形$f=y_1^2+2y_2^2+5y_3^2$,求参数$b$和相应的正交矩阵.

解 实对称矩阵为$\boldsymbol{A}=\begin{pmatrix}3&b&0\\b&3&0\\0&0&2\end{pmatrix}$,得特征多项式

$$|\lambda\boldsymbol{E}-\boldsymbol{A}|=\begin{vmatrix}\lambda-3&-b&0\\-b&\lambda-3&0\\0&0&\lambda-2\end{vmatrix}=(\lambda-1)(\lambda-2)(\lambda-5),$$

故$b=2$或者$b=-2$(舍去).

当$\lambda_1=1$时,得特征向量为$\alpha_1=(-1,1,0)$;当$\lambda_2=2$时,得特征向量为$\alpha_2=(0,0,1)$;当$\lambda_3=5$时,得特征向量为$\alpha_3=(1,1,0)$.

由施密特正交化,得标准正交基$\boldsymbol{\eta}_1=\frac{1}{\sqrt{2}}(-1,1,0)$,$\boldsymbol{\eta}_2=(0,0,1)$,$\boldsymbol{\eta}_3=\frac{1}{\sqrt{2}}(1,1,0)$,从而存在正交矩阵$\boldsymbol{C}=\begin{pmatrix}-\frac{1}{\sqrt{2}}&0&\frac{1}{\sqrt{2}}\\\frac{1}{\sqrt{2}}&0&\frac{1}{\sqrt{2}}\\0&1&0\end{pmatrix}$,作$\boldsymbol{x}=\boldsymbol{Cy}$得到$f=y_1^2+2y_2^2+5y_3^2$.

10.(北京大学) 设$\boldsymbol{A}$为$n\times n$实对称阵,证明:秩$\boldsymbol{A}=n$的充要条件是存在一实$n\times n$矩阵$\boldsymbol{B}$,使得$\boldsymbol{AB}+\boldsymbol{B}'\boldsymbol{A}$正定,其中$\boldsymbol{B}'$为$\boldsymbol{B}$的转置.

证明 因为$(\boldsymbol{AB}+\boldsymbol{B}'\boldsymbol{A})'=(\boldsymbol{AB})'+(\boldsymbol{B}'\boldsymbol{A})'=\boldsymbol{B}'\boldsymbol{A}'+\boldsymbol{A}'\boldsymbol{B}=\boldsymbol{AB}+\boldsymbol{B}'\boldsymbol{A}$,此即$\boldsymbol{AB}+\boldsymbol{B}'\boldsymbol{A}$是$n$阶实对称阵.

必要性.若秩$\boldsymbol{A}=n$,则$\boldsymbol{A}^{-1}$存在,令$\boldsymbol{B}=\boldsymbol{A}^{-1}$,则

$$\boldsymbol{AB}+\boldsymbol{B}'\boldsymbol{A}=\boldsymbol{AA}^{-1}+(\boldsymbol{A}^{-1})'\boldsymbol{A}'=\boldsymbol{E}+(\boldsymbol{AA}^{-1})=2\boldsymbol{E}.$$

显然,$\boldsymbol{AB}+\boldsymbol{B}'\boldsymbol{A}$正定.

充分性.由$\boldsymbol{AB}+\boldsymbol{B}'\boldsymbol{A}$正定可知,对任意$\boldsymbol{X}\neq\boldsymbol{0}$,有

$$\boldsymbol{X}'(\boldsymbol{AB}+\boldsymbol{B}'\boldsymbol{A})\boldsymbol{X}=(\boldsymbol{AX})'\boldsymbol{BX}+(\boldsymbol{BX})'\boldsymbol{AX}>0.$$

可知$\boldsymbol{AX}\neq\boldsymbol{0}$,

这就是说,对任意$\boldsymbol{X}\neq\boldsymbol{0}$,都有$\boldsymbol{AX}\neq\boldsymbol{0}$.从而$\boldsymbol{AX}=\boldsymbol{0}$仅有零解,因而秩$A=n$.

11.(西北工业大学) 如果$\boldsymbol{A},\boldsymbol{B}$均为同阶实对称正定矩阵,证明:$\boldsymbol{AB}$的特征值均大于0.

证明 因为$\boldsymbol{A}$正定,则$\boldsymbol{A}$合同于$\boldsymbol{E}$.即存在实可逆阵$\boldsymbol{P}$,使$\boldsymbol{PAP}'=\boldsymbol{E}$,进而

$$\boldsymbol{PABP}^{-1}=\boldsymbol{PAP}'(\boldsymbol{P}')^{-1}\boldsymbol{BP}^{-1}=(\boldsymbol{P}^{-1})'\boldsymbol{B}(\boldsymbol{P}^{-1}).$$

当$\boldsymbol{B}$正定时,则$(\boldsymbol{P}^{-1})'\boldsymbol{BP}^{-1}$也正定,从而它的特征值全大于0.

由上式知$\boldsymbol{AB}$与$(\boldsymbol{P}^{-1})'\boldsymbol{B}(\boldsymbol{P}^{-1})$相似,有相同特征值,因此$\boldsymbol{AB}$的特征值均大于0.

12.(华中科技大学) 设$\boldsymbol{A}$为$m\times n$实矩阵,$\boldsymbol{E}$为n阶单位阵,$\boldsymbol{B}=\lambda\boldsymbol{E}+\boldsymbol{A}'\boldsymbol{A}$.证明:当$\lambda>0$时,$\boldsymbol{B}$为正定矩阵.

证明　对于任一个非零实 n 维列向量 $\boldsymbol{C}=\begin{pmatrix}c_1\\ \vdots\\ c_n\end{pmatrix}$，有 $\boldsymbol{C}'\boldsymbol{C}=c_1^2+\cdots+c_n^2>0$.

令　$\boldsymbol{AC}=\begin{pmatrix}d_1\\ \vdots\\ d_n\end{pmatrix}$，那么

$$\boldsymbol{C}'(\boldsymbol{A}'\boldsymbol{A})\boldsymbol{C}=(\boldsymbol{AC})'(\boldsymbol{AC})=(d_1,\cdots,d_n)\begin{pmatrix}d_1\\ \vdots\\ d_n\end{pmatrix}=d_1^2+\cdots+d_n^2\geqslant 0.$$

由于 $\lambda>0$，故

$$\begin{aligned}\boldsymbol{C}'\boldsymbol{BC}&=\boldsymbol{C}'(\lambda\boldsymbol{E}+\boldsymbol{A}'\boldsymbol{A})\boldsymbol{C}=\lambda\boldsymbol{C}'\boldsymbol{C}+\boldsymbol{C}'(\boldsymbol{A}'\boldsymbol{A})\boldsymbol{C}\\&=\lambda(c_1^2+\cdots+c_n^2)+(d_1^2+\cdots+d_n^2)>0,\end{aligned}$$

再结合 $\boldsymbol{B}$ 是对称的，可知 $\boldsymbol{B}$ 是正定矩阵.

13.（华南理工大学）设 $\boldsymbol{A}=(a_{ij})_{n\times n}$，$\boldsymbol{B}=(b_{ij})_{n\times n}$ 为两个半正定的实对称矩阵. 证明：n 阶实方阵

$$\boldsymbol{C}=\begin{pmatrix}a_{11}b_{11}&\cdots&a_{1n}b_{1n}\\ \vdots&\ddots&\vdots\\ a_{n1}b_{n1}&\cdots&a_{nn}b_{nn}\end{pmatrix}$$

也是半正定的.

证明　由 $\boldsymbol{A}$ 半正定知，存在矩阵 $\boldsymbol{P}=(p_{ij})_{n\times n}$，使得 $\boldsymbol{A}=\boldsymbol{P}'\boldsymbol{P}$. 于是对任意的非零向量 $\boldsymbol{X}\in\mathbf{R}^n$，有

$$\begin{aligned}\boldsymbol{X}'\boldsymbol{CX}&=\sum_{i,j=1}^{n}a_{ij}b_{ij}x_ix_j=\sum_{i,j=1}^{n}\sum_{l=1}^{n}p_{li}p_{lj}b_{ij}x_ix_j\\&=\sum_{l=1}^{n}\Big[\sum_{i,j=1}^{n}(p_{li}x_i)b_{ij}(p_{lj}x_j)\Big]\geqslant 0.\end{aligned}$$

最后一步是因为对任意固定的 $1\leqslant l\leqslant n$，由 $\boldsymbol{B}$ 是半正定知

$$\sum_{i,j=1}^{n}(p_{li}x_i)b_{ij}(p_{lj}x_j)=\boldsymbol{Y}'\boldsymbol{BY}\geqslant 0,\boldsymbol{Y}=(y_1,y_2,\cdots,y_n)',y_i=p_{li}x_i.$$

14.（南京师范大学）求二次型

$$f(x_1,x_2,\cdots,x_n)=\sum_{i=1}^{n}(x_i-\sum_{j=1}^{n}\frac{x_j}{n})^2$$

的矩阵和正负惯性指数.

证明　令 $\boldsymbol{X}=(x_1,x_2,\cdots,x_n)'$，$\boldsymbol{\alpha}_1=(1-\frac{1}{n},-\frac{1}{n},\cdots,-\frac{1}{n})$，

$\boldsymbol{\alpha}_2=(-\frac{1}{n},1-\frac{1}{n},\cdots,-\frac{1}{n})$，$\cdots$，$\boldsymbol{\alpha}_n=(-\frac{1}{n},-\frac{1}{n},\cdots,1-\frac{1}{n})$，

$\boldsymbol{\alpha}=(-\frac{1}{n},-\frac{1}{n},\cdots,-\frac{1}{n})$，

$\boldsymbol{\beta}=(1,1,\cdots,1)$.

则

$$f(x_1,x_2,\cdots,x_n)=\left(x_1-\frac{x_1+x_2+\cdots+x_n}{n}\right)^2+\cdots+\left(x_n-\frac{x_1+x_2+\cdots+x_n}{n}\right)^2$$

$$=\boldsymbol{X}'\boldsymbol{\alpha}_1{}'\boldsymbol{\alpha}_1\boldsymbol{X}+\cdots+\boldsymbol{X}'\boldsymbol{\alpha}_n{}'\boldsymbol{\alpha}_n\boldsymbol{X}=\boldsymbol{X}'(\boldsymbol{\alpha}_1{}'\boldsymbol{\alpha}_1+\cdots+\boldsymbol{\alpha}_n{}'\boldsymbol{\alpha}_n)\boldsymbol{X}$$

$$=\boldsymbol{X}'(\boldsymbol{\alpha}_1{}',\cdots,\boldsymbol{\alpha}_n{}')\begin{pmatrix}\boldsymbol{\alpha}_1\\ \vdots\\ \boldsymbol{\alpha}_n\end{pmatrix}\boldsymbol{X}=\boldsymbol{X}'(\boldsymbol{E}+\boldsymbol{\beta}'\boldsymbol{\alpha})'(\boldsymbol{E}+\boldsymbol{\beta}'\boldsymbol{\alpha})\boldsymbol{X}$$

$$=\boldsymbol{X}'(\boldsymbol{E}+\boldsymbol{\beta}'\boldsymbol{\alpha})^2\boldsymbol{X}=\boldsymbol{X}'(\boldsymbol{E}+\boldsymbol{\beta}'\boldsymbol{\alpha})\boldsymbol{X}.$$

于是,二次型的矩阵为$\boldsymbol{A}=\boldsymbol{E}+\boldsymbol{\beta}'\boldsymbol{\alpha}$.

由于

$$|\boldsymbol{A}-\lambda\boldsymbol{E}|=(-\lambda)(1-\lambda)^{n-1},$$

故$\boldsymbol{A}$的特征值为0,1($n-1$重).从而正负惯性指数分别为$n-1$,0.

第6章　线性空间

线性空间是高等代数最基本的研究对象之一,具有高度的抽象性.线性空间是对不同研究对象统一研究,研究它们加法和数乘对应的公共性质.因此线性空间具有应用的广泛性,它是几何空间的推广.线性空间是高等代数中第一个公理化定义的代数结构,可以统一处理很多问题.在本章的学习中,要注意和第3章的联系,也是从具体到抽象的认识和升华.

本章的主要内容之一是线性空间的基,因为确定了基之后,由基生成整个线性空间,线性空间的结构也就清楚了.另外将线性空间中抽象的元素及运算规律与 P^n 中具体的向量及向量的运算规律相对应.这样就可以把抽象的 n 维线性空间的研究归结为对 P^n 的研究.另一个主要内容是子空间的和与直和.

6.1　线性空间的基本理论

集合与映射是代数的基本研究内容.对于集合,有空集、子集、交集、并集和补集等;对于映射有满射、单射和一一映射(双射).

设 σ 是集合 M 到 M' 的一个映射,如果 $\sigma(M)=M'$,映射 σ 称为映上的或满射.如果在映射 σ 下,M 中不同元素的像也一定不同,即由 $a_1 \neq a_2$ 一定有 $\sigma(a_1) \neq \sigma(a_2)$,那么映射 σ 就称为 $1-1$ 的或单射.一个映射如果既是单射又是满射就称 $1-1$ 对应或双射.

注　证明单射时,也经常采用:若 $\sigma(a_1)=\sigma(a_2)$,有 $a_1=a_2$,得到 σ 是单射.

定义1　设 V 是一个非空集合,P 是一个数域.在集合 V 的元素之间定义了一种代数运算,叫作加法;这就是说给出了一个法则,对于 V 中任意两个向量 $\boldsymbol{\alpha}$ 与 $\boldsymbol{\beta}$,在 V 中都有唯一的一个元素 $\boldsymbol{\gamma}$ 与它们对应,称为 $\boldsymbol{\alpha}$ 与 $\boldsymbol{\beta}$ 的和,记为 $\boldsymbol{\gamma}=\boldsymbol{\alpha}+\boldsymbol{\beta}$.在数域 P 与集合 V 的元素之间还定义了一种运算,叫作数量乘法;这就是说,对于数域 P 中任一个数 k 与 V 中任一个元素 $\boldsymbol{\alpha}$,在 V 中都有唯一的一个元素 δ 与它们对应,称为 k 与 $\boldsymbol{\alpha}$ 的数量乘积,记为 $\boldsymbol{\delta}=k\boldsymbol{\alpha}$.如果加法与数量乘法满足下述规则,那么 V 称为数域 P 上的线性空间.

加法满足下面四条规则:

1) $\boldsymbol{\alpha}+\boldsymbol{\beta}=\boldsymbol{\beta}+\boldsymbol{\alpha}$;　　2) $(\boldsymbol{\alpha}+\boldsymbol{\beta})+\boldsymbol{\gamma}=\boldsymbol{\alpha}+(\boldsymbol{\beta}+\boldsymbol{\gamma})$;

3)在 V 中有一个元素 $\mathbf{0}$,$\forall \boldsymbol{\alpha} \in V$,都有 $\boldsymbol{\alpha}+\mathbf{0}=\boldsymbol{\alpha}$;

4) 对 $\forall \boldsymbol{\alpha} \in V, \exists \boldsymbol{\beta} \in V$,使得 $\boldsymbol{\alpha} + \boldsymbol{\beta} = \mathbf{0}$.

数量乘法满足下面两条规则:

5) $1\boldsymbol{\alpha} = \boldsymbol{\alpha}$;　　　　6) $k(l\boldsymbol{\alpha}) = (kl)\boldsymbol{\alpha}$;

数量乘法与加法满足下面两条规则:

7) $(k + l)\boldsymbol{\alpha} = k\boldsymbol{\alpha} + l\boldsymbol{\alpha}$;　　　　8) $k(\boldsymbol{\alpha} + \boldsymbol{\beta}) = k\boldsymbol{\alpha} + k\boldsymbol{\beta}$.

在以上规则中, k,l 等表示数域 P 中任意数; $\boldsymbol{\alpha},\boldsymbol{\beta},\boldsymbol{\gamma}$ 等表示集合 V 中任意元素.

定义 2　线性组合(与第 3 章相同).

定义 3　向量组等价(与第 3 章相同).

定义 4　线性相关、线性无关(与第 3 章相同).

定义 5　如果在线性空间 V 中有 n 个线性无关的向量,但是没有更多数目的线性无关的向量,那么 V 就称为 n 维的;如果在 V 中可以找到任意多个线性无关的向量,那么 V 就称为无限维的. 线性空间 V 的维数记为 $\dim V$,下同.

定义 6　在 n 维线性空间 V 中, n 个线性无关的向量 $\boldsymbol{\varepsilon}_1,\boldsymbol{\varepsilon}_2,\cdots,\boldsymbol{\varepsilon}_n$ 称为 V 的一组基. 设 $\boldsymbol{\alpha}$ 是 V 中任一向量,于是 $\boldsymbol{\varepsilon}_1,\boldsymbol{\varepsilon}_2,\cdots,\boldsymbol{\varepsilon}_n,\boldsymbol{\alpha}$ 线性相关,因此 $\boldsymbol{\alpha}$ 可以被基 $\boldsymbol{\varepsilon}_1,\boldsymbol{\varepsilon}_2,\cdots,\boldsymbol{\varepsilon}_n$ 线性表出: $\boldsymbol{\alpha} = a_1\boldsymbol{\varepsilon}_1 + a_2\boldsymbol{\varepsilon}_2 + \cdots + a_n\boldsymbol{\varepsilon}_n$,其中系数 $a_1,a_2,\cdots,a_n$ 是被向量 $\boldsymbol{\alpha}$ 和基 $\boldsymbol{\varepsilon}_1,\boldsymbol{\varepsilon}_2,\cdots,\boldsymbol{\varepsilon}_n$ 唯一确定的,这组数就称为 $\boldsymbol{\alpha}$ 在基 $\boldsymbol{\varepsilon}_1,\boldsymbol{\varepsilon}_2,\cdots,\boldsymbol{\varepsilon}_n$ 下的坐标,记为 $(a_1,a_2,\cdots,a_n)$.

定理 1　如果在线性空间 V 中有 n 个线性无关的向量 $\boldsymbol{\alpha}_1,\boldsymbol{\alpha}_2,\cdots,\boldsymbol{\alpha}_n$,且 V 中任一向量都可以用它们线性表出,那么 V 是 n 维的,而 $\boldsymbol{\alpha}_1,\boldsymbol{\alpha}_2,\cdots,\boldsymbol{\alpha}_n$ 就是 V 的一组基.

注　线性空间的概念和基本性质是抽象的,要熟悉 $P^n, P[x]_n, P^{m\times n}$ 等具体的线性空间,分析它们的基、维数和坐标等,以实际例子作为进一步研究的基础.

本节知识拓展　注意第 3 章概念及结论在线性空间中的应用.

例 1　在 P^n 中求向量 $\boldsymbol{\xi}$ 在基 $\boldsymbol{\varepsilon}_1,\boldsymbol{\varepsilon}_2,\boldsymbol{\varepsilon}_3,\boldsymbol{\varepsilon}_4$ 下的坐标,设 $\boldsymbol{\varepsilon}_1 = (1,1,1,1)$, $\boldsymbol{\varepsilon}_2 = (1,1,-1,-1)$, $\boldsymbol{\varepsilon}_3 = (1,-1,1,-1)$, $\boldsymbol{\varepsilon}_4 = (1,-1,-1,1)$, $\boldsymbol{\xi} = (1,2,1,1)$.

解　令 $\boldsymbol{\xi} = a\boldsymbol{\varepsilon}_1 + b\boldsymbol{\varepsilon}_2 + c\boldsymbol{\varepsilon}_3 + d\boldsymbol{\varepsilon}_4$,比较分量得

$$\begin{cases} a + b + c + d = 1, \\ a + b - c - d = 2, \\ a - b + c - d = 1, \\ a - b - c + d = 1. \end{cases}$$

解得 $a = \frac{5}{4}, b = \frac{1}{4}, c = -\frac{1}{4}, d = -\frac{1}{4}$,故 $\boldsymbol{\xi}$ 在基 $\boldsymbol{\varepsilon}_1,\boldsymbol{\varepsilon}_2,\boldsymbol{\varepsilon}_3,\boldsymbol{\varepsilon}_4$ 下的坐标为 $\left(\frac{5}{4},\frac{1}{4},-\frac{1}{4},-\frac{1}{4}\right)'$.

例 2　求线性空间的维数与一组基:数域 P 上的空间 $P^{n\times n}$.

解　令 $\boldsymbol{E}_{ij}$ 是第 i 行第 j 列的元素为 1 而其余元素全为 0 的 n 阶方阵. 易证 $\boldsymbol{E}_{ij}(i,j=1,2,\cdots,n)$ 线性无关,且对任意 $\boldsymbol{A} = (a_{ij})_{n\times n} \in P^{n\times n}$,有 $\boldsymbol{A} = \sum_{i=1}^{n}\sum_{j=1}^{n} a_{ij}\boldsymbol{E}_{ij}$,故 $\boldsymbol{E}_{ij}(i,j=1,2,\cdots,n)$ 是一组基,且 $P^{n\times n}$ 是 n^2 维的.

例 3　设 V_1, V_2 都是线性空间 V 的子空间,且 $V_1 \subset V_2$. 证明:如果 V_1 的维数与 V_2 的

维数相等,则 $V_1 = V_2$.

证明 设 $\dim V_1 = r$,一组基为 $\boldsymbol{\alpha}_1,\boldsymbol{\alpha}_2,\cdots,\boldsymbol{\alpha}_r$. 因为 $V_1 \subset V_2$,且它们的维数相等,所以 $\boldsymbol{\alpha}_1,\boldsymbol{\alpha}_2,\cdots,\boldsymbol{\alpha}_r$ 也是 V_2 的一组基,故 $V_1 = V_2$.

例4 (华中科技大学) 证明:$1,x-1,(x-1)(x-2)$ 为 $P[x]_3$(次数小于3的多项式全体和零多项式所成的空间)的基底.

证明 因为已知 $1,x,x^2$ 是 $P(x)_3$ 的基底,而

$$(1,x-1,(x-1)(x-2)) = (1,x,x^2)\begin{pmatrix}1 & -1 & 2\\ 0 & 1 & -3\\ 0 & 0 & 1\end{pmatrix},$$

而 $\begin{vmatrix}1 & -1 & 2\\ 0 & 1 & -3\\ 0 & 0 & 1\end{vmatrix} \neq 0$,则 $1,x-1,(x-1)(x-2)$ 也是 $P[x]_3$ 的一个基底.

6.2 线性子空间

定义7 数域 P 上线性空间 V 的一个非空子集合 W 称为 V 的一个线性子空间(或简称子空间),如果 W 对于 V 的两种运算也构成数域 P 上的线性空间.

定理2 如果线性空间 V 的一个非空子集合 W 对于 V 两种运算是封闭的,那么 W 就是一个子空间.

定义 设 $\boldsymbol{\alpha}_1,\boldsymbol{\alpha}_2,\cdots,\boldsymbol{\alpha}_r$ 是线性空间 V 中一组向量,这组向量所有可能的线性组合 $k_1\boldsymbol{\alpha}_1 + k_2\boldsymbol{\alpha}_2 + \cdots + k_r\boldsymbol{\alpha}_r$ 所成的集合是非空的,而且对两种运算封闭,因而是 V 的一个子空间,这个子空间叫作由 $\boldsymbol{\alpha}_1,\boldsymbol{\alpha}_2,\cdots,\boldsymbol{\alpha}_r$ 生成的子空间,记为 $L(\boldsymbol{\alpha}_1,\boldsymbol{\alpha}_2,\cdots,\boldsymbol{\alpha}_r)$.

注 设 W 是 V 的一个子空间, W 当然也是有限维的. 设 $\boldsymbol{\alpha}_1,\boldsymbol{\alpha}_2,\cdots,\boldsymbol{\alpha}_r$ 是 W 的一组基,就有 $W = L(\boldsymbol{\alpha}_1,\boldsymbol{\alpha}_2,\cdots,\boldsymbol{\alpha}_r)$.

定理3 1)两个向量组生成相同子空间的充要条件是这两个向量组等价.

2) $L(\boldsymbol{\alpha}_1,\boldsymbol{\alpha}_2,\cdots,\boldsymbol{\alpha}_r)$ 的维数等于向量组 $\boldsymbol{\alpha}_1,\boldsymbol{\alpha}_2,\cdots,\boldsymbol{\alpha}_r$ 的秩.

定理4 设 W 是数域 P 上 n 维线性空间 V 的一个 m 维子空间, $\boldsymbol{\alpha}_1,\boldsymbol{\alpha}_2,\cdots,\boldsymbol{\alpha}_m$ 是 W 的一组基,那么这组向量必可扩充为整个空间的基. 也就是说,在 V 中必定可以找到 $n-m$ 个向量 $\boldsymbol{\alpha}_{m+1},\boldsymbol{\alpha}_{m+2},\cdots,\boldsymbol{\alpha}_n$ 使得 $\boldsymbol{\alpha}_1,\boldsymbol{\alpha}_2,\cdots,\boldsymbol{\alpha}_n$ 是 V 的一组基.

定理5 如果 V_1, V_2 是线性空间 V 的两个子空间,那么它们的交 $V_1 \cap V_2$ 也是 V 的子空间.

定义8 设 V_1, V_2 是线性空间 V 的子空间,所谓 V_1 与 V_2 的和,是指由所有能表示成 $\boldsymbol{\alpha}_1 + \boldsymbol{\alpha}_2$,而 $\boldsymbol{\alpha}_1 \in V_1,\boldsymbol{\alpha}_2 \in V_2$ 的向量组成的子集合,记作 $V_1 + V_2$.

定理6 如果 V_1, V_2 是线性空间 V 的子空间,那么它们的和 $V_1 + V_2$ 也是 V 的子空间.

注 子空间的并一般不是子空间.

命题 对于子空间 V_1 与 V_2,以下三个论断是等价的:

1) $V_1 \subset V_2$; 2) $V_1 \cap V_2 = V_1$; 3) $V_1 + V_2 = V_2$.

注 在一个线性空间 V 中,有

$$L(\boldsymbol{\alpha}_1,\boldsymbol{\alpha}_2,\cdots,\boldsymbol{\alpha}_s)+L(\boldsymbol{\beta}_1,\boldsymbol{\beta}_2,\cdots,\boldsymbol{\beta}_t)=L(\boldsymbol{\alpha}_1,\cdots,\boldsymbol{\alpha}_s,\boldsymbol{\beta}_1,\cdots,\boldsymbol{\beta}_t).$$

定理 7(维数公式) 如果 V_1, V_2 是线性空间 V 的两个子空间,那么

$$\text{维}(V_1)+\text{维}(V_2)=\text{维}(V_1+V_2)+\text{维}(V_1\cap V_2).$$

推论 如果 n 维线性空间 V 中两个子空间 V_1, V_2 的维数之和大于 n,那么 V_1, V_2 必含有非零的公共向量.

定义 9 设 V_1,V_2 是线性空间 V 的子空间,如果和 V_1+V_2 中每个向量 $\boldsymbol{\alpha}$ 的分解式 $\boldsymbol{\alpha}=\boldsymbol{\alpha}_1+\boldsymbol{\alpha}_2,\boldsymbol{\alpha}_1\in V_1,\boldsymbol{\alpha}_2\in V_2$ 是唯一的,这个和就称为直和,记为 $V_1\oplus V_2$.

定理 8 和 V_1+V_2 是直和的充要条件是等式 $\boldsymbol{\alpha}_1+\boldsymbol{\alpha}_2=\boldsymbol{0},\boldsymbol{\alpha}_i\in V_i(i=1,2)$,只有在 $\boldsymbol{\alpha}_i$ 全为零时才成立.

推论 和 V_1+V_2 是直和 $\Leftrightarrow V_1\cap V_2=\{\boldsymbol{0}\}$.

定理 9 设 V_1,V_2 是线性空间 V 的子空间,令 $W=V_1+V_2$,则

$$W=V_1\oplus V_2\Leftrightarrow\text{维}(W)=\text{维}(V_1)+\text{维}(V_2).$$

定理 10 设 U 是线性空间 V 的一个子空间,那么一定存在一个子空间 W 使 $V=U\oplus W$.

定义 10 设 $V_1,V_2,\cdots,V_s$ 都是线性空间 V 的子空间,如果和 $V_1+V_2+\cdots+V_s$ 中每个向量 $\boldsymbol{\alpha}$ 的分解式 $\boldsymbol{\alpha}=\boldsymbol{\alpha}_1+\boldsymbol{\alpha}_2+\cdots+\boldsymbol{\alpha}_s,\boldsymbol{\alpha}_i\in V_i(i=1,2,\cdots,s)$ 是唯一的,这个和就称为直和,记为 $V_1\oplus V_2\oplus\cdots\oplus V_s$.

定理 11 $V_1,V_2,\cdots,V_s$ 是线性空间 V 的一些子空间,下面这些条件是等价的:

1) $W=\sum_{i=1}^{s}V_i$ 是直和; 2)零向量的表法唯一;

3) $V_i\cap\sum_{j\neq i}V_j=\{\boldsymbol{0}\}(i=1,2,\cdots,s)$; 4)维$(W)=\sum_{i=1}^{s}$维$(V_i)$.

本节知识拓展 齐次线性方程组的解空间的基就是基础解系,解空间的维数等于 $n-r$,其中 n 为未知量个数,r 为系数矩阵的秩,这里转化为求基础解系的问题.生成子空间的维数等于向量组的秩,生成子空间的基可以选择向量组的极大线性无关组.

例 1 (厦门大学,湖北大学考研题)设 $\boldsymbol{A}=\begin{pmatrix}1&0&0\\0&1&0\\3&1&2\end{pmatrix}$,求 $P^{3\times3}$ 中全体与 $\boldsymbol{A}$ 可交换的矩阵所成子空间的维数和一组基.

解 将 $\boldsymbol{A}$ 分解为 $\boldsymbol{A}=\boldsymbol{E}+\boldsymbol{S}$,其中 $\boldsymbol{S}=\begin{pmatrix}0&0&0\\0&0&0\\3&1&1\end{pmatrix}$.设 $\boldsymbol{B}=\begin{pmatrix}a&b&c\\a_1&b_1&c_1\\a_2&b_2&c_2\end{pmatrix}$ 与 $\boldsymbol{A}$ 可交换,即 $\boldsymbol{AB}=\boldsymbol{BA}$,则有 $(\boldsymbol{E}+\boldsymbol{S})\boldsymbol{B}=\boldsymbol{B}(\boldsymbol{E}+\boldsymbol{S})$,于是得 $\boldsymbol{SB}=\boldsymbol{BS}$.由于

$$\boldsymbol{SB}=\begin{pmatrix}0&0&0\\0&0&0\\3a+a_1+a_2&3b+b_1+b_2&3c+c_1+c_2\end{pmatrix},\ \boldsymbol{BS}=\begin{pmatrix}3c&c&c\\3c_1&c_1&c_1\\3c_2&c_2&c_2\end{pmatrix}.$$

比较 $\boldsymbol{SB}$ 与 $\boldsymbol{BS}$ 的元素,得

$$\begin{cases} c=0, \\ c_1=0, \\ 3a+a_1+a_2=3c_2, \\ 3b+b_1+b_2=c_2, \\ 3c+c_1+c_2=c_2, \end{cases}$$ 整理得 $$\begin{cases} 3a+a_1+a_2-3c_2=0 \\ 3b+b_1+b_2-c_2=0 \end{cases},$$

解此含7个未知量 a,b,a_1,b_1,a_2,b_2,c_2 的齐次线性方程组得通解

$$a=-\frac{1}{3}t_1-\frac{1}{3}t_3+t_5\ ,\ b=-\frac{1}{3}t_2-\frac{1}{3}t_4+\frac{1}{3}t_5\ ,$$

$$a_1=t_1,b_1=t_2,a_2=t_3,b_2=t_4,c_2=t_5(t_1,t_2,t_3,t_4,t_5\text{ 任意常数}).$$

于是 $$\boldsymbol{B}=\begin{pmatrix} -\frac{1}{3}t_1-\frac{1}{3}t_3+t_5 & -\frac{1}{3}t_2-\frac{1}{3}t_4+\frac{1}{3}t_5 & 0 \\ t_1 & t_2 & 0 \\ t_3 & t_4 & t_5 \end{pmatrix}=t_1\boldsymbol{B}_1+t_2\boldsymbol{B}_2+t_3\boldsymbol{B}_3+t_4\boldsymbol{B}_4+t_5\boldsymbol{B}_5,$$

其中

$$\boldsymbol{B}_1=\begin{pmatrix} -\frac{1}{3} & 0 & 0 \\ 1 & 0 & 0 \\ 0 & 0 & 0 \end{pmatrix},\boldsymbol{B}_2=\begin{pmatrix} 0 & -\frac{1}{3} & 0 \\ 0 & 1 & 0 \\ 0 & 0 & 0 \end{pmatrix},\boldsymbol{B}_3=\begin{pmatrix} -\frac{1}{3} & 0 & 0 \\ 0 & 0 & 0 \\ 1 & 0 & 0 \end{pmatrix},$$

$$\boldsymbol{B}_4=\begin{pmatrix} 0 & -\frac{1}{3} & 0 \\ 0 & 0 & 0 \\ 0 & 1 & 0 \end{pmatrix},\boldsymbol{B}_5=\begin{pmatrix} 1 & \frac{1}{3} & 0 \\ 0 & 0 & 0 \\ 0 & 0 & 1 \end{pmatrix}.$$

故 $\boldsymbol{B}_1,\boldsymbol{B}_2,\boldsymbol{B}_3,\boldsymbol{B}_4,\boldsymbol{B}_5$ 是所求子空间的一组基,维数等于5.

例2 在 P^4 中,求由齐次线性方程组

$$\begin{cases} 3x_1+2x_2-5x_3+4x_4=0, \\ 3x_1-x_2+3x_3-3x_4=0, \\ 3x_1+5x_2-13x_3+11x_4=0 \end{cases}$$

确定的解空间的基与维数.

解 方程组的系数矩阵

$$\begin{pmatrix} 3 & 2 & -5 & 4 \\ 3 & -1 & 3 & -3 \\ 3 & 5 & -13 & 11 \end{pmatrix}\xrightarrow[r_3-r_1]{r_2-r_1}\begin{pmatrix} 3 & 2 & -5 & 4 \\ 0 & -3 & 8 & -7 \\ 0 & 3 & -8 & 7 \end{pmatrix}\longrightarrow\begin{pmatrix} 1 & 0 & \frac{1}{9} & -\frac{2}{9} \\ 0 & 1 & -\frac{8}{3} & \frac{7}{3} \\ 0 & 0 & 0 & 0 \end{pmatrix},$$

所以解空间的维数为2,且一组基为

$$\boldsymbol{\alpha}_1=\left(-\frac{1}{9},\frac{8}{3},1,0\right)',\boldsymbol{\alpha}_2=\left(\frac{2}{9},-\frac{7}{3},0,1\right)'.$$

例3 求由向量 $\boldsymbol{\alpha}_i$ 生成的子空间与由向量 $\boldsymbol{\beta}_i$ 生成的子空间的交的基与维数,其中

$$\begin{cases}\boldsymbol{\alpha}_1=(1,2,1,0)\\ \boldsymbol{\alpha}_2=(-1,1,1,1)\end{cases},\begin{cases}\boldsymbol{\beta}_1=(2,-1,0,1)\\ \boldsymbol{\beta}_2=(1,-1,3,7)\end{cases}.$$

解 设交空间中的向量 $\boldsymbol{\gamma}=k_1\boldsymbol{\alpha}_1+k_2\boldsymbol{\alpha}_2=l_1\boldsymbol{\beta}_1+l_2\boldsymbol{\beta}_2$,则

$$k_1\boldsymbol{\alpha}_1+k_2\boldsymbol{\alpha}_2-l_1\boldsymbol{\beta}_1-l_2\boldsymbol{\beta}_2=0.$$

比较分量得

$$\begin{cases}k_1-k_2-2l_1-l_2=0,\\ 2k_1+k_2+l_1+l_2=0,\\ k_1+k_2-3l_2=0,\\ k_2-l_1-7l_2=0,\end{cases}$$

该方程的通解为

$$k_1=-t,k_2=4t,l_1=-3t,l_2=t\ (t\text{ 任意}).$$

于是 $$\boldsymbol{\gamma}=(-t)\boldsymbol{\alpha}_1+4t\boldsymbol{\alpha}_2=t(-5,2,3,4),$$

故交是一维的,且 $(-5,2,3,4)$ 是一组基.

例 4 设齐次方程组 $x_1+x_2+\cdots+x_n=0$ 与 $x_1=x_2=\cdots=x_{n-1}=x_n$ 的解空间分别为 V_1 与 V_2. 证明:$P^n=V_1\oplus V_2$.

证明 首先 $x_1+x_2+\cdots+x_n=0$ 的解空间是 $n-1$ 维的,基为

$\boldsymbol{\alpha}_1=(-1,1,0,\cdots,0)',\boldsymbol{\alpha}_2=(-1,0,1,\cdots,0)',\cdots,\boldsymbol{\alpha}_{n-1}=(-1,0,0,\cdots,1)'$.

由 $x_1=x_2=\cdots=x_n$,即

$$\begin{cases}x_1-x_2=0,\\ x_2-x_3=0,\\ \cdots\cdots\\ x_{n-1}-x_n=0,\end{cases}$$

得解空间的基础解系为 $\boldsymbol{\beta}=(1,1,\cdots,1)'$. 因为由 $\boldsymbol{\alpha}_1,\cdots,\boldsymbol{\alpha}_{n-1},\boldsymbol{\beta}$ 构成的矩阵 $A=(\boldsymbol{\alpha}_1,\cdots,\boldsymbol{\alpha}_{n-1},\boldsymbol{\beta})$ 满足

$$|\boldsymbol{A}|=\begin{vmatrix}-1&1&0&\cdots&0\\-1&0&1&\cdots&0\\ \vdots&\vdots&\vdots&&\vdots\\-1&0&0&\cdots&1\\1&1&1&\cdots&1\end{vmatrix}=(-1)^{n+1}n\neq 0,$$

所以 $\boldsymbol{\alpha}_1,\cdots,\boldsymbol{\alpha}_{n-1},\boldsymbol{\beta}$ 是 P^n 的一组基,从而 P^n 中的任意向量可由 $\boldsymbol{\alpha}_1,\cdots,\boldsymbol{\alpha}_{n-1},\boldsymbol{\beta}$ 线性表出,故 $P^n=V_1+V_2$. 又因为 $\dim P^n=n=\dim V_1+\dim V_2$,则由维数公式有

$$\dim(V_1\cap V_2)=0,V_1\cap V_2=\{\boldsymbol{0}\},$$

所以 $P^n=V_1\oplus V_2$.

例 5 证明:和 $\sum\limits_{i=1}^{s}V_i$ 是直和的充分必要条件是 $V_i\cap\sum\limits_{j=1}^{i-1}V_j=\{\boldsymbol{0}\}\ (i=2,\cdots,s)$.

证明 必要性. 因为 $\sum\limits_{i=1}^{s}V_i$ 是直和,所以

$$V_i \cap \sum_{j=1}^{i-1} V_j \subset V_i \cap \sum_{j \neq i} V_i = \{\mathbf{0}\}\ ,\ V_i \cap \sum_{j=1}^{i-1} V_j = \{\mathbf{0}\}\ .$$

充分性. 设 $\sum_{i=1}^{s} V_i$ 不是直和,则零向量还有一个分解式

$$\mathbf{0} = \boldsymbol{\alpha}_1 + \boldsymbol{\alpha}_2 + \cdots + \boldsymbol{\alpha}_s\ ,\ \boldsymbol{\alpha}_i \in V_i(i = 1,2,\cdots,s)\ \text{且}\ \boldsymbol{\alpha}_i\ \text{不全为}\ \mathbf{0}\ .$$

设最后一个不为 0 的向量为 $\boldsymbol{\alpha}_k(k \leqslant s)$,则

$$\mathbf{0} = \boldsymbol{\alpha}_1 + \boldsymbol{\alpha}_2 + \cdots + \boldsymbol{\alpha}_k\ ,\ \boldsymbol{\alpha}_k \neq \mathbf{0}\ ,\ \boldsymbol{\alpha}_j \in V_j(j = 1,2,\cdots,k)$$

这时 $\boldsymbol{\alpha}_1 + \boldsymbol{\alpha}_2 + \cdots + \boldsymbol{\alpha}_{k-1} = -\boldsymbol{\alpha}_k$,因此 $\boldsymbol{\alpha}_k \in \sum_{j=1}^{k-1} V_j$. 又有 $\boldsymbol{\alpha}_k \in V_k$,所以 $\boldsymbol{\alpha}_k \in V_k \cap \sum_{j=1}^{k-1} V_j$,这与 $V_k \cap \sum_{j=1}^{k-1} V_j = \{0\}$ 矛盾,故 $\sum_{j=1}^{s} V_j$ 是直和.

6.3　同　构

设 $\boldsymbol{\varepsilon}_1,\boldsymbol{\varepsilon}_2,\cdots,\boldsymbol{\varepsilon}_n$ 是线性空间 V 的一组基,

$$\boldsymbol{\alpha} = a_1\boldsymbol{\varepsilon}_1 + a_2\boldsymbol{\varepsilon}_2 + \cdots + a_n\boldsymbol{\varepsilon}_n\ ,$$

$$\boldsymbol{\beta} = b_1\boldsymbol{\varepsilon}_1 + b_2\boldsymbol{\varepsilon}_2 + \cdots + b_n\boldsymbol{\varepsilon}_n\ ,$$

即向量 $\boldsymbol{\alpha},\boldsymbol{\beta}$ 的坐标分别是 $(a_1,a_2,\cdots,a_n)$, $(b_1,b_2,\cdots,b_n)$,那么

$$\boldsymbol{\alpha} + \boldsymbol{\beta} = (a_1 + b_1)\boldsymbol{\varepsilon}_1 + (a_2 + b_2)\boldsymbol{\varepsilon}_2 + \cdots + (a_n + b_n)\boldsymbol{\varepsilon}_n\ ,$$

$$k\boldsymbol{\alpha} = ka_1\boldsymbol{\varepsilon}_1 + ka_2\boldsymbol{\varepsilon}_2 + \cdots + ka_n\boldsymbol{\varepsilon}_n\ .$$

于是向量 $\boldsymbol{\alpha} + \boldsymbol{\beta},k\boldsymbol{\alpha}$ 的坐标分别是

$$(a_1 + b_1,a_2 + b_2,\cdots,a_n + b_n) = (a_1,a_2,\cdots,a_n) + (b_1,b_2,\cdots,b_n)\ ,$$

$$(ka_1,ka_2,\cdots,ka_n) = k(a_1,a_2,\cdots,a_n)\ .$$

以上的式子说明在向量用坐标表示之后,它们的运算就可以归结为它们坐标的运算. 因而线性空间 V 的讨论也就可以归结为 P^n 的讨论.

定义 11　数域 P 上两个线性空间 V 与 V' 称为同构的,如果由 V 到 V' 有一个双射 $\boldsymbol{\sigma}$,具有以下性质:

① $\boldsymbol{\sigma}(\boldsymbol{\alpha} + \boldsymbol{\beta}) = \boldsymbol{\sigma}(\boldsymbol{\alpha}) + \boldsymbol{\sigma}(\boldsymbol{\beta})$;② $\boldsymbol{\sigma}(k\boldsymbol{\alpha}) = k\boldsymbol{\sigma}(\boldsymbol{\alpha})$,其中 $\boldsymbol{\alpha},\boldsymbol{\beta}$ 是 V 中任意向量, k 是 P 中任意数. 这样的映射 $\boldsymbol{\sigma}$ 称为同构映射.

命题　数域 P 上任一个 n 维线性空间都与 P^n 同构.

同构作为线性空间之间的一种关系,具有反身性、对称性与传递性.

既然数域 P 上任意一个 n 维线性空间都与 P^n 同构,由同构的对称性与传递性即得,数域 P 上任意两个 n 维线性空间都同构.

定理 12　数域 P 上两个有限维线性空间同构的充要条件是它们有相同的维数.

本节知识拓展　同构的概念在代数中非常重要,可以对代数对象进行分类.

例　证明:实数域作为它自身上的线性空间与《高等代数》教材第六章习题第 3 题中 8)的空间同构.

证明 法1 因为它们都是实数域上的一维线性空间,故同构.

法2 作实空间 $\mathbf{R}$ 到正实空间 $\mathbf{R}^+$ 的映射

$$f:x\to 2^x,$$

下证该映射是一同构映射.

当 $x\neq y$ 时,有 $f(x)=2^x\neq 2^y=f(y)$,则 f 是单射.

任取 $b\in\mathbf{R}^+$,有 $b=2^x$,其中 $x=\log_2 b\in\mathbf{R}$,得到 $f(x)=2^x=b$,则 f 是满射. 故 f 为双射. 又因为

$$f(x+y)=2^{x+y}=2^x2^y=2^x\oplus 2^y=f(x)\oplus f(y),$$
$$f(kx)=2^{kx}=(2^x)^k=k\circ 2^x=k\circ f(x),$$

故 $\mathbf{R}$ 与 $\mathbf{R}^+$ 同构.

本章知识拓展 线性空间是几何空间的推广,研究的内容更为广泛. 线性空间的基、维数的计算很多可以归结到第3章的内容进行研究. 同时线性空间也是第7章线性变换和第9章欧几里得空间等研究的基础.

典型习题选讲

1. 1)证明在 $P[x]_n$ 中,多项式

$$f_i=(x-a_1)\cdots(x-a_{i-1})(x-a_{i+1})\cdots(x-a_n)\ (i=1,\cdots,n)$$

是一组基,其中 $a_1,a_2,\cdots,a_n$ 是互不相同的数.

2)在1)中,取 $a_1,a_2,\cdots,a_n$ 是全体 n 次单位根,求基 $1,x,\cdots,x^{n-1}$ 到基 $f_1,f_2,\cdots,f_n$ 的过渡矩阵.

证明 1)设有 $k_1f_1(x)+k_2f_2(x)+\cdots+k_nf_n(x)=0$.

令 $x=a_1$,代入上式并注意 $f_2(a_1)=\cdots=f_n(a_1)=0$,而 $f_1(a_1)\neq 0$,得 $k_1=0$. 同理,将 $x=a_2,\cdots,x=a_n$ 分别代入前一式可得 $k_2=k_3=\cdots=k_n=0$,故 $f_1,f_2,\cdots,f_n$ 线性无关. 而 $P[x]_n$ 是 n 维的,于是 $f_1,f_2,\cdots,f_n$ 是 $P[x]_n$ 的一组基.

2)取 $a_1=1,a_2=\varepsilon,\cdots,a_n=\varepsilon^{n-1}$,其中 $\varepsilon=\cos\dfrac{2\pi}{n}+\mathrm{i}\sin\dfrac{2\pi}{n}$,则有

$$f_1=\frac{x^n-1}{x-1}=1+x+x^2+\cdots+x^{n-1},$$

$$f_2=\frac{x^n-1}{x-\varepsilon}=\varepsilon^{n-1}+\varepsilon^{n-2}x+\varepsilon^{n-3}x^2+\cdots+\varepsilon x^{n-2}+x^{n-1},$$

$$f_2=\frac{x^n-1}{x-\varepsilon^2}=\varepsilon^{n-2}+\varepsilon^{n-4}x+\varepsilon^{n-6}x^2+\cdots+\varepsilon^2x^{n-2}+x^{n-1},$$

……

$$f_n=\frac{x^n-1}{x-\varepsilon^{n-1}}=\varepsilon+\varepsilon^2x+\varepsilon^3x^2+\cdots+\varepsilon^{n-1}x^{n-2}+x^{n-1}.$$

故由基 $1,x,\cdots,x^{n-1}$ 到基 $f_1,f_2,\cdots,f_n$ 的过渡矩阵为

$$\begin{pmatrix} 1 & \varepsilon^{n-1} & \varepsilon^{n-2} & \cdots & \varepsilon \\ 1 & \varepsilon^{n-2} & \varepsilon^{n-4} & \cdots & \varepsilon^{2} \\ \vdots & \vdots & \vdots & & \vdots \\ 1 & \varepsilon & \varepsilon^{2} & \cdots & \varepsilon^{n-1} \\ 1 & 1 & 1 & \cdots & 1 \end{pmatrix}.$$

2. 设 $\boldsymbol{\alpha}_1,\boldsymbol{\alpha}_2,\cdots,\boldsymbol{\alpha}_n$ 是 n 维线性空间 V 的一组基，$\boldsymbol{A}$ 是一 $n\times s$ 矩阵，$(\boldsymbol{\beta}_1,\boldsymbol{\beta}_2,\cdots,\boldsymbol{\beta}_s)=(\boldsymbol{\alpha}_1,\boldsymbol{\alpha}_2,\cdots,\boldsymbol{\alpha}_n)\boldsymbol{A}$. 证明：$L(\boldsymbol{\beta}_1,\boldsymbol{\beta}_2,\cdots,\boldsymbol{\beta}_s)$ 的维数等于 $\boldsymbol{A}$ 的秩.

证明　令 $R(\boldsymbol{A})=r\leqslant\min(n,s)$. 不失一般性，设 $\boldsymbol{A}$ 的前 r 列线性无关，并将这 r 列构成的矩阵记为 $\boldsymbol{A}_1$，其余 $s-r$ 列构成的矩阵记为 $\boldsymbol{A}_2$，则 $\boldsymbol{A}=(\boldsymbol{A}_1,\boldsymbol{A}_2)$ ，且 $R(\boldsymbol{A}_1)=R(\boldsymbol{A})=r$. 因为 $(\boldsymbol{\beta}_1,\boldsymbol{\beta}_2,\cdots,\boldsymbol{\beta}_s)=(\boldsymbol{\alpha}_1,\boldsymbol{\alpha}_2,\cdots,\boldsymbol{\alpha}_n)\boldsymbol{A}$ ，所以

$$(\boldsymbol{\beta}_1,\boldsymbol{\beta}_2,\cdots,\boldsymbol{\beta}_r)=(\boldsymbol{\alpha}_1,\boldsymbol{\alpha}_2,\cdots,\boldsymbol{\alpha}_n)\boldsymbol{A}_1 .$$

设　$k_1\boldsymbol{\beta}_1+k_2\boldsymbol{\beta}_2+\cdots+k_r\boldsymbol{\beta}_r=\boldsymbol{0}$，即 $(\boldsymbol{\beta}_1,\boldsymbol{\beta}_2,\cdots,\boldsymbol{\beta}_r)\begin{pmatrix}k_1\\k_2\\\vdots\\k_r\end{pmatrix}=\boldsymbol{0}$，于是 $(\boldsymbol{\alpha}_1,\boldsymbol{\alpha}_2,\cdots,\boldsymbol{\alpha}_n)\boldsymbol{A}_1\begin{pmatrix}k_1\\\vdots\\k_r\end{pmatrix}=\boldsymbol{0}$，从而 $\boldsymbol{A}_1\begin{pmatrix}k_1\\\vdots\\k_r\end{pmatrix}=\boldsymbol{0}$，由 $R(\boldsymbol{A}_1)=r$ 知，该方程组只有零解 $k_1=k_2=\cdots=k_r=0$，故 $\boldsymbol{\beta}_1,\boldsymbol{\beta}_2,\cdots,\boldsymbol{\beta}_r$ 线性无关.

任取 $\boldsymbol{\beta}_j(j=1,2,\cdots,s)$ ，将 $\boldsymbol{A}$ 的第 j 列添在 $\boldsymbol{A}_1$ 的右边，构成的矩阵记为 $\boldsymbol{B}_j$ ，则有

$$(\boldsymbol{\beta}_1,\boldsymbol{\beta}_2,\cdots,\boldsymbol{\beta}_r,\boldsymbol{\beta}_j)=(\boldsymbol{\alpha}_1,\boldsymbol{\alpha}_2,\cdots,\boldsymbol{\alpha}_n)\boldsymbol{B}_j .$$

设 $l_1\boldsymbol{\beta}_1+l_2\boldsymbol{\beta}_2+\cdots+l_r\boldsymbol{\beta}_r+l_{r+1}\boldsymbol{\beta}_j=\boldsymbol{0}$，即 $(\boldsymbol{\beta}_1,\boldsymbol{\beta}_2,\cdots,\boldsymbol{\beta}_r,\boldsymbol{\beta}_j)\begin{pmatrix}l_1\\\vdots\\l_r\\l_{r+1}\end{pmatrix}=\boldsymbol{0}$，于是 $(\boldsymbol{\alpha}_1,\boldsymbol{\alpha}_2,\cdots,\boldsymbol{\alpha}_n)\boldsymbol{B}_j\begin{pmatrix}l_1\\\vdots\\l_r\\l_{r+1}\end{pmatrix}=\boldsymbol{0}$，从而 $\boldsymbol{B}_j\begin{pmatrix}l_1\\\vdots\\l_r\\l_{r+1}\end{pmatrix}=\boldsymbol{0}$，由 $R(\boldsymbol{B}_j)=r<r+1$ 知，该方程组有非零解，故 $\boldsymbol{\beta}_1,\boldsymbol{\beta}_2,\cdots,\boldsymbol{\beta}_r,\boldsymbol{\beta}_j(j=1,\cdots,s)$ 线性相关. 这表明 $\boldsymbol{\beta}_1,\boldsymbol{\beta}_2,\cdots,\boldsymbol{\beta}_s$ 的极大线性无关组为 $\boldsymbol{\beta}_1,\boldsymbol{\beta}_2,\cdots,\boldsymbol{\beta}_r$. 于是

$$\dim L(\boldsymbol{\beta}_1,\boldsymbol{\beta}_2,\cdots,\boldsymbol{\beta}_s)=r=R(\boldsymbol{A}) .$$

3. 设 V_1,V_2 是线性空间 V 的两个非平凡子空间. 证明：在 V 中存在 $\boldsymbol{\alpha}$ ，使 $\boldsymbol{\alpha}\notin V_1,\boldsymbol{\alpha}\notin V_2$ 同时成立.

证明　因为 V_1 为非平凡子空间，所以存在 $\boldsymbol{\alpha}\notin V_1$. 如果 $\boldsymbol{\alpha}\notin V_2$，则命题已证. 设 $\boldsymbol{\alpha}\in V_2$. 因为 V_2 为非平凡子空间，则存在 $\boldsymbol{\beta}\notin V_2$，若 $\boldsymbol{\beta}\notin V_1$，也得证. 设 $\boldsymbol{\beta}\in V_1$，即有 $\boldsymbol{\alpha}\notin$

V_1，$\boldsymbol{\alpha} \in V_2$ 及 $\boldsymbol{\beta} \in V_1$，$\boldsymbol{\beta} \bar{\in} V_2$. 下面证明 $\boldsymbol{\alpha}+\boldsymbol{\beta} \bar{\in} V_1$ 且 $\boldsymbol{\alpha}+\boldsymbol{\beta} \bar{\in} V_2$.

若 $\boldsymbol{\alpha}+\boldsymbol{\beta} \in V_1$，由 $\beta \in V_1$ 推知 $\boldsymbol{\alpha} \in V_1$ 矛盾，所以 $\boldsymbol{\alpha}+\boldsymbol{\beta} \bar{\in} V_1$，同理 $\boldsymbol{\alpha}+\boldsymbol{\beta} \bar{\in} V_2$.

4. 设 $V_1, V_2, \cdots, V_s$ 是线性空间 V 的 s 个非平凡子空间，证明：V 中至少有一个向量不属于 $V_1, V_2, \cdots, V_s$ 中任何一个.

证明　$s=2$ 时，由上题知结论成立.

假设 $s=k$ 时成立，对于 $s=k+1$，有 V 的 $k+1$ 个非平凡子空间 $V_1, V_2, \cdots, V_k, V_{k+1}$，由假设至少有一个向量 $\boldsymbol{\alpha}$ 不属于 $V_1, V_2, \cdots, V_k$ 中任何一个. 如果 $\boldsymbol{\alpha} \bar{\in} V_{k+1}$，则结论成立.

如果 $\boldsymbol{\alpha} \in V_{k+1}$，又 V_{k+1} 是非平凡子空间，取 $\boldsymbol{\beta} \bar{\in} V_{k+1}$，考虑以下 $k+1$ 个向量的向量组

$$\boldsymbol{\alpha}+\boldsymbol{\beta}, 2\boldsymbol{\alpha}+\boldsymbol{\beta}, \cdots, (k+1)\boldsymbol{\alpha}+\boldsymbol{\beta} \qquad (*)$$

其中必有一个向量不属于 $V_1, V_2, \cdots, V_k$ 这 k 个子空间中的任何一个. 否则一定有两个向量同属于某一个 $V_j (1 \leqslant j \leqslant k)$，从而这两个向量的差 $m\boldsymbol{\alpha} (0 < |m| \leqslant k)$ 也属于 V_j，这与 $\boldsymbol{\alpha} \bar{\in} V_j$ 矛盾. 于是（$*$）中有向量，不妨设为 $\boldsymbol{\gamma} = l\boldsymbol{\alpha}+\boldsymbol{\beta}$ 不属于 $V_1, V_2, \cdots, V_k$ 中任何一个.

又由 $\boldsymbol{\alpha} \in V_{k+1}$，$\boldsymbol{\beta} \bar{\in} V_{k+1}$，知 $\boldsymbol{\gamma} \bar{\in} V_{k+1}$，命题得证.

5. 设 V_1，V_2 均为线性空间 V 的子空间，证明：$V_1 \cup V_2$ 是 V 的子空间的充要条件是 $V_1 \subset V_2$ 或 $V_2 \subset V_1$.

证明　充分性. 显然成立.

必要性. 设 $V_1 \not\subset V_2$，且 $V_2 \not\subset V_1$，则存在 $\boldsymbol{\alpha} \in V_1$，但 $\boldsymbol{\alpha} \notin V_2$；$\boldsymbol{\beta} \in V_2$，但 $\boldsymbol{\beta} \notin V_2$.

因为 $V_1 \cup V_2$ 是 V 的子空间，所以 $\boldsymbol{\alpha}+\boldsymbol{\beta} \in V_1 \cup V_2$. 而当 $\boldsymbol{\alpha}+\boldsymbol{\beta} \in V_1$ 时，由 $\boldsymbol{\alpha} \in V_1$ 推得 $\boldsymbol{\beta} \in V_1$；当 $\boldsymbol{\alpha}+\boldsymbol{\beta} \in V_2$ 时，由 $\boldsymbol{\beta} \in V_2$ 推得 $\boldsymbol{\alpha} \in V_2$，两者均导出矛盾，所以假设不能成立.

注　如果 $V_1, V_2, \cdots, V_m$ 为 V 的真子空间，则 $V_1 \cup V_2 \cup \cdots \cup V_m$ 为 V 的真子空间 $\Leftrightarrow \exists i$ $(1 \leqslant i \leqslant m)$，使 $V_1, \cdots, V_m \subseteq V_i$.

6. 若以 $f(x)$ 表示实系数多项式，试证：

$$W = \{f(x) \mid f(1)=0, \partial f(x) \leqslant n \text{ 或 } f(x)=0\}$$

是实数域上的一个线性空间，并求出它的一组基.

证明　对 $\forall f(x), g(x) \in W, k, l \in \mathbf{R}$，显然有 $kf(x)+lg(x)=0$ 或 $\partial(kf(x)+lg(x)) \leqslant n$，且 $kf(1)+lg(1)=0$. 因此 W 构成 $\mathbf{R}[x]$ 的一个子空间.

取 W 中元素 $x-1, x^2-1, \cdots, x^n-1$.

一方面，如果

$$k_1(x-1)+k_2(x^2-1)+\cdots+k_n(x^n-1)=0,$$

有 $k_i=0 (i=1,2,\cdots,n)$，即 $x-1, x^2-1, \cdots, x^n-1$ 线性无关.

另一方面，对 $\forall f(x)=\sum_{i=0}^{n} a_i x^i \in W$，因为 $0=f(1)=\sum_{i=0}^{n} a_i$，则有 $f(x)=\sum_{i=1}^{n} a_i(x^i-1)$. 即 $f(x)$ 可由 $x-1, x^2-1, \cdots, x^n-1$ 线性表出.

因此 $x-1, x^2-1, \cdots, x^n-1$ 为 W 的一组基.

7. 设 A 是数域 P 上的 n 阶幂等阵，即 $\boldsymbol{A}^2=\boldsymbol{A}$，$W_1=\{\boldsymbol{X} \mid \boldsymbol{AX}=\boldsymbol{0}\}$，$W_2=\{\boldsymbol{X} \mid \boldsymbol{AX}=\boldsymbol{X}\}$. 证明：$P^n = W_1 \oplus W_2$.

证明　法 1　$\forall \boldsymbol{\alpha} \in P^n$，$\boldsymbol{\alpha} = -(\boldsymbol{A\alpha} - \boldsymbol{\alpha}) + \boldsymbol{A\alpha}$，而由 $\boldsymbol{A}(\boldsymbol{A\alpha} - \boldsymbol{\alpha}) = \boldsymbol{A}^2\boldsymbol{\alpha} - \boldsymbol{A\alpha} = 0$ 知 $\boldsymbol{A\alpha} - \boldsymbol{\alpha} \in W_1$，从而 $-(\boldsymbol{A\alpha} - \boldsymbol{\alpha}) \in W_1$.

又因为 $\boldsymbol{A}(\boldsymbol{A\alpha}) = \boldsymbol{A}^2\boldsymbol{\alpha} = \boldsymbol{A\alpha}$，所以 $\boldsymbol{A\alpha} \in W_2$，因此 $P^n \subset W_1 + W_2$. 所以有 $P^n = W_1 + W_2$. 又 $\forall \boldsymbol{\beta} \in W_1 \cap W_2$，有 $\boldsymbol{A\beta} = \boldsymbol{0}$，且 $\boldsymbol{A\beta} = \boldsymbol{\beta}$，所以 $\boldsymbol{\beta} = \boldsymbol{0}$.

故 $W_1 + W_2$ 是直和，从而 $P^n = W_1 \oplus W_2$.

法 2　由证法 1 知 $W_1 + W_2$ 是直和. 又 W_1 是线性方程组 $\boldsymbol{AX} = \boldsymbol{0}$ 的解空间，维数为 $\dim W_1 = n - R(\boldsymbol{A})$. W_2 是 $(\boldsymbol{E} - \boldsymbol{A})\boldsymbol{X} = \boldsymbol{0}$ 的解空间，$\dim W_2 = n - R(\boldsymbol{E} - \boldsymbol{A})$.

所以 $\dim(W_1 + W_2) = \dim W_1 + \dim W_2 = 2n - [R(\boldsymbol{A}) + R(\boldsymbol{E} - \boldsymbol{A})]$.

又由 $\boldsymbol{A}^2 = \boldsymbol{A}$ 知 $R(\boldsymbol{A}) + R(\boldsymbol{E} - \boldsymbol{A}) = n$，所以 $\dim(W_1 + W_2) = n$，得 $P^n = W_1 \oplus W_2$.

8. 证明：线性空间的非平凡子空间的补子空间不是唯一的.

证明　设 V_1 是线性空间 V 的非平凡子空间，$\boldsymbol{e}_1, \boldsymbol{e}_2, \cdots, \boldsymbol{e}_r$ 是 V_1 的一组基（$r \geqslant 1$），将它扩充为 V 的一组基 $\boldsymbol{e}_1, \cdots, \boldsymbol{e}_{r+1}, \cdots, \boldsymbol{e}_n (n > r)$. 又令 $T = L(\boldsymbol{e}_{r+1}, \cdots, \boldsymbol{e}_n)$，则 $V_1 + T = V$，$V_1 \cap T = \{0\}$，即 $V = V_1 \oplus T$，所以 T 是 V_1 的一个补子空间.

又令 $T_1 = L(\boldsymbol{e}_1 + \boldsymbol{e}_{r+1}, \boldsymbol{e}_{r+2}, \cdots, \boldsymbol{e}_n)$，显然 $\boldsymbol{e}_1, \cdots, \boldsymbol{e}_r, \boldsymbol{e}_1 + \boldsymbol{e}_{r+1}, \boldsymbol{e}_{r+2}, \cdots, \boldsymbol{e}_n$ 也是 V 的一组基，于是 $V = V_1 \oplus T_1$，即 T_1 也是 V_1 的补子空间. 因 $e_1 + e_{r+1} \notin T$（否则 $\boldsymbol{e}_1 + \boldsymbol{e}_{r+1}$ 可由 $\boldsymbol{e}_{r+1}, \cdots, \boldsymbol{e}_n$ 线性表示，得到 $\boldsymbol{e}_1, \boldsymbol{e}_{r+1}, \cdots, \boldsymbol{e}_n$ 线性相关，产生矛盾），所以 $T \neq T_1$.

9. 线性空间 V_1 和 V_2 的和是直和的充要条件是 $V_1 + V_2$ 中至少有一个向量 $\boldsymbol{\alpha}$ 可唯一的表示为 $\boldsymbol{\alpha}_1 + \boldsymbol{\alpha}_2$，这里 $\boldsymbol{\alpha}_1 \in V_1, \boldsymbol{\alpha}_2 \in V_2$.

证明　必要性. 由直和的定义知必要性显然成立.

充分性. 设有 $\boldsymbol{\alpha} \in V_1 + V_2$，且有唯一分解 $\boldsymbol{\alpha} = \boldsymbol{\alpha}_1 + \boldsymbol{\alpha}_2$，$\boldsymbol{\alpha}_1 \in V_1, \boldsymbol{\alpha}_2 \in V_2$.

如果 $V_1 + V_2$ 不是直和，则 $V_1 \cap V_2 \neq \{\boldsymbol{0}\}$，所以存在非零向量 $\boldsymbol{\beta} \in V_1 \cap V_2$. 又因为子空间的交仍是子空间，所以有 $-\boldsymbol{\beta} \in V_1 \cap V_2$，这样得

$$\boldsymbol{\alpha} = \boldsymbol{\alpha}_1 + \boldsymbol{\alpha}_2 = (\boldsymbol{\alpha}_1 + \boldsymbol{\beta}) + (\boldsymbol{\alpha}_2 - \boldsymbol{\beta}), \boldsymbol{\alpha}_1 + \boldsymbol{\beta} \in V_1, \boldsymbol{\alpha}_2 - \boldsymbol{\beta} \in V_2.$$

即得 $\boldsymbol{\alpha}$ 的两个不同分解式，与 $\boldsymbol{\alpha}$ 的分解式唯一性相矛盾.

10. 设 W, W_1, W_2 都是线性空间 V 的子空间，$W_1 \subset W, V = W_1 \oplus W_2$，证明：$\dim W = \dim W_1 + \dim(W_2 \cap W)$.

证明　只要证明 $W = W_1 \oplus (W_2 \cap W)$ 即可. 事实上，因为 $W_1 \subset W, W_2 \cap W \subset W$，所以

$$W_1 + (W_2 \cap W) \subset W.$$

又对 $\forall \boldsymbol{\alpha} \in W \subset V$，因为 $V = W_1 \oplus W_2$，所以

$$\boldsymbol{\alpha} = \boldsymbol{\alpha}_1 + \boldsymbol{\alpha}_2, \boldsymbol{\alpha}_i \in W_i (i = 1, 2).$$

又因为 $\boldsymbol{\alpha}_1 \in W_1 \subset W$，所以 $\boldsymbol{\alpha}_2 = \boldsymbol{\alpha} - \boldsymbol{\alpha}_1 \in W$. 从而有 $\boldsymbol{\alpha}_2 \in W_2 \cap W$. 因此

$$W \subset W_1 + (W_2 \cap W),$$

因而有 $W_1 + (W_2 \cap W) = W$.

又 $\forall \boldsymbol{\beta} \in W_1 \cap (W_2 \cap W)$，有 $\boldsymbol{\beta} \in W_1 \cap W_2 = \{\boldsymbol{0}\}$，得到 $\boldsymbol{\beta} = \boldsymbol{0}$，所以 $W_1 + (W_2 \cap W)$ 是直和，从而 $W = W_1 \oplus (W_2 \cap W)$.

考研真题选讲

1.(华东师范大学)设$\boldsymbol{\alpha}_1,\boldsymbol{\alpha}_2,\cdots,\boldsymbol{\alpha}_n$是数域$P$上$n$维线性空间$V$的$n$个向量,其秩为$r$.证明:满足$k_1\boldsymbol{\alpha}_1+k_2\boldsymbol{\alpha}_2+\cdots+k_n\boldsymbol{\alpha}_n=\boldsymbol{0}$的$n$维向量$(k_1,k_2,\cdots,k_n)$的全体构成$P^n$的$n-r$维子空间.

证明 令$W=\{(k_1,k_2,\cdots,k_n)\mid k_1\boldsymbol{\alpha}_1+k_2\boldsymbol{\alpha}_2+\cdots+k_n\boldsymbol{\alpha}_n=\boldsymbol{0}\}$.首先$\boldsymbol{0}\in W$,$W$非空.其次容易验证$W$关于加法和数乘运算封闭,是$P^n$的子空间.

由于$k_1\boldsymbol{\alpha}_1+k_2\boldsymbol{\alpha}_2+\cdots+k_n\boldsymbol{\alpha}_n=0$,得$(\boldsymbol{\alpha}_1,\cdots,\boldsymbol{\alpha}_n)\begin{pmatrix}k_1\\ \vdots\\ k_n\end{pmatrix}=\boldsymbol{0}$.又因为$R(\boldsymbol{\alpha}_1,\boldsymbol{\alpha}_2,\cdots,\boldsymbol{\alpha}_n)=r$,故基础解系所含向量的个数为$n-r$,也就是$W$是$n-r$维的.

2.(信阳师范学院)设$W_1=\{(x_1,x_2,x_3,x_4)\mid x_1+2x_2-x_4=0\}$,$W_2=L(\boldsymbol{\alpha}_1,\boldsymbol{\alpha}_2)$,其中向量$\boldsymbol{\alpha}_1=(1,-1,0,1)$,$\boldsymbol{\alpha}_2=(1,0,2,3)$,求$W_1\cap W_2$的基和维数.

解 考虑方程组$\begin{cases}x_1-x_2+x_4=0\\x_1+2x_3+3x_4=0\end{cases}$,得基础解系$\boldsymbol{\eta}_1=(2,2,-1,0)$,$\eta_2=(3,2,0,-1)$,那么方程组$\begin{cases}2x_1+2x_2-x_3=0\\3x_1+2x_2-x_4=0\end{cases}$必以$\boldsymbol{\alpha}_1,\boldsymbol{\alpha}_2$为基础解系.因此

$$W_2=\{(x_1,x_2,x_3,x_4)\mid 2x_1+2x_2-x_3=0,3x_1+2x_2-x_4=0\},$$

所以$W_1\cap W_2$就是线性方程组$\begin{cases}x_1+2x_2-x_4=0,\\2x_1+2x_2-x_3=0,\\3x_1+2x_2-x_4=0\end{cases}$的解空间.于是可求得基础解系为$\boldsymbol{\eta}=(0,1,2,2)$,则$W_1\cap W_2=L(\boldsymbol{\eta})$,$\dim W_1\cap W_2=1$.

3.(华南理工大学)设V是n($n\geqslant 3$)维线性空间,又设X和Y是V的子空间,并且$\dim(X)=n-1$,$\dim(Y)=n-2$.

1)证明:$\dim(X\cap Y)=n-2$或$n-3$.

2)证明:$\dim(X\cap Y)=n-2\Leftrightarrow Y\subset X$.

3)举例说明:存在满足假设条件的线性空间V及其子空间X,Y,使得$\dim(X\cap Y)=n-2$或$n-3$.

证明 1)由于$\dim(X+Y)\leqslant n$,则

$\dim(X\cap Y)=\dim(X)+\dim(Y)-\dim(X+Y)\geqslant(n-1)+(n-2)-n=n-3$,

$\dim(X\cap Y)\leqslant\min\{\dim(X),\dim(Y)\}=n-2$,

即得$\dim(X\cap Y)=n-2$或$n-3$.

2)若$\dim(X\cap Y)=n-2$,又$X\cap Y\subseteq Y$,$\dim(Y)=n-2$,可以得到$X\cap Y=Y$,即有$Y\subset X$.反之易证.

3)取$V=\mathbf{R}^3=span(e_1,e_2,e_3)$,$X=span(e_1,e_2)$.

若 $Y=span(e_1)$，有 $\dim(X\cap Y)=1$. 若 $Y=span(e_3)$，有 $\dim(X\cap Y)=0$.

4.（华南师范大学）设 V 为复数域上的 2×2 矩阵构成的线性空间，

$W_1=\left\{\begin{pmatrix} a & bi \\ bi & a\end{pmatrix} \mid a,b\in\mathbf{R}\right\}$，$W_2=\left\{\begin{pmatrix} a+bi & ci \\ -ci & a-bi\end{pmatrix} \mid a,b,c\in\mathbf{R}\right\}$，$W$ 为二阶矩阵全体组成的线性空间.

1）证明 W_2 为 V 的子空间；2）求 W_1，W_2 的一组基；3）求 $W=W_1+W_2$ 和 $W_1\cap W_2$ 的基和维数.

解　1）任取 $\boldsymbol{A}=\begin{pmatrix} a+bi & ci \\ -ci & a-bi\end{pmatrix}$，$\boldsymbol{B}=\begin{pmatrix} d+ei & fi \\ -fi & d-ei\end{pmatrix}$，$k\in\mathbf{R}$，则

$$k\boldsymbol{A}+\boldsymbol{B}=\begin{pmatrix} ka+d+(kb+e)\mathrm{i} & (kc+f)\mathrm{i} \\ -(kc+f)\mathrm{i} & ka+d-(kb+e)\mathrm{i}\end{pmatrix}\in W_2,$$

由 $\boldsymbol{A},\boldsymbol{B},k$ 的任意性，得到 W_2 为 V 的子空间.

2）W_1 中元素的一般形式是 $\begin{pmatrix} a & bi \\ bi & a\end{pmatrix}=a\boldsymbol{E}+b\begin{pmatrix} 0 & \mathrm{i} \\ \mathrm{i} & 0\end{pmatrix}$，其中 $\boldsymbol{E}$，$\begin{pmatrix} 0 & \mathrm{i} \\ \mathrm{i} & 0\end{pmatrix}\in W_1$，线性无关，且 W_1 中任意元素均可由其线性表示，故其为 W_1 的一组基，$\dim W_1=2$. W_2 中元素的一般形式是 $\begin{pmatrix} a+bi & ci \\ -ci & a-bi\end{pmatrix}=a\boldsymbol{E}+b\begin{pmatrix} \mathrm{i} & 0 \\ 0 & -\mathrm{i}\end{pmatrix}+c\begin{pmatrix} 0 & \mathrm{i} \\ -\mathrm{i} & 0\end{pmatrix}$，其中 $\boldsymbol{E}$，$\begin{pmatrix} \mathrm{i} & 0 \\ 0 & -\mathrm{i}\end{pmatrix}$，$\begin{pmatrix} 0 & \mathrm{i} \\ -\mathrm{i} & 0\end{pmatrix}\in W_2$，是线性无关的，且 W_2 中任意元素均可由其线性表示，故其为 W_2 的一组基，$\dim W_2=3$.

3）$W_1+W_2=L\left\{\boldsymbol{E},\begin{pmatrix} 0 & \mathrm{i} \\ \mathrm{i} & 0\end{pmatrix},\begin{pmatrix} \mathrm{i} & 0 \\ 0 & -\mathrm{i}\end{pmatrix},\begin{pmatrix} 0 & \mathrm{i} \\ -\mathrm{i} & 0\end{pmatrix}\right\}$，其中 $\boldsymbol{E}$，$\begin{pmatrix} 0 & \mathrm{i} \\ \mathrm{i} & 0\end{pmatrix}$，$\begin{pmatrix} \mathrm{i} & 0 \\ 0 & -\mathrm{i}\end{pmatrix}$，$\begin{pmatrix} 0 & \mathrm{i} \\ -\mathrm{i} & 0\end{pmatrix}$，线性无关，故其为 W_1+W_2 的一组基，于是 $\dim(W_1+W_2)=4$，故 $\dim(W_1\cap W_2)=\dim W_1+\dim W_2-\dim(W_1+W_2)=2+3-4=1$，而 $E\in W_1\cap W_2$，故 $\boldsymbol{E}$ 是 $W_1\cap W_2$ 的一组基.

5.（南京理工大学）设 $\boldsymbol{\alpha}_1,\cdots,\boldsymbol{\alpha}_k,\boldsymbol{\alpha}_{k+1},\cdots,\boldsymbol{\alpha}_m$ 是线性空间 V 中线性无关向量组，而 $\boldsymbol{\alpha}_1,\cdots,\boldsymbol{\alpha}_k,\boldsymbol{\beta}_{k+i}$ 均线性相关，$i=1,2,\cdots,m-k$. 证明：向量组 $\boldsymbol{\alpha}_1,\cdots,\boldsymbol{\alpha}_k,\boldsymbol{\alpha}_{k+1}+\boldsymbol{\beta}_{k+1},\cdots,\boldsymbol{\alpha}_m+\boldsymbol{\beta}_m$ 线性无关.

证明　由题设 $\boldsymbol{\alpha}_1,\cdots,\boldsymbol{\alpha}_k,\cdots,\boldsymbol{\alpha}_m$ 线性无关，从而 $\boldsymbol{\alpha}_1,\cdots,\boldsymbol{\alpha}_k$ 线性无关，又 $\boldsymbol{\alpha}_1,\cdots,\boldsymbol{\alpha}_k,\boldsymbol{\beta}_{k+i}(i=1,2,\cdots,m-k)$ 线性相关，从而有 $\boldsymbol{\beta}_{k+i}$ 可由 $\boldsymbol{\alpha}_1,\cdots,\boldsymbol{\alpha}_k$ 线性表示，从而有

$$(\boldsymbol{\alpha}_1,\cdots,\boldsymbol{\alpha}_k,\boldsymbol{\alpha}_{k+1}+\boldsymbol{\beta}_{k+1},\cdots,\boldsymbol{\alpha}_m+\boldsymbol{\beta}_m)$$

$$=(\boldsymbol{\alpha}_1,\cdots,\boldsymbol{\alpha}_k,\boldsymbol{\alpha}_{k+1},\cdots,\boldsymbol{\alpha}_m)\begin{pmatrix} 1 & 0 & \cdots & 0 & * & \cdots & * \\ 0 & 1 & \cdots & 0 & * & \cdots & * \\ \vdots & \vdots & & \vdots & \vdots & & \vdots \\ 0 & 0 & \cdots & 1 & * & \cdots & * \\ 0 & 0 & \cdots & 0 & 1 & \cdots & 0 \\ \vdots & \vdots & & \vdots & \vdots & & \vdots \\ 0 & 0 & \cdots & 0 & 0 & \cdots & 1\end{pmatrix}$$

$$\triangleq (\boldsymbol{\alpha}_1,\cdots,\boldsymbol{\alpha}_k,\boldsymbol{\alpha}_{k+1},\cdots,\boldsymbol{\alpha}_m)\boldsymbol{A}$$ ，这里 $|\boldsymbol{A}| = 1 \neq 0$.

可以得到 $\boldsymbol{\alpha}_1,\cdots,\boldsymbol{\alpha}_k,\cdots,\boldsymbol{\alpha}_m$ 与 $\boldsymbol{\alpha}_1,\cdots,\boldsymbol{\alpha}_k,\boldsymbol{\alpha}_{k+1}+\boldsymbol{\beta}_{k+1},\cdots,\boldsymbol{\alpha}_m+\boldsymbol{\beta}_m$ 等价，而 $\boldsymbol{\alpha}_1,\cdots,\boldsymbol{\alpha}_k,\boldsymbol{\alpha}_{k+1},\cdots,\boldsymbol{\alpha}_m$ 线性无关，所以向量组 $\boldsymbol{\alpha}_1,\cdots,\boldsymbol{\alpha}_k,\boldsymbol{\alpha}_{k+1}+\boldsymbol{\beta}_{k+1},\cdots,\boldsymbol{\alpha}_m+\boldsymbol{\beta}_m$ 也线性无关.

6.（上海交通大学）设 V_1,V_2 均为线性空间 V 的子空间，且 $\dim(V_1+V_2)-\dim(V_1\cap V_2)=1$，则和空间 V_1+V_2 与 V_1,V_2 中一个重合，$V_1\cap V_2$ 与另一个重合.

证明 因为
$$V_1\cap V_2\subset V_1\subset V_1+V_2,$$
所以
$$\dim V_1\cap V_2\leqslant \dim V_1\leqslant \dim(V_1+V_2),$$
由题设
$$\dim(V_1+V_2)=\dim V_1\cap V_2+1,$$
所以
$$\dim V_1\cap V_2\leqslant \dim V_1\leqslant \dim(V_1\cap V_2)+1.$$
即 $0\leqslant \dim V_1-\dim V_1\cap V_2\leqslant 1$.

当 $\dim V_1-\dim V_1\cap V_2=0$ 时，由 $V_1\cap V_2\subset V_1$ 得 $V_1\cap V_2=V_1$，此时
$$V_1\subset V_2\Rightarrow V_1+V_2=V_2.$$

当 $\dim V_1-\dim V_1\cap V_2=1$ 时，
$$\dim V_1=\dim V_1\cap V_2+1=\dim(V_1+V_2).$$
因为 $V_1\subset V_1+V_2$，所以 $V_1=V_1+V_2$，此时，$V_2\subset V_1$，$V_1\cap V_2=V_2$.

7.（武汉大学）设 $A=(\boldsymbol{\alpha}_1,\boldsymbol{\alpha}_2,\cdots,\boldsymbol{\alpha}_r)$ 是 $n\times r$ 矩阵，$B=(\boldsymbol{\beta}_1,\boldsymbol{\beta}_2,\cdots,\boldsymbol{\beta}_s)$ 是 $n\times s$ 矩阵，$R(A)=r$，$R(B)=s$. 证明：如果 $r+s>n$，则存在非零向量 ξ，使得 ξ 既可由 $\boldsymbol{\alpha}_1,\cdots,\boldsymbol{\alpha}_r$ 线性表示，又可由 $\boldsymbol{\beta}_1,\cdots,\boldsymbol{\beta}_s$ 线性表示.

证明 记向量组 $\boldsymbol{\alpha}_1,\cdots,\boldsymbol{\alpha}_r$ 与 $\boldsymbol{\beta}_1,\cdots,\boldsymbol{\beta}_s$ 生成的子空间分别为 V_1,V_2，即 $V_1=L(\boldsymbol{\alpha}_1,\cdots,\boldsymbol{\alpha}_r)$，$V_2=L(\boldsymbol{\beta}_1,\cdots,\boldsymbol{\beta}_s)$. 只要证明 $V_1\cap V_2\neq\{\boldsymbol{0}\}$ 即可.

事实上，由维数公式得

$\dim V_1\cap V_2=\dim V_1+\dim V_2-\dim(V_1+V_2)=r+s-\dim L(\boldsymbol{\alpha}_1,\cdots,\boldsymbol{\alpha}_r,\boldsymbol{\beta}_1,\cdots,\boldsymbol{\beta}_s)$，

而 $\dim L(\boldsymbol{\alpha}_1,\cdots,\boldsymbol{\alpha}_r,\boldsymbol{\beta}_1,\cdots,\boldsymbol{\beta}_s)\leqslant n$，所以 $\dim V_1\cap V_2>0$，即 $V_1\cap V_2\neq\{\boldsymbol{0}\}$. 证完.

8.（华中师范大学）设 V_1,V_2 是数域 P 上的线性空间. 对 $\forall(\boldsymbol{\alpha}_1,\boldsymbol{\alpha}_2),(\boldsymbol{\beta}_1,\boldsymbol{\beta}_2)\in V_1\times V_2$，$\forall k\in P$ 规定
$$(\boldsymbol{\alpha}_1,\boldsymbol{\alpha}_2)+(\boldsymbol{\beta}_1,\boldsymbol{\beta}_2)=(\boldsymbol{\alpha}_1+\boldsymbol{\beta}_1,\boldsymbol{\alpha}_2+\boldsymbol{\beta}_2),\ k(\boldsymbol{\alpha}_1,\boldsymbol{\alpha}_2)=(k\boldsymbol{\alpha}_1,k\boldsymbol{\alpha}_2).$$

1）证明：$V_1\times V_2$ 关于以上运算构成数域 P 上的线性空间；

2）$\dim V_1=m$，$\dim V_2=n$，求 $\dim(V_1\times V_2)$.

证明 1）容易看到 $V_1\times V_2$ 关于加法封闭，容易验证加法，满足交换律与结合律. 设 $\boldsymbol{O}_1,\boldsymbol{O}_2$ 分别为 V_1,V_2 中零元，那么 $(\boldsymbol{O}_1,\boldsymbol{O}_2)$ 是 $V_1\times V_2$ 的零元. 对 $\forall(\boldsymbol{\alpha}_1,\boldsymbol{\alpha}_2)\in V_1\times V_2$，$\exists(-\boldsymbol{\alpha}_1,-\boldsymbol{\alpha}_2)\in V_1\times V_2$，使得 $(\boldsymbol{\alpha}_1,\boldsymbol{\alpha}_2)+(-\boldsymbol{\alpha}_1,-\boldsymbol{\alpha}_2)=(\boldsymbol{O}_1,\boldsymbol{O}_2)$.

其次由数量乘法知数量乘法封闭，且
$$1\cdot(\boldsymbol{\alpha}_1,\boldsymbol{\alpha}_2)=(\boldsymbol{\alpha}_1,\boldsymbol{\alpha}_2),$$
$$k[l(\boldsymbol{\alpha}_1,\boldsymbol{\alpha}_2)]=(kl)(\boldsymbol{\alpha}_1,\boldsymbol{\alpha}_2),$$
$$(k+l)(\boldsymbol{\alpha}_1,\boldsymbol{\alpha}_2)=k(\boldsymbol{\alpha}_1,\boldsymbol{\alpha}_2)+l(\boldsymbol{\alpha}_1,\boldsymbol{\alpha}_2),$$
$$k[(\boldsymbol{\alpha}_1,\boldsymbol{\alpha}_2)+(\boldsymbol{\beta}_1,\boldsymbol{\beta}_2)]=k(\boldsymbol{\alpha}_1,\boldsymbol{\alpha}_2)+k(\boldsymbol{\beta}_1,\boldsymbol{\beta}_2),$$
都成立，故 $V_1\times V_2$ 是 P 上线性空间.

2）设 $\boldsymbol{\alpha}_1,\cdots,\boldsymbol{\alpha}_m$ 为 V_1 的一组基，$\boldsymbol{\beta}_1,\cdots,\boldsymbol{\beta}_n$ 为 V_2 的一组基. 令

$$\boldsymbol{\gamma}_1=(\boldsymbol{\alpha}_1,\boldsymbol{0}),\boldsymbol{\gamma}_2=(\boldsymbol{\alpha}_2,\boldsymbol{0}),\cdots,\boldsymbol{\gamma}_m=(\boldsymbol{\alpha}_m,\boldsymbol{0})$$
$$\boldsymbol{\delta}_1=(\boldsymbol{0},\boldsymbol{\beta}_1),\boldsymbol{\delta}_2=(\boldsymbol{0},\boldsymbol{\beta}_2),\cdots,\boldsymbol{\delta}_n=(\boldsymbol{0},\boldsymbol{\beta}_n).$$

先证 $m+n$ 个向量 $\boldsymbol{\gamma}_1,\cdots,\boldsymbol{\gamma}_m,\boldsymbol{\delta}_1,\cdots,\boldsymbol{\delta}_n$ 线性无关. 令

$$l_1\boldsymbol{\gamma}_1+\cdots+l_m\boldsymbol{\gamma}_m+k_1\boldsymbol{\delta}_1+\cdots+k_n\boldsymbol{\delta}_n=\boldsymbol{0},$$

所以

$$(l_1\boldsymbol{\alpha}_1+l_2\boldsymbol{\alpha}_2+\cdots+l_m\boldsymbol{\alpha}_m,k_1\boldsymbol{\beta}_1+\cdots+k_n\boldsymbol{\beta}_n)=(\boldsymbol{O}_1,\boldsymbol{O}_2),$$

进而得到

$$l_1=\cdots=l_m=k_1=\cdots=k_n=0.$$

所以 $\gamma_1,\cdots,\gamma_m,\delta_1,\cdots,\delta_n$ 线性无关.

$\forall\gamma\in V_1\times V_2$,则 $\gamma=(\boldsymbol{\alpha},\boldsymbol{\beta})$,其中 $\boldsymbol{\alpha}\in V_1,\boldsymbol{\beta}\in V_2$,那么

$$\boldsymbol{\alpha}=s_1\boldsymbol{\alpha}_1+\cdots+s_m\boldsymbol{\alpha}_m,\boldsymbol{\beta}=t_1\boldsymbol{\beta}_1+\cdots+t_n\boldsymbol{\beta}_n,$$

所以

$$\gamma=(\boldsymbol{\alpha},0)+(0,\boldsymbol{\beta})=s_1\gamma_1+\cdots+s_m\gamma_m+t_1\delta_1+\cdots+t_n\delta_n.$$

即 γ 可由 $\gamma_1,\cdots,\gamma_m,\delta_1,\cdots,\delta_n$ 线性表出,所以它们为 $V_1\times V_2$ 的一组基. 从而 $\dim(V_1\times V_2)=m+n$.

9.(中国科技大学)若 $\boldsymbol{\alpha}_1,\boldsymbol{\alpha}_2,\cdots,\boldsymbol{\alpha}_n$ 是 n 维线性空间 V 的一组基,证明:向量组 $\boldsymbol{\alpha}_1,\boldsymbol{\alpha}_1+\boldsymbol{\alpha}_2,\cdots,\boldsymbol{\alpha}_1+\boldsymbol{\alpha}_2+\cdots+\boldsymbol{\alpha}_n$ 仍是 V 的一组基. 又若 $\boldsymbol{\alpha}$ 关于前一组基的坐标为 $(n,n-1,\cdots,2,1)$,求 $\boldsymbol{\alpha}$ 关于最后一组基的坐标.

解 令 $\boldsymbol{\beta}_1=\boldsymbol{\alpha}_1,\boldsymbol{\beta}_2=\boldsymbol{\alpha}_1+\boldsymbol{\alpha}_2,\cdots,\boldsymbol{\beta}_n=\boldsymbol{\alpha}_1+\boldsymbol{\alpha}_2+\cdots+\boldsymbol{\alpha}_n$,则

$$(\boldsymbol{\beta}_1,\boldsymbol{\beta}_2,\cdots,\boldsymbol{\beta}_n)=(\boldsymbol{\alpha}_1,\boldsymbol{\alpha}_2\cdots,\boldsymbol{\alpha}_n)\begin{pmatrix}1&1&\cdots&1\\0&1&\cdots&1\\\vdots&\vdots&&\vdots\\0&0&\cdots&1\end{pmatrix},令\boldsymbol{A}=\begin{pmatrix}1&1&\cdots&1\\0&1&\cdots&1\\\cdots&\cdots&&\cdots\\0&0&\cdots&1\end{pmatrix},$$

则 $|\boldsymbol{A}|\neq0$,所以 $R(\boldsymbol{\beta}_1,\cdots,\boldsymbol{\beta}_n)=R(\boldsymbol{A})=n$. 因此有 $\boldsymbol{\beta}_1,\boldsymbol{\beta}_2,\cdots,\boldsymbol{\beta}_n$ 线性无关,从而它也是一组基. 设

$$\boldsymbol{\alpha}=x_1\boldsymbol{\beta}_1+\cdots+x_n\boldsymbol{\beta}_n=(\boldsymbol{\beta}_1,\cdots,\boldsymbol{\beta}_n)\begin{pmatrix}x_1\\\vdots\\x_n\end{pmatrix}=(\boldsymbol{\alpha}_1,\cdots,\boldsymbol{\alpha}_n)A\begin{pmatrix}x_1\\\vdots\\x_n\end{pmatrix}=(\boldsymbol{\alpha}_1,\cdots,\boldsymbol{\alpha}_n)\begin{pmatrix}n\\n-1\\\vdots\\1\end{pmatrix}.$$

由上式有 $\boldsymbol{A}\begin{pmatrix}x_1\\\vdots\\x_n\end{pmatrix}=\begin{pmatrix}n\\n-1\\\vdots\\1\end{pmatrix}$,进而得到

$$\begin{pmatrix}x_1\\\vdots\\x_n\end{pmatrix}=\boldsymbol{A}^{-1}\begin{pmatrix}n\\n-1\\\vdots\\1\end{pmatrix}=\begin{pmatrix}1&-1&0&\cdots&0\\0&1&-1&\cdots&\cdots\\\vdots&\vdots&\vdots&&\vdots\\0&0&0&\cdots&1\end{pmatrix}\begin{pmatrix}n\\n-1\\\vdots\\1\end{pmatrix}=\begin{pmatrix}1\\1\\\vdots\\1\end{pmatrix}.$$

即 $\boldsymbol{\alpha}$ 在后一组基下坐标为 $(1,1,\cdots,1)$.

10.(浙江大学)设 U 是线性空间 V 的一个真子空间,问:V 中适合 $V=U+W$ 的子空间 W 是否唯一?并证明你的结论.

答 不唯一.比如 $V=R^2$, $U=L(\boldsymbol{\varepsilon}_1)$,其中 $\boldsymbol{\varepsilon}_1=(1,0)$.再令 $\boldsymbol{\varepsilon}_2=(0,1)$, $\boldsymbol{\alpha}=(1,1)$,那么 $W_1=L(\boldsymbol{\varepsilon}_2)$, $W_2=L(\boldsymbol{\alpha})$, $W_3=L(\boldsymbol{\varepsilon}_1,\boldsymbol{\varepsilon}_2)$ 都有

$$V=U+W_1=U+W_2=U+W_3.$$

但 W_1,W_2,W_3 互不相等.故 W 不是唯一的.

11.(华中师范大学)设 $S(\boldsymbol{A})=\{\boldsymbol{B}\in P^{n\times n}\mid \boldsymbol{AB}=\mathbf{O}\}$,证明:

1) $S(\boldsymbol{A})$ 是 $P^{n\times n}$ 的子空间;

2)设 $R(\boldsymbol{A})=r$,求 $S(\boldsymbol{A})$ 的一组基和维数.

证明 1)因为 $\mathbf{O}\in S(\boldsymbol{A})$,则 $S(\boldsymbol{A})$ 非空.对 $\forall \boldsymbol{B}_1,\boldsymbol{B}_2\in S(\boldsymbol{A})$, $\forall k\in P$,由 $\boldsymbol{AB}_1=\mathbf{O}$, $\boldsymbol{AB}_2=\mathbf{O}$,得到 $\boldsymbol{A}(\boldsymbol{B}_1+\boldsymbol{B}_2)=\mathbf{O}$,即 $\boldsymbol{B}_1+\boldsymbol{B}_2\in S(\boldsymbol{A})$. $\boldsymbol{A}(k\boldsymbol{B}_1)=k\boldsymbol{AB}_1=\mathbf{O}$,则 $k\boldsymbol{B}_1\in S(\boldsymbol{A})$,即证 $S(\boldsymbol{A})$ 是 $P^{n\times n}$ 的子空间.

2)设 $\boldsymbol{\alpha}_1,\cdots,\boldsymbol{\alpha}_{n-r}$ 为 $\boldsymbol{AX}=0$ 的一个基础解系.令

$$\boldsymbol{B}_{11}=(\boldsymbol{\alpha}_1,0,\cdots,0),\boldsymbol{B}_{12}=(0,\boldsymbol{\alpha}_1,0,\cdots,0),\cdots\boldsymbol{B}_{1n}=(0,0,\cdots,\boldsymbol{\alpha}_1),$$
$$\boldsymbol{B}_{21}=(\boldsymbol{\alpha}_2,0,\cdots,0),\boldsymbol{B}_{22}=(0,\boldsymbol{\alpha}_2,0,\cdots,0),\cdots\boldsymbol{B}_{2n}=(0,0,\cdots,\boldsymbol{\alpha}_2),$$
$$\cdots\cdots$$
$$\boldsymbol{B}_{n-r,1}=(\boldsymbol{\alpha}_{n-r},0,\cdots,0),\boldsymbol{B}_{n-r,2}=(0,\boldsymbol{\alpha}_{n-r},0,\cdots),\boldsymbol{B}_{n-r,n}=(0,0,\cdots,\boldsymbol{\alpha}_{n-r}),$$

则 $AB_{ij}=\mathbf{O}(i=1,2,\cdots,n-r;j=1,2,\cdots,n)$,即 $\boldsymbol{B}_{ij}\in S(\boldsymbol{A})$.

易证它们线性无关,且 $\forall \boldsymbol{C}\in S(\boldsymbol{A})$,可证 $\boldsymbol{C}$ 可由它们线性表出.

所以一切矩阵 $B_{ij}(1\leqslant i\leqslant n-r,1\leqslant j\leqslant n)$ 构成 $S(\boldsymbol{A})$ 的一组基,故

$$\dim S(\boldsymbol{A})=n(n-r).$$

12.(同济大学)设 U 是由 $\{(1,3,-2,2,3),(1,4,-3,4,2),(2,3,-1,-2,9)\}$ 生成的 $\mathbf{R}^5$ 的子空间, W 是由 $\{(1,3,0,2,1),(1,5,-6,6,3),(2,5,3,2,1)\}$ 生成的 $\mathbf{R}^5$ 的子空间,求

1) $U+W$;

2) $U\cap W$ 的维数与基底.

解 1)令 $\boldsymbol{\alpha}_1=(1,3,-2,2,3),\boldsymbol{\alpha}_2=(1,4,-3,4,2),\boldsymbol{\alpha}_3=(2,3,-1,-2,9)$, $\boldsymbol{\beta}_1=(1,3,0,2,1),\boldsymbol{\beta}_2=(1,5,-6,6,3),\boldsymbol{\beta}_3=(2,5,3,2,1)$.可得

$$U=L(\boldsymbol{\alpha}_1,\boldsymbol{\alpha}_2,\boldsymbol{\alpha}_3,)=L(\boldsymbol{\alpha}_1,\boldsymbol{\alpha}_2).$$
$$W=L(\boldsymbol{\beta}_1,\boldsymbol{\beta}_2,\boldsymbol{\beta}_3)=L(\boldsymbol{\beta}_1,\boldsymbol{\beta}_2).$$

则 $U+W=L(\boldsymbol{\alpha}_1,\boldsymbol{\alpha}_2,\boldsymbol{\beta}_1,\boldsymbol{\beta}_2)$.由于 $\boldsymbol{\alpha}_1,\boldsymbol{\alpha}_2,\boldsymbol{\beta}_1$ 为 $\boldsymbol{\alpha}_1,\boldsymbol{\alpha}_2,\boldsymbol{\beta}_1,\boldsymbol{\beta}_2$ 的一个极大线性无关组,所以又可得 $U+W=L(\boldsymbol{\alpha}_1,\boldsymbol{\alpha}_2,\boldsymbol{\beta}_1)$, $\dim(U+W)=3$,且 $\boldsymbol{\alpha}_1,\boldsymbol{\alpha}_2,\boldsymbol{\beta}_1$ 为 $U+W$ 的一组基.

2)令

$$x_1\boldsymbol{\alpha}_1+x_2\boldsymbol{\alpha}_2+y_1\boldsymbol{\beta}_1+y_2\boldsymbol{\beta}_2=\mathbf{0}, \qquad (*)$$

$\because$ 秩 $R(\boldsymbol{\alpha}_1,\boldsymbol{\alpha}_2,\boldsymbol{\beta}_1,\boldsymbol{\beta}_2)=3$,齐次方程组($*$)的基础解系只有一个向量组成 $\boldsymbol{\delta}=(0,2,-1,-1)$.再令 $\boldsymbol{\xi}=(\boldsymbol{\alpha}_1,\boldsymbol{\alpha}_2)\begin{pmatrix}0\\2\end{pmatrix}=2\boldsymbol{\alpha}_2=(2,8,-6,8,4)$,则 $U\cap W=L(\xi)$, $\dim(U\cap W)=1$, ξ 为 $U\cap W$ 的一组基.

13.（厦门大学）设 V 是 n 维线性空间，U,W 是 V 的子空间，且 U,W 维数的和 $\dim U+\dim W=n$．求证：存在 V 的线性变换 φ，使得 φ 的核空间 $\ker\varphi=U$，φ 的像空间 $\mathrm{Im}\varphi=W$．

证明 取 U 的一组基 $\boldsymbol{\alpha}_1,\cdots,\boldsymbol{\alpha}_s$ 和 W 的一组基 $\boldsymbol{\beta}_{s+1},\cdots,\boldsymbol{\beta}_n$．将 U 的基 $\boldsymbol{\alpha}_1,\cdots,\boldsymbol{\alpha}_s$ 扩张为 V 的一组基 $\boldsymbol{\alpha}_1,\cdots,\boldsymbol{\alpha}_s,\boldsymbol{\alpha}_{s+1},\cdots,\boldsymbol{\alpha}_n$．令 V 的线性变换

$$\varphi:\varphi(\boldsymbol{\alpha}_i)=\mathbf{0}(i=1,2,\cdots,s),\varphi(\boldsymbol{\alpha}_j)=\boldsymbol{\beta}_j(j=s+1,\cdots,n).$$

此时即有 $\ker\varphi=U,\mathrm{Im}\varphi=W$．

14.（华中科技大学）已知 A,B,C,D 为线性空间 V 上的线性变换，且两两可交换，并有 $AC+BD=E$．证明：$\ker AB=\ker A\oplus\ker B$．

证明 先证明 $\ker A\cap\ker B=\{0\}$．设 $x\in\ker A\cap\ker B$，则有 $Ax=Bx=0$. 又因为 A,B,C,D 两两可交换，所以

$$x=ACx+BDx=CAx+DBx=0+0=0,$$

因此 $\ker A\cap\ker B=\{0\}$．

再证明 $\ker AB=\ker A+\ker B$．对 $\forall x\in\ker A$，有 $ABx=BAx=0$，即 $x\in\ker AB$，于是 $\ker A\subseteq\ker AB$；同理可证 $\ker B\subseteq\ker AB$，所以 $\ker AB\supseteq\ker A+\ker B$．又对 $\forall x\in\ker AB$，此时 $BACx=CABx=0$，所以 $ACx\in\ker B$；同理 $BDx\in\ker A$．由 $AC+BD=E$ 知 $x=ACx+BDx\in\ker A+\ker B$，即 $\ker AB\subseteq\ker A+\ker B$．从而 $\ker AB=\ker A+\ker B$．

综上所述有 $\ker AB=\ker A\oplus\ker B$．

15.（山东大学）设 $\boldsymbol{A}$ 是数域 $\boldsymbol{P}$ 上的 $r\times n$ 矩阵，$\boldsymbol{B}$ 是 $\boldsymbol{P}$ 上 $(n-r)\times n$ 矩阵，$\boldsymbol{C}=\begin{pmatrix}\boldsymbol{A}\\\boldsymbol{B}\end{pmatrix}$ 是非奇异矩阵. 证明：n 维线性空间 $\boldsymbol{P}^n=\{x=(x_1,x_2,\cdots,x_n)'\mid x_i\in\boldsymbol{P}\}$ 是齐次线性方程组 $\boldsymbol{AX}=\mathbf{0}$ 的解子空间 V_1 与 $\boldsymbol{BX}=\mathbf{0}$ 的解子空间 V_2 的直和.

证明 因为 $|\boldsymbol{C}|\neq 0$，则 $CX=\mathbf{0}$ 只有零解，即 $\begin{cases}\boldsymbol{AX}=\mathbf{0}\\\boldsymbol{BX}=\mathbf{0}\end{cases}\Leftrightarrow\begin{pmatrix}A\\B\end{pmatrix}X=\mathbf{0}$ 仅有零解.

得到 $V_1\cap V_2=\{\mathbf{0}\}$．

又因为 $R(\boldsymbol{A})=r$，$R(\boldsymbol{B})=n-r[\because R(\boldsymbol{C})=n]$，则

$$\dim V_1+\dim V_2=[n-R(\boldsymbol{A})]+[n-R(\boldsymbol{B})]=n=\dim\boldsymbol{P}^n.$$

又因为 $V_1+V_2\subseteq\boldsymbol{P}^n$，得到 $V_1+V_2=\boldsymbol{P}^n$，

故 $\boldsymbol{P}^n=V_1\oplus V_2$.

16.（南开大学）设 M 是 $\boldsymbol{P}^{n\times n}$ 的一个非空子集，假定 M 满足下列条件：

1）M 中至少有一个非零矩阵；

2）$\forall\boldsymbol{A},\boldsymbol{B}\in M,\boldsymbol{A}-\boldsymbol{B}\in M$；

3）$\forall\boldsymbol{A}\in M,\boldsymbol{X}\in\boldsymbol{P}^{n\times n},\boldsymbol{AX}\in M,\boldsymbol{XA}\in M$．

证明：$M=\boldsymbol{P}^{n\times n}$．

证明 首先，$\forall\boldsymbol{B}\in M$，取 $X=diag(k,k,\cdots,k)$，有 $k\boldsymbol{B}=\boldsymbol{XB}\in M$．特别地，$k=-1$ 时，$-\boldsymbol{B}\in M$．由2）知，$\boldsymbol{A}+\boldsymbol{B}=\boldsymbol{A}-(-\boldsymbol{B})\in M$．从而 $\boldsymbol{P}^{n\times n}$ 的非空子集 M 对矩阵加法与数乘封闭，此说明 M 为 $\boldsymbol{P}^{n\times n}$ 的子空间.

其次，不妨设 $\boldsymbol{A}$ 为 M 中非零矩阵，且 $R(\boldsymbol{A})=r$，则存在 n 阶可逆阵 $\boldsymbol{P},\boldsymbol{Q}$ 使

$$PAQ = \begin{pmatrix} E_r & O \\ O & O \end{pmatrix}, r > 0,$$

由 3）知$\begin{pmatrix} E_r & O \\ O & O \end{pmatrix} \in M$. 取 $X = diag(1,0,\cdots,0)$，再由 3）知

$$E_{11} = \begin{pmatrix} E_r & O \\ O & O \end{pmatrix} diag(1,0,\cdots,0) \in M.$$

对 E_{11} 作初等行、列变换相当于对其左、右乘相应初等矩阵，结合 3）知，$E_{ii} \in M$.（这里 E_{ii} 为 (i,i) 元为 1，其余元素为零的 n 阶方阵）.

又因 M 对加法封闭，所以 $E = \sum_{i=1}^{n} E_{ii} \in M$. 再由 3）知，对 $\forall X \in P^{n\times n}$，$X = EX \in M$. 从而 $M = P^{n\times n}$.

17.（华南理工大学）设 A,B 为数域 P 上的 $m\times n$ 与 $n\times s$ 矩阵，又 $W = \{B\alpha \mid AB\alpha = 0, \alpha$ 为 P 的 s 维列向量，即 $\alpha \in P^{s\times 1}\}$ 是 n 维列向量空间 $P^{n\times 1}$ 的子空间，证明：$\dim W = R(B) - R(AB)$.

证明 设 $R(B) = r$，则 $BX = 0$ 的解空间 V_1 是 $s - r$ 维的.

又令 $R(AB) = t$，则 $ABX = 0$ 的解空间 V_2 是 $s - t$ 维的. 显然 $V_1 \subset V_2$，故

$$s - r \leqslant s - t.$$

取 V_1 的基 $\alpha_1,\cdots,\alpha_{s-r}$，扩成 V_2 的基 $\alpha_1,\cdots,\alpha_{s-r},\alpha_{s-r+1},\cdots,\alpha_{s-t}$，则 $B\alpha_1,\cdots,B\alpha_{s-r},B\alpha_{s-r+1},\cdots,B\alpha_{s-t}$ 属于 W，且生成 W.

事实上，$\forall B\alpha \in W$，有 $AB\alpha = 0$，所以 $\alpha \in V_2$，从而 α 是 $\alpha_1,\cdots,\alpha_{s-t}$ 的线性组合. 所以 $B\alpha$ 是 $B\alpha_1,\cdots,B\alpha_{s-t}$ 的线性组合，即 $W = L(B\alpha_1,\cdots,B\alpha_{s-r},B\alpha_{s-r+1},\cdots,B\alpha_{s-t})$. 又 $B\alpha_i = 0(i = 1,\cdots,s-r)$，所以 $W = L(B\alpha_{s-r+1},\cdots,B\alpha_{s-t})$.

下证 $B\alpha_{s-r+1},\cdots,B\alpha_{s-t}$ 线性无关.

事实上，若 $\sum_{j=s-r+1}^{s-t} k_j B\alpha_j = 0$，即 $B\sum_{j=s-r+1}^{s-t} k_j\alpha_j = 0$，则 $\sum_{j=s-r+1}^{s-t} k_j\alpha_j \in V_1$. 令 $\sum_{j=s-r+1}^{s-t} k_j\alpha_j = \sum_{j=1}^{s-r} k_j\alpha_j$，由 $\alpha_1,\cdots,\alpha_{s-t}$ 线性无关知，$k_j = 0, j = 1,2,\cdots,s-t$，也就是 $B\alpha_{s-r+1},\cdots,B\alpha_{s-t}$ 线性无关. 因此 $\dim W = (s-t) - (s-r) = r - t$，命题得证.

第7章　线性变换

线性变换是线性代数的一个主要研究对象,反映线性空间中元素之间的一种对应关系.由于线性空间的抽象性,线性变换的概念和性质同样不好掌握.因此考虑线性变换在一组基下的具体矩阵形式,方便研究和计算.线性变换的特征值和特征向量的计算,可转化为其在一组基下矩阵的特征值和特征向量的计算.接下来是对角化问题,也就是一个线性变换能否在适当的一组基下是对角矩阵.由于线性变换在不同基下的矩阵是相似的,这样就转化为线性变换的矩阵能否相似于对角矩阵的问题,主要工作还是特征值与特征向量的计算.事实上线性变换和矩阵是同一事物的两种不同表现形式,注意体会矩阵的重要性.

线性变换与矩阵的特征值与特征向量的计算是本章的重点,其计算涉及行列式计算、多项式求根、解齐次线性方程组等内容,该部分理论性和综合性较强,经常出现一些难题.

7.1　线性变换及其矩阵

定义1　线性空间 V 的一个变换 A 称为线性变换,如果对于 V 中任意的元素 $\boldsymbol{\alpha},\boldsymbol{\beta}$ 和数域 P 中任意数 k ,都有 $A(\boldsymbol{\alpha}+\boldsymbol{\beta})=A(\boldsymbol{\alpha})+A(\boldsymbol{\beta})$, $A(k\boldsymbol{\alpha})=kA(\boldsymbol{\alpha})$.

命题1　设 $\boldsymbol{\varepsilon}_1,\boldsymbol{\varepsilon}_2,\cdots,\boldsymbol{\varepsilon}_n$ 是线性空间 V 的一组基,如果线性变换 A 与 B 在这组基上的作用相同,即 $A(\boldsymbol{\varepsilon}_i)=B(\boldsymbol{\varepsilon}_i)$, $i=1,2,\cdots,n$,那么 $A=B$.

命题2　设 $\boldsymbol{\varepsilon}_1,\boldsymbol{\varepsilon}_2,\cdots,\boldsymbol{\varepsilon}_n$ 是线性空间 V 的一组基,对于任意一组向量 $\boldsymbol{\alpha}_1,\boldsymbol{\alpha}_2,\cdots,\boldsymbol{\alpha}_n$ 一定有一个线性变换 A ,使 $A(\boldsymbol{\varepsilon}_i)=\boldsymbol{\alpha}_i$, $i=1,2,\cdots,n$.

定理1　设 $\boldsymbol{\varepsilon}_1,\boldsymbol{\varepsilon}_2,\cdots,\boldsymbol{\varepsilon}_n$ 是线性空间 V 的一组基, $\boldsymbol{\alpha}_1,\boldsymbol{\alpha}_2,\cdots,\boldsymbol{\alpha}_n$ 是 V 中任意 n 个向量.存在唯一的线性变换 A ,使 $A(\boldsymbol{\varepsilon}_i)=\boldsymbol{\alpha}_i$, $i=1,2,\cdots,n$.

定义2　设 $\boldsymbol{\varepsilon}_1,\boldsymbol{\varepsilon}_2,\cdots,\boldsymbol{\varepsilon}_n$ 是数域 P 上 n 维线性空间 V 的一组基, A 是 V 中的一个线性变换.基向量的像可以被基线性表出,即

$$\begin{cases}A\boldsymbol{\varepsilon}_1 = a_{11}\boldsymbol{\varepsilon}_1 + a_{21}\boldsymbol{\varepsilon}_2 + \cdots + a_{n1}\boldsymbol{\varepsilon}_n, \\ A\boldsymbol{\varepsilon}_2 = a_{12}\boldsymbol{\varepsilon}_1 + a_{22}\boldsymbol{\varepsilon}_2 + \cdots + a_{n2}\boldsymbol{\varepsilon}_n, \\ \cdots\cdots \\ A\boldsymbol{\varepsilon}_n = a_{1n}\boldsymbol{\varepsilon}_1 + a_{2n}\boldsymbol{\varepsilon}_2 + \cdots + a_{nn}\boldsymbol{\varepsilon}_n.\end{cases}$$

用矩阵来表示就是 $A(\boldsymbol{\varepsilon}_1,\boldsymbol{\varepsilon}_2,\cdots,\boldsymbol{\varepsilon}_n) = (A(\boldsymbol{\varepsilon}_1),A(\boldsymbol{\varepsilon}_2),\cdots,A(\boldsymbol{\varepsilon}_n)) = (\boldsymbol{\varepsilon}_1,\boldsymbol{\varepsilon}_2,\cdots,\boldsymbol{\varepsilon}_n)A$，

其中 $\boldsymbol{A} = \begin{pmatrix} a_{11}a_{12}\cdots a_{1n} \\ a_{21}a_{22}\cdots a_{2n} \\ \cdots\cdots \\ a_{n1}a_{n2}\cdots a_{nn}\end{pmatrix}$，矩阵 $\boldsymbol{A}$ 称为线性变换 A 在基 $\boldsymbol{\varepsilon}_1,\boldsymbol{\varepsilon}_2,\cdots,\boldsymbol{\varepsilon}_n$ 下的矩阵.

定理2 设 $\boldsymbol{\varepsilon}_1,\boldsymbol{\varepsilon}_2,\cdots,\boldsymbol{\varepsilon}_n$ 是数域 P 上 n 维线性空间 V 的一组基，在这组基下，每个线性变换按 $A(\boldsymbol{\varepsilon}_1,\boldsymbol{\varepsilon}_2,\cdots,\boldsymbol{\varepsilon}_n) = (\boldsymbol{\varepsilon}_1,\boldsymbol{\varepsilon}_2,\cdots,\boldsymbol{\varepsilon}_n)\boldsymbol{A}$ 对应一个 $n \times n$ 矩阵. 这个对应具有以下性质：

1)线性变换的和对应于矩阵的和；

2)线性变换的乘积对应于矩阵的乘积；

3)线性变换的数量乘积对应于矩阵的数量乘积；

4)可逆的线性变换与可逆矩阵对应，且逆变换对应于逆矩阵.

定理2说明数域 P 上 n 维线性空间 V 的全体线性变换组成的集合 $L(V)$ 对于线性变换的加法与数量乘法构成 P 上一个线性空间，与数域 P 上 n 阶方阵构成的线性空间 $P^{n\times n}$ 同构.

定理3 设线性变换 A 在基 $\boldsymbol{\varepsilon}_1,\boldsymbol{\varepsilon}_2,\cdots,\boldsymbol{\varepsilon}_n$ 下的矩阵是 $\boldsymbol{A}$，向量 $\boldsymbol{\xi}$ 在基 $\boldsymbol{\varepsilon}_1,\boldsymbol{\varepsilon}_2,\cdots,\boldsymbol{\varepsilon}_n$ 下的坐标是 $(x_1,x_2,\cdots,x_n)$，则 $A\boldsymbol{\xi}$ 在基 $\boldsymbol{\varepsilon}_1,\boldsymbol{\varepsilon}_2,\cdots,\boldsymbol{\varepsilon}_n$ 下的坐标 $(y_1,y_2,\cdots,y_n)$ 可以按公式 $(y_1,y_2,\cdots,y_n)' = \boldsymbol{A}(x_1,x_2,\cdots,x_n)'$ 计算.

定理4 设线性空间 V 中线性变换 A 在两组基 $\boldsymbol{\varepsilon}_1,\boldsymbol{\varepsilon}_2,\cdots,\boldsymbol{\varepsilon}_n$；$\boldsymbol{\eta}_1,\boldsymbol{\eta}_2,\cdots,\boldsymbol{\eta}_n$ 下的矩阵分别为 $\boldsymbol{A}$ 和 $\boldsymbol{B}$，从基 $\boldsymbol{\varepsilon}_1,\boldsymbol{\varepsilon}_2,\cdots,\boldsymbol{\varepsilon}_n$ 到 $\boldsymbol{\eta}_1,\boldsymbol{\eta}_2,\cdots,\boldsymbol{\eta}_n$ 的过渡矩阵是 $\boldsymbol{X}$，于是 $\boldsymbol{B} = \boldsymbol{X}^{-1}\boldsymbol{AX}$.

定义3 设 $\boldsymbol{A}$，$\boldsymbol{B}$ 为数域 P 上两个 n 阶矩阵，如果可以找到数域 P 上的 n 阶可逆矩阵 $\boldsymbol{X}$，使得 $\boldsymbol{B} = \boldsymbol{X}^{-1}\boldsymbol{AX}$，就说 $\boldsymbol{A}$ 相似于 $\boldsymbol{B}$，记作 $\boldsymbol{A} \sim \boldsymbol{B}$.

相似是矩阵之间的一种关系，满足自反性，对称性和传递性.

定理5 线性变换在不同基下所对应的矩阵是相似的. 反过来，如果两个矩阵相似，那么它们可以看作同一个线性变换在两组基下所对应的矩阵.

本节知识拓展 线性变换是抽象的，但是线性变换在基下对应的矩阵是具体的，注意利用矩阵来研究线性变换.

例1 设 A 是线性空间 V 上的线性变换，如果 $A^{k-1}\boldsymbol{\xi} \neq \boldsymbol{0}$，但 $A^k\boldsymbol{\xi} = \boldsymbol{0}$，求证 $\boldsymbol{\xi},A\boldsymbol{\xi},\cdots,A^{k-1}\boldsymbol{\xi}(k > 0)$ 线性无关.

证明 假设存在一组数 $a_1,a_2,\cdots,a_k$，使

$$a_1\boldsymbol{\xi} + a_2A\boldsymbol{\xi} + \cdots + a_kA^{k-1}\boldsymbol{\xi} = \boldsymbol{0},$$

用 A^{k-1} 作用于等式两边，因为当 $n \geqslant k$ 时，$A^n\boldsymbol{\xi} = 0$，得 $a_1A^{k-1}\boldsymbol{\xi} = \boldsymbol{0}$. 又因为 $A^{k-1}\boldsymbol{\xi} \neq \boldsymbol{0}$，所以 $a_1 = 0$，于是有

$$a_2A\boldsymbol{\xi}+a_3A^2\boldsymbol{\xi}+\cdots+a_kA^{k-1}\boldsymbol{\xi}=\mathbf{0},$$

再用 A^{k-2} 作用于等式两边，得 $a_2A^{k-1}\boldsymbol{\xi}=\mathbf{0}$，因此推得 $a_2=0$. 同理继续作下去，得

$$a_1=a_2=\cdots=a_k=0,$$

故 $\boldsymbol{\xi},A\boldsymbol{\xi},\cdots,A^{k-1}\boldsymbol{\xi}(k>0)$ 线性无关.

例 2　设 V 是数域 P 上 n 维线性空间. 证明：V 的与全体线性变换可以交换的线性变换是数乘变换.

证明　因为在某组确定的基下，线性变换与 n 阶方阵是 $1-1$ 对应的，又因为与一切 n 阶方阵可交换的方阵必是数量矩阵 $k\boldsymbol{E}$，从而与一切线性变换可交换的线性变换必是数乘变换 $k\boldsymbol{E}$.

例 3　设 A 是数域 P 上 n 维线性空间 V 的一个线性变换. 证明：如果 A 在任意一组基下的矩阵都相同，那么 A 是数乘变换.

证明　设 A 在基 $\varepsilon_1,\varepsilon_2,\cdots,\varepsilon_n$ 下的矩阵为 $\boldsymbol{A}=(a_{ij})_{n\times n}$，只要证明 $\boldsymbol{A}$ 为数量矩阵即可. 设 $\boldsymbol{X}$ 为任一非退化方阵，$(\boldsymbol{\eta}_1,\boldsymbol{\eta}_2,\cdots,\boldsymbol{\eta}_n)=(\boldsymbol{\varepsilon}_1,\boldsymbol{\varepsilon}_2,\cdots,\boldsymbol{\varepsilon}_n)X$，则 $\boldsymbol{\eta}_1,\boldsymbol{\eta}_2,\cdots,\boldsymbol{\eta}_n$ 也是一组基，A 在这组基下的矩阵是 $\boldsymbol{X}^{-1}\boldsymbol{A}\boldsymbol{X}$，从而有 $\boldsymbol{A}=\boldsymbol{X}^{-1}\boldsymbol{A}\boldsymbol{X}$.

若取 $\boldsymbol{X}_1=diag(1,2,\cdots,n)$，则由 $\boldsymbol{A}\boldsymbol{X}_1=\boldsymbol{X}_1\boldsymbol{A}$ 知 $a_{ij}=0(i\neq j)$，所以

$$\boldsymbol{A}=diag(a_{11},a_{22},\cdots,a_{nn}).$$

再取

$$\boldsymbol{X}_2=\begin{pmatrix}0&1&0&\cdots&0\\0&0&1&\cdots&0\\\vdots&\vdots&\vdots&&\vdots\\0&0&0&\cdots&1\\1&0&0&\cdots&0\end{pmatrix},$$

由 $\boldsymbol{A}\boldsymbol{X}_2=\boldsymbol{X}_2\boldsymbol{A}$ 知 $a_{11}=a_{22}=\cdots=a_{nn}$，故 $\boldsymbol{A}$ 为数量矩阵，从而 A 为数乘变换.

7.2　特征值与特征向量

定义 4　设 A 是数域 P 上线性空间 V 的一个线性变换，如果对于数域 P 中一数 $\boldsymbol{\lambda}_0$，存在一个非零向量 ξ，使得 $A\xi=\lambda_0\xi$，那么 λ_0 称为 A 的一个特征值，而 ξ 称为 A 的属于特征值 λ_0 的一个特征向量.

定义 5　设 $\boldsymbol{A}$ 是数域 P 上一个 n 阶矩阵，λ 是一个文字. 矩阵 $\boldsymbol{\lambda E-A}$ 的行列式

$$|\lambda\boldsymbol{E}-\boldsymbol{A}|=\begin{vmatrix}\lambda-a_{11}&-a_{12}&\cdots&-a_{1n}\\-a_{21}&\lambda-a_{22}&\cdots&-a_{2n}\\&\cdots&\cdots&\\-a_{n1}&-a_{n2}&\cdots&\lambda-a_{nn}\end{vmatrix}.$$

称为矩阵 $\boldsymbol{A}$ 的特征多项式，这是数域 P 上的一个 n 次多项式.

注　如果 $|\boldsymbol{\lambda E-A}|$ 在数域 P 上能分解为一次因式的乘积，则有 $\boldsymbol{A}$ 的全体特征值的和为 $a_{11}+a_{22}+\cdots+a_{nn}$（称为 $\boldsymbol{A}$ 的迹）. $\boldsymbol{A}$ 全体特征值的积为 $|\boldsymbol{A}|$.

定理 6 相似的矩阵有相同的特征多项式.

注 特征多项式相同的矩阵不一定是相似的. 例如

$$\boldsymbol{A}=\begin{pmatrix}1&0\\0&1\end{pmatrix},\boldsymbol{B}=\begin{pmatrix}1&1\\0&1\end{pmatrix}.$$

哈密顿-凯莱(Hamilton-Caylay)定理 设 $\boldsymbol{A}$ 是数域 P 上一个 $n\times n$ 矩阵, $f(\boldsymbol{\lambda})=|\boldsymbol{\lambda E}-\boldsymbol{A}|$ 是 $\boldsymbol{A}$ 的特征多项式,则

$$f(\boldsymbol{A})=\boldsymbol{A}^n-(a_{11}+a_{22}+\cdots+a_{nn})\boldsymbol{A}^{n-1}+\cdots+(-1)^n|\boldsymbol{A}|\boldsymbol{E}=\boldsymbol{0}.$$

推论 设 A 是有限维空间 V 的线性变换, $f(\lambda)$ 是 A 的特征多项式,那么 $f(A)=0$.

定理 7 设 A 是 n 维线性空间 V 的一个线性变换, A 的矩阵可以在某一基下为对角矩阵的充要条件是 A 有 n 个线性无关的特征向量.

定理 8 属于不同特征值的特征向量是线性无关的.

推论 1 如果在 n 维线性空间 V 中,线性变换 A 的特征多项式在数域 P 中有 n 个不同的根,即 A 有 n 个不同的特征值,那么 A 在某组基下的矩阵是对角形的.

推论 2 在复数域上的线性空间中,如果线性变换 A 的特征多项式没有重根,那么 A 在某组基下的矩阵是对角形的.

在一个线性变换没有 n 个不同的特征值的情形,要判断这个线性变换的矩阵能不能成为对角形,问题就要复杂些.

定理 9 如果 $\lambda_1,\cdots,\lambda_k$ 是线性变换 A 的不同的特征值,而 $\boldsymbol{\alpha}_{i1},\cdots,\boldsymbol{\alpha}_{ir_i}$, $i=1,2,\cdots,k$ 是属于特征值 λ_i 的线性无关的特征向量,那么向量组 $\boldsymbol{\alpha}_{11},\cdots,\boldsymbol{\alpha}_{ir_1},\cdots,\boldsymbol{\alpha}_{k1},\cdots,\boldsymbol{\alpha}_{kr_k}$ 也线性无关.

本节知识拓展 特征值和特征向量的计算需要用到:行列式的计算、线性方程组求解等. 同时注意区分线性变换的特征向量和矩阵特征向量表现形式的不同. 线性变换的对角化理论适用于矩阵.

例 1 在线性空间 $P[x]_n(n>1)$ 中,求线性变换 D 的特征多项式,并证明 D 在任何一组基下的矩阵都不可能是对角矩阵.

解 取基 $1,x,\frac{x^2}{2!},\cdots,\frac{x^{n-1}}{(n-1)!}$, 则 D 在此基下的矩阵为

$$\boldsymbol{D}=\begin{pmatrix}0&1&0&\cdots&0\\0&0&1&\cdots&0\\\vdots&\vdots&\vdots&&\vdots\\0&0&0&\cdots&1\\0&0&0&\cdots&0\end{pmatrix}.$$

从而

$$|\boldsymbol{\lambda E}-\boldsymbol{D}|=\begin{vmatrix}\lambda&-1&0&\cdots&0\\0&\lambda&-1&\cdots&0\\\vdots&\vdots&\vdots&&\vdots\\0&0&0&\cdots&-1\\0&0&0&\cdots&\lambda\end{vmatrix}=\boldsymbol{\lambda}^n,$$

故 $\boldsymbol{D}$ 的特征值为 $\lambda=0$(n 重),解方程组 $-\boldsymbol{D}x=0$,它的基础解系为 $(1,0,\cdots,0)'$,因此对

应特征值0的线性无关特征向量为$\xi = 1\cdot 1 + 0\cdot x + 0\cdot\frac{x^2}{2!} + \cdots + 0\cdot\frac{x^{n-1}}{(n-1)!} = 1$. 由于$D$对应$n$重特征值0只有一个线性无关的特征向量,故$D$在任一组基下的矩阵都不可能为对角矩阵.

例2 设$\boldsymbol{A} = \begin{pmatrix} 1 & 4 & 2 \\ 0 & -3 & 4 \\ 0 & 4 & 3 \end{pmatrix}$,求$\boldsymbol{A}^k$.

解 因为$|\boldsymbol{\lambda E} - \boldsymbol{A}| = \begin{vmatrix} \lambda - 1 & -4 & -2 \\ 0 & \lambda + 3 & -4 \\ 0 & -4 & \lambda - 3 \end{vmatrix} = (\lambda - 1)(\lambda - 5)(\lambda + 5)$,

所以矩阵$\boldsymbol{A}$的特征值为$\boldsymbol{\lambda}_1 = 1, \boldsymbol{\lambda}_2 = 5, \boldsymbol{\lambda}_3 = -5$. 可求得$\boldsymbol{A}$对应特征值1,5,-5的特征向量分别为

$$\begin{pmatrix} 1 \\ 0 \\ 0 \end{pmatrix}, \begin{pmatrix} 2 \\ 1 \\ 2 \end{pmatrix}, \begin{pmatrix} 1 \\ -2 \\ 1 \end{pmatrix}.$$

令$\boldsymbol{T} = \begin{pmatrix} 1 & 2 & 1 \\ 0 & 1 & -2 \\ 0 & 2 & 1 \end{pmatrix}$,则$\boldsymbol{T}^{-1}\boldsymbol{AT} = \begin{pmatrix} 1 & 0 & 0 \\ 0 & 5 & 0 \\ 0 & 0 & -5 \end{pmatrix} = \boldsymbol{B}$. 于是$\boldsymbol{A} = \boldsymbol{TBT}^{-1}$,故

$$\begin{aligned} \boldsymbol{A}^k &= (\boldsymbol{TBT}^{-1})^k = (\boldsymbol{TBT}^{-1})(\boldsymbol{TBT}^{-1})\cdots(\boldsymbol{TBT}^{-1}) \\ &= \boldsymbol{TB}^k\boldsymbol{T}^{-1} = \begin{pmatrix} 1 & 2 & 1 \\ 0 & 1 & -2 \\ 0 & 2 & 1 \end{pmatrix}\begin{pmatrix} 1 & 0 & 0 \\ 0 & 5^k & 0 \\ 0 & 0 & (-5)^k \end{pmatrix}\begin{pmatrix} 1 & 0 & -1 \\ 0 & \frac{1}{5} & \frac{2}{5} \\ 0 & -\frac{2}{5} & \frac{1}{5} \end{pmatrix} \\ &= \begin{pmatrix} 1 & 2\cdot 5^{k-1}[1 + (-1)^{k+1}] & 5^{k-1}[4 + (-1)^k] - 1 \\ 0 & 5^{k-1}[1 + 4(-1)^k] & 2\cdot 5^{k-1}[1 + (-1)^{k+1}] \\ 0 & 2\cdot 5^{k-1}[1 + (-1)^{k+1}] & 5^{k-1}[4 + (-1)^k] \end{pmatrix}. \end{aligned}$$

例3 设$\boldsymbol{\varepsilon}_1, \boldsymbol{\varepsilon}_2, \boldsymbol{\varepsilon}_3, \boldsymbol{\varepsilon}_4$是四维线性空间$V$的一组基,线性变换$A$在这组基下的矩阵为

$$\boldsymbol{A} = \begin{pmatrix} 5 & -2 & -4 & 3 \\ 3 & -1 & -3 & 2 \\ -3 & \frac{1}{2} & \frac{9}{2} & -\frac{5}{2} \\ -10 & 3 & 11 & -7 \end{pmatrix}.$$

1)求A在基$\eta_1 = \varepsilon_1 + 2\varepsilon_2 + \varepsilon_3 + \varepsilon_4, \eta_2 = 2\varepsilon_1 + 3\varepsilon_2 + \varepsilon_3, \eta_3 = \varepsilon_3, \eta_4 = \varepsilon_4$下的矩阵;

2)求A的特征值与特征向量;

3)求一可逆矩阵$\boldsymbol{T}$,使$\boldsymbol{T}^{-1}\boldsymbol{AT}$成对角形.

解 1)因为$(\boldsymbol{\eta}_1, \boldsymbol{\eta}_2, \boldsymbol{\eta}_3, \boldsymbol{\eta}_4) = (\boldsymbol{\varepsilon}_1, \boldsymbol{\varepsilon}_2, \boldsymbol{\varepsilon}_3, \boldsymbol{\varepsilon}_4)\begin{pmatrix} 1 & 2 & 0 & 0 \\ 2 & 3 & 0 & 0 \\ 1 & 1 & 1 & 0 \\ 1 & 0 & 0 & 1 \end{pmatrix} = (\boldsymbol{\varepsilon}_1, \boldsymbol{\varepsilon}_2, \boldsymbol{\varepsilon}_3, \boldsymbol{\varepsilon}_4)\boldsymbol{X}$,

而

$$X^{-1}AX=\begin{pmatrix}-3&-2&0&0\\2&-1&0&0\\1&-1&1&0\\3&-2&0&1\end{pmatrix}\begin{pmatrix}5&-2&-4&3\\3&-1&-3&2\\3&\frac{1}{2}&\frac{9}{2}&-\frac{5}{2}\\-10&3&11&-7\end{pmatrix}\begin{pmatrix}1&2&0&0\\2&3&0&0\\1&1&1&0\\1&0&0&1\end{pmatrix}$$

$$=\begin{pmatrix}0&0&6&-5\\0&0&-5&4\\0&0&\frac{7}{2}&-\frac{3}{2}\\0&0&5&-2\end{pmatrix}.$$

即为 A 在基 $\boldsymbol{\eta}_1,\boldsymbol{\eta}_2,\boldsymbol{\eta}_3,\boldsymbol{\eta}_4$ 下的矩阵，记为 $\boldsymbol{B}$.

2) 因为相似矩阵有相同的特征多项式，所以

$$|\lambda\boldsymbol{E}-\boldsymbol{A}|=|\lambda\boldsymbol{E}-\boldsymbol{B}|=\begin{vmatrix}\lambda&0&-6&5\\0&\lambda&5&-4\\0&0&\lambda-\frac{7}{2}&\frac{3}{2}\\0&0&-5&\lambda+2\end{vmatrix}=\lambda^2(\lambda-1)\left(\lambda-\frac{1}{2}\right),$$

即特征值为 $\lambda_1=\lambda_2=0,\lambda_3=1,\lambda_4=\dfrac{1}{2}$.

矩阵 $\boldsymbol{A}$ 的属于特征值 0 的两个线性无关的特征向量为

$\boldsymbol{\xi}_1=2\boldsymbol{\varepsilon}_1+3\boldsymbol{\varepsilon}_2+\boldsymbol{\varepsilon}_3,\boldsymbol{\xi}_2=-\boldsymbol{\varepsilon}_1-\boldsymbol{\varepsilon}_2+\boldsymbol{\varepsilon}_4$.

矩阵 $\boldsymbol{A}$ 的属于特征值 1 的特征向量为 $\boldsymbol{\xi}_3=3\boldsymbol{\varepsilon}_1+\boldsymbol{\varepsilon}_2+\boldsymbol{\varepsilon}_3-2\boldsymbol{\varepsilon}_4$.

矩阵 $\boldsymbol{A}$ 的属于特征值 $\dfrac{1}{2}$ 的特征向量为 $\boldsymbol{\xi}_4=-4\boldsymbol{\varepsilon}_1-2\boldsymbol{\varepsilon}_2+\boldsymbol{\varepsilon}_3+6\boldsymbol{\varepsilon}_4$.

3) 由 $(\boldsymbol{\xi}_1,\boldsymbol{\xi}_2,\boldsymbol{\xi}_3,\boldsymbol{\xi}_4)=(\boldsymbol{\varepsilon}_1,\boldsymbol{\varepsilon}_2,\boldsymbol{\varepsilon}_3,\boldsymbol{\varepsilon}_4)\boldsymbol{T}$ 得

$$\boldsymbol{T}=\begin{pmatrix}2&-1&3&-4\\3&-1&1&-2\\1&0&1&1\\0&1&-2&6\end{pmatrix},\text{且 }\boldsymbol{T}^{-1}\boldsymbol{AT}=\begin{pmatrix}0&0&0&0\\0&0&0&0\\0&0&1&0\\0&0&0&\frac{1}{2}\end{pmatrix}.$$

例 4　1) 设 λ_1,λ_2 是线性变换 A 的两个不同特征值，$\boldsymbol{\varepsilon}_1,\boldsymbol{\varepsilon}_2$ 是分别属于 λ_1,λ_2 的特征向量. 证明：$\boldsymbol{\varepsilon}_1+\boldsymbol{\varepsilon}_2$ 不是 A 的特征向量.

2) 证明：如果线性空间 V 的线性变换 A 以 V 中每个非零向量作为它的特征向量，那么 A 是数乘变换.

证明　1) 因为 $A\boldsymbol{\varepsilon}_1=\lambda_1\boldsymbol{\varepsilon}_1,A\boldsymbol{\varepsilon}_2=\lambda_2\boldsymbol{\varepsilon}_2$，且 $\lambda_1\neq\lambda_2$，所以

$$A(\boldsymbol{\varepsilon}_1+\boldsymbol{\varepsilon}_2)=A\boldsymbol{\varepsilon}_1+A\boldsymbol{\varepsilon}_2=\lambda_1\boldsymbol{\varepsilon}_1+\lambda_2\boldsymbol{\varepsilon}_2.$$

反证. 若 $\boldsymbol{\varepsilon}_1+\boldsymbol{\varepsilon}_2$ 是 A 的特征向量，即

$$A(\boldsymbol{\varepsilon}_1+\boldsymbol{\varepsilon}_2)=\lambda(\boldsymbol{\varepsilon}_1+\boldsymbol{\varepsilon}_2),$$

则 $\lambda_1\boldsymbol{\varepsilon}_1+\lambda_2\boldsymbol{\varepsilon}_2=\lambda(\boldsymbol{\varepsilon}_1+\boldsymbol{\varepsilon}_2)$，即 $(\lambda_1-\lambda)\boldsymbol{\varepsilon}_1+(\lambda_2-\lambda)\boldsymbol{\varepsilon}_2=0$.

由于 $\boldsymbol{\varepsilon}_1,\boldsymbol{\varepsilon}_2$ 线性无关，故有 $\lambda_1-\lambda=0,\lambda_2-\lambda=0$，即 $\lambda_1=\lambda_2$ 与题设矛盾.

故 $\boldsymbol{\varepsilon}_1+\boldsymbol{\varepsilon}_2$ 不可能是 A 的特征向量.

2)取 V 的一组基 $\boldsymbol{\varepsilon}_1,\boldsymbol{\varepsilon}_2,\cdots,\boldsymbol{\varepsilon}_n$，并设 $A\boldsymbol{\varepsilon}_i=\lambda_i\boldsymbol{\varepsilon}_i(i=1,2,\cdots,n)$.

由1)知 $\boldsymbol{\lambda}_1=\boldsymbol{\lambda}_2=\cdots=\boldsymbol{\lambda}_n=k$（因为若当 $i\neq j$ 时，$\lambda_i\neq\lambda_j$，则 $\boldsymbol{\varepsilon}_i+\boldsymbol{\varepsilon}_j$ 也不是特征向量，与题设矛盾）. 从而对任何向量 $\boldsymbol{\alpha}$ 都有 $\boldsymbol{A\alpha}=\boldsymbol{\lambda\alpha}$，故 A 为数乘变换.

7.3 值域、核与不变子空间

定义6 设 A 是线性空间 V 的一个线性变换，A 的全体像组成的集合称为 A 的值域，用 AV 表示. 所有被 A 变成零向量的向量组成的集合称为 A 的核，用 $A^{-1}(\mathbf{0})$ 表示. 若用集合的记号，则 $AV=\{A\boldsymbol{\xi}\mid\boldsymbol{\xi}\in V\}$，$A^{-1}(\mathbf{0})=\{\boldsymbol{\xi}\mid A\boldsymbol{\xi}=\mathbf{0},\boldsymbol{\xi}\in V\}$.

线性变换的值域与核都是 V 的子空间. AV 的维数称为 A 的秩，$A^{-1}(\mathbf{0})$ 的维数称为 A 的零度.

定理10 设 A 是 n 维线性空间 V 的线性变换，$\varepsilon_1,\varepsilon_2,\cdots,\varepsilon_n$ 是 V 的一组基，在这组基下 A 的矩阵是 $\boldsymbol{A}$，则

1) A 的值域 AV 是由基像组生成的子空间，即 $AV=L(A\boldsymbol{\varepsilon}_1,A\boldsymbol{\varepsilon}_2,\cdots,A\boldsymbol{\varepsilon}_n)$；

2)线性变换 A 的秩=矩阵 $\boldsymbol{A}$ 的秩.

定理11 设 A 是 n 维线性空间 V 的线性变换，则 AV 的一组基的原像及 $A^{-1}(\mathbf{0})$ 的一组基合起来就是 V 的一组基. 由此还有 A 的秩+ A 的零度 $=n$.

推论 对于有限维线性空间的线性变换，它是单射的充要条件为它是满射.

定义7 设 A 是数域 P 上线性空间 V 的线性变换，W 是 V 的一个子空间. 如果 W 中的向量在 A 下的像仍在 W 中，换句话说，对于 W 中任一向量 ξ，有 $A\xi\in W$，就称 W 是 A 的不变子空间，简称 A -子空间.

定理12 设线性变换 A 的特征多项式为 $f(\lambda)$，它可分解成一次因式的乘积

$f(\lambda)=(\lambda-\lambda_1)^{r_1}(\lambda-\lambda_2)^{r_2}\cdots(\lambda-\lambda_s)^{r_s}$，则 V 可分解成不变子空间的直和 $V=V_1\oplus V_2\oplus\cdots\oplus V_s$，其中 $V_i=\{\xi\in V\mid(A-\lambda_i\varepsilon)^{r_i}\xi=\mathbf{0}\}$.

本节知识拓展 线性变换的值域与核都是子空间，注意和第6章的内容紧密结合. 注意不变子空间与矩阵化简之间的关系.

例 设 $\boldsymbol{\varepsilon}_1,\boldsymbol{\varepsilon}_2,\boldsymbol{\varepsilon}_3,\boldsymbol{\varepsilon}_4$ 是四维线性空间 V 的一组基，已知线性变换 A 在这组基下的矩阵为 $\begin{pmatrix}1&0&2&1\\-1&2&1&3\\1&2&5&5\\2&-2&1&-2\end{pmatrix}$.

1)求 A 在基 $\boldsymbol{\eta}_1=\boldsymbol{\varepsilon}_1-2\boldsymbol{\varepsilon}_2+\boldsymbol{\varepsilon}_4,\boldsymbol{\eta}_2=3\boldsymbol{\varepsilon}_2-\boldsymbol{\varepsilon}_3-\boldsymbol{\varepsilon}_4,\boldsymbol{\eta}_3=\boldsymbol{\varepsilon}_3+\boldsymbol{\varepsilon}_4,\boldsymbol{\eta}_4=2\boldsymbol{\varepsilon}_4$ 下的矩阵；

2)求 A 的核与值域；

3)在 A 的核中选一组基，把它扩充成 V 的一组基，并求 A 在这组基下的矩阵；

4) 在 $\mathcal{A}$ 的值域中选一组基，把它扩充成 V 的一组基，并求 $\mathcal{A}$ 在这组基下的矩阵.

解 记 $\mathcal{A}$ 在 $\boldsymbol{\varepsilon}_1,\boldsymbol{\varepsilon}_2,\boldsymbol{\varepsilon}_3,\boldsymbol{\varepsilon}_4$ 下的矩阵为 $\boldsymbol{A}$.

1) 因为 $(\boldsymbol{\eta}_1,\boldsymbol{\eta}_2,\boldsymbol{\eta}_3,\boldsymbol{\eta}_4)=(\boldsymbol{\varepsilon}_1,\boldsymbol{\varepsilon}_2,\boldsymbol{\varepsilon}_3,\boldsymbol{\varepsilon}_4)\begin{pmatrix}1&0&0&0\\-2&3&0&0\\0&-1&1&0\\1&-1&1&2\end{pmatrix}=(\boldsymbol{\varepsilon}_1,\boldsymbol{\varepsilon}_2,\boldsymbol{\varepsilon}_3,\boldsymbol{\varepsilon}_4)\boldsymbol{X}$，故 $\mathcal{A}$ 在基 $\boldsymbol{\eta}_1,\boldsymbol{\eta}_2,\boldsymbol{\eta}_3,\boldsymbol{\eta}_4$ 下的矩阵为

$$\boldsymbol{B}=\boldsymbol{X}^{-1}\boldsymbol{A}\boldsymbol{X}=\begin{pmatrix}1&0&0&0\\-2&3&0&0\\0&-1&1&0\\1&-1&1&2\end{pmatrix}^{-1}\begin{pmatrix}1&0&2&1\\-1&2&1&3\\1&2&5&5\\2&-2&1&-2\end{pmatrix}\begin{pmatrix}1&0&0&0\\-2&3&0&0\\0&-1&1&0\\1&-1&1&2\end{pmatrix}$$

$$=\begin{pmatrix}2&-3&3&2\\\frac{2}{3}&-\frac{4}{3}&\frac{10}{3}&\frac{10}{3}\\\frac{8}{3}&-\frac{16}{3}&\frac{40}{3}&\frac{40}{3}\\0&1&-7&-8\end{pmatrix}.$$

2) 先求 $\mathcal{A}^{-1}(\boldsymbol{0})$，设 $\boldsymbol{\xi}\in\mathcal{A}^{-1}(\boldsymbol{0})$，它在 $\boldsymbol{\varepsilon}_1,\boldsymbol{\varepsilon}_2,\boldsymbol{\varepsilon}_3,\boldsymbol{\varepsilon}_4$ 下的坐标为 $(\boldsymbol{x}_1,\boldsymbol{x}_2,\boldsymbol{x}_3,\boldsymbol{x}_4)'$，$\mathcal{A}\boldsymbol{\xi}$ 在 $\boldsymbol{\varepsilon}_1,\boldsymbol{\varepsilon}_2,\boldsymbol{\varepsilon}_3,\boldsymbol{\varepsilon}_4$ 下的坐标为 $(0,0,0,0)'$，于是

$$A\begin{pmatrix}x_1\\x_2\\x_3\\x_4\end{pmatrix}=\begin{pmatrix}0\\0\\0\\0\end{pmatrix},$$

该方程的通解为

$$x_1=-2t_1-t_2,$$
$$x_2=-\frac{3}{2}t_1-2t_2,$$
$$x_3=t_1,$$
$$x_4=t_2(t_1,t_2\text{ 任意常数}).$$

于是

$$\xi=(-2t_1-t_2)\varepsilon_1+\left[-\frac{3}{2}t_1-2t_2\right]\varepsilon_2+t_1\varepsilon_3+t_2\varepsilon_4$$
$$=t_1\left[-2\varepsilon_1+\frac{3}{2}\varepsilon_2+\varepsilon_3\right]+t_2(-\varepsilon_1-2\varepsilon_2+\varepsilon_4)(t_1,t_2\text{ 任意常数}).$$

故 $\boldsymbol{\alpha}_1=-2\boldsymbol{\varepsilon}_1-\frac{3}{2}\boldsymbol{\varepsilon}_2+\boldsymbol{\varepsilon}_3,\boldsymbol{\alpha}_2=-\boldsymbol{\varepsilon}_1-2\boldsymbol{\varepsilon}_2+\boldsymbol{\varepsilon}_4$ 是 $\mathcal{A}^{-1}(0)$ 的一组基，且 $\mathcal{A}^{-1}(0)=L(\boldsymbol{\alpha}_1,\boldsymbol{\alpha}_2)$. 由于 $R(\boldsymbol{A})=2$，且 $\boldsymbol{A}$ 的第 1,2 列构成列向量组的一个极大线性无关组，所以 $\mathcal{A}\boldsymbol{\varepsilon}_1,\mathcal{A}\boldsymbol{\varepsilon}_2,\mathcal{A}\boldsymbol{\varepsilon}_3,\mathcal{A}\boldsymbol{\varepsilon}_4$ 的秩为 2，且 $\mathcal{A}\boldsymbol{\varepsilon}_1,\mathcal{A}\boldsymbol{\varepsilon}_2$ 是一个极大线性无关组. 从而

$$A(V)=L(A\boldsymbol{\varepsilon}_1,A\boldsymbol{\varepsilon}_2,A\boldsymbol{\varepsilon}_3,A\boldsymbol{\varepsilon}_4)=L(A\boldsymbol{\varepsilon}_1,A\boldsymbol{\varepsilon}_2),$$

其中

$$A\boldsymbol{\varepsilon}_1=\boldsymbol{\varepsilon}_1-\boldsymbol{\varepsilon}_2+\boldsymbol{\varepsilon}_3+2\boldsymbol{\varepsilon}_4,A\boldsymbol{\varepsilon}_2=2\boldsymbol{\varepsilon}_2+2\boldsymbol{\varepsilon}_3-2\boldsymbol{\varepsilon}_4$$

是 AV 的基.

3)由2)知,$\boldsymbol{\alpha}_1,\boldsymbol{\alpha}_2$ 是 $A^{-1}(0)$ 的一组基,易知 $\boldsymbol{\varepsilon}_1,\boldsymbol{\varepsilon}_2,\boldsymbol{\alpha}_1,\boldsymbol{\alpha}_2$ 是 V 的一组基. 因为

$$(\boldsymbol{\varepsilon}_1,\boldsymbol{\varepsilon}_2,\boldsymbol{\alpha}_2,\boldsymbol{\alpha}_2)=(\boldsymbol{\varepsilon}_1,\boldsymbol{\varepsilon}_2,\boldsymbol{\varepsilon}_3,\boldsymbol{\varepsilon}_4)\boldsymbol{D},\ \boldsymbol{D}=\begin{pmatrix}1&0&-2&-1\\0&1&-\frac{3}{2}&-2\\0&0&1&0\\0&0&0&1\end{pmatrix}.$$

故 A 在基 $\boldsymbol{\varepsilon}_1,\boldsymbol{\varepsilon}_2,\boldsymbol{\alpha}_1,\boldsymbol{\alpha}_2$ 下的矩阵为

$$\boldsymbol{B}=\boldsymbol{D}^{-1}\boldsymbol{A}\boldsymbol{D}=\begin{pmatrix}5&2&0&0\\\frac{9}{2}&1&0&0\\1&2&0&0\\2&-2&0&0\end{pmatrix}.$$

4)由2)知 $A\boldsymbol{\varepsilon}_1=\boldsymbol{\varepsilon}_1-\boldsymbol{\varepsilon}_2+\boldsymbol{\varepsilon}_3+2\boldsymbol{\varepsilon}_4,A\boldsymbol{\varepsilon}_2=2\boldsymbol{\varepsilon}_2+2\boldsymbol{\varepsilon}_3-2\boldsymbol{\varepsilon}_4$ 是 $A(V)$ 的一组基,又易知 $A\boldsymbol{\varepsilon}_1,A\boldsymbol{\varepsilon}_2,\boldsymbol{\varepsilon}_3,\boldsymbol{\varepsilon}_4$ 是 V 的一组基. 由于

$$(A\boldsymbol{\varepsilon}_1,A\boldsymbol{\varepsilon}_2,\boldsymbol{\varepsilon}_3,\boldsymbol{\varepsilon}_4)=(\boldsymbol{\varepsilon}_1,\boldsymbol{\varepsilon}_2,\boldsymbol{\varepsilon}_3,\boldsymbol{\varepsilon}_4)\boldsymbol{D}_1,\ \boldsymbol{D}_1=\begin{pmatrix}1&0&0&0\\-1&2&0&0\\1&2&1&0\\2&-2&0&1\end{pmatrix},$$

故 A 在基 $A\boldsymbol{\varepsilon}_1,A\boldsymbol{\varepsilon}_2,\boldsymbol{\varepsilon}_3,\boldsymbol{\varepsilon}_4$ 下的矩阵为

$$\boldsymbol{C}=\boldsymbol{D}_1^{-1}\boldsymbol{A}\boldsymbol{D}_1=\begin{pmatrix}5&2&2&1\\\frac{9}{2}&1&\frac{3}{2}&2\\0&0&0&0\\0&0&0&0\end{pmatrix}.$$

7.4　最小多项式

由哈密尔顿-凯莱定理,任给数域 P 上一个 n 阶矩阵 $\boldsymbol{A}$,总可以找到数域 P 上一个多项式 $f(x)$,使 $f(\boldsymbol{A})=\boldsymbol{O}$. 如果多项式 $f(x)$ 使 $f(\boldsymbol{A})=\boldsymbol{O}$,就称 $f(x)$ 以 $\boldsymbol{A}$ 为根. 当然,以 $\boldsymbol{A}$ 为根的多项式是很多的,其中次数最低的首项系数为1的以 $\boldsymbol{A}$ 为根的多项式称为 $\boldsymbol{A}$ 的最小多项式.

下面讨论应用最小多项式来判断一个矩阵能否对角化的问题.

引理1　矩阵 $\boldsymbol{A}$ 的最小多项式是唯一的.

引理2　设 $g(x)$ 是矩阵 $\boldsymbol{A}$ 的最小多项式,那么 $f(x)$ 以 $\boldsymbol{A}$ 为根的充要条件是 $g(x)$ 整

除$f(x)$.

由此可知,矩阵$\boldsymbol{A}$的最小多项式是$\boldsymbol{A}$的特征多项式的一个因式.

注 矩阵$\boldsymbol{A}$的最小多项式是一次的当且仅当$\boldsymbol{A}$是数量矩阵.

引理3 设$\boldsymbol{A}$是一个准对角矩阵$\boldsymbol{A}=\begin{pmatrix}\boldsymbol{A}_1 & \\ & \boldsymbol{A}_2\end{pmatrix}$,并设$\boldsymbol{A}_1$的最小多项式为$g_1(x)$,$\boldsymbol{A}_2$的最小多项式为$g_2(x)$,那么$\boldsymbol{A}$的最小多项式为$g_1(x),g_2(x)$的最小公倍式$[g_1(x),g_2(x)]$.

引理4 k阶若尔当块$\boldsymbol{J}=\begin{pmatrix}a & & & \\ 1 & a & & \\ & \ddots & \ddots & \\ & & 1 & a\end{pmatrix}$的最小多项式为$(x-a)^k$.

定理13 数域P上n阶矩阵$\boldsymbol{A}$与对角矩阵相似的充要条件为$\boldsymbol{A}$的最小多项式是P上互素的一次因式的乘积.

推论 复数矩阵$\boldsymbol{A}$与对角矩阵相似的充要条件是$\boldsymbol{A}$的最小多项式没有重根.

本节知识拓展 最小多项式可以判断矩阵能否相似于对角矩阵. 最小多项式与多项式的性质、特征多项式等内容关系非常紧密.

例1 求下列矩阵$\begin{pmatrix}0 & 0 & 1\\ 0 & 1 & 0\\ 1 & 0 & 0\end{pmatrix}$的最小多项式.

解 可求得$\boldsymbol{A}$的特征多项式为

$$|\lambda\boldsymbol{E}-\boldsymbol{A}|=\begin{vmatrix}\lambda & 0 & -1\\ 0 & \lambda-1 & 0\\ -1 & 0 & \lambda\end{vmatrix}=(\lambda-1)^2(\lambda+1),$$

由于A的最小多项式为$(\lambda-1)^2(\lambda+1)$的因式,计算得$\boldsymbol{A}-\boldsymbol{E}\neq\boldsymbol{O},\boldsymbol{A}+\boldsymbol{E}\neq\boldsymbol{O}$,而$(\boldsymbol{A}-\boldsymbol{E})(\boldsymbol{A}+\boldsymbol{E})=\boldsymbol{O}$. 因此$\boldsymbol{A}$的最小多项式为$(\lambda-1)(\lambda+1)$.

例2 证明:相似矩阵有相同的最小多项式.

证明 设$\boldsymbol{A}\sim\boldsymbol{B}$,即存在可逆矩阵$T$使$\boldsymbol{B}=T^{-1}\boldsymbol{A}T$.

设$m_1(\lambda),m_2(\lambda)$分别为$\boldsymbol{A}$与$\boldsymbol{B}$的最小多项式,且设

$$m_2(l)=l^s+b_{s-1}l^{s-1}+\cdots+b_1l+b_0,$$

则
$$\begin{aligned}\boldsymbol{0}=m_2(\boldsymbol{B})&=\boldsymbol{B}^s+b_{s-1}\boldsymbol{B}^{s-1}+\cdots+b_1\boldsymbol{B}+b_0\boldsymbol{E}\\&=T^{-1}(\boldsymbol{A}^s+b_{s-1}\boldsymbol{A}^{s-1}+\cdots+b_1\boldsymbol{A}+b_0\boldsymbol{E})T\\&=T^{-1}m_2(\boldsymbol{A})T,\end{aligned}$$

得到$m_2(\boldsymbol{A})=\boldsymbol{0}$,即$m_2(\lambda)$是$\boldsymbol{A}$的零化多项式. 而$m_1(\lambda)$是$\boldsymbol{A}$的最小多项式,有

$$m_1(\lambda)\mid m_2(\lambda).$$

类似可证$m_2(\lambda)\mid m_1(\lambda)$,因此$m_2(\lambda)=cm_1(\lambda)$. 比较两边首项系数,所以$c=1$,此即$m_1(\lambda)=m_2(\lambda)$.

本章知识拓展 线性变换是研究线性空间中元素的对应关系,与其他章节有着紧密的联系. 本章的特征多项式也是多项式,求特征值就是求根;特征多项式的计算需要第2

章行列式的计算;特征向量的计算用到第 3 章线性方程组求基础解系;线性变换的对角化问题也就是矩阵的相关问题,利用第 4 章矩阵的运算研究线性变换;同时第 9 章的正交变换也是特殊的线性变换. 因此本章会出现综合性较强、难度较大的题目.

典型习题选讲

1. 设 A , B 是线性变换, $A^2=A, B^2=B$. 证明:

1) 如果 $(A+B)^2=A+B$,那么 $AB=O$;

2) 如果 $AB=BA$,那么 $(A+B-AB)^2=A+B-AB$.

证明　1) 由假设 $A^2=A, B^2=B, (A+B)^2=A+B$,从而

$$A+B=(A+B)^2=A^2+AB+BA+B^2=A+BA+AB+B,$$

于是 $AB+BA=O$. 又分别左乘 A 和右乘 A ,得

$$A^2B+ABA=O, ABA+BA^2=O.$$

两式相减得到 $A^2B-BA^2=O$,即 $AB-BA=O$,故 $AB=O$.

2) 由假设 $A^2=A, B^2=B, AB=BA$,从而

$$\begin{aligned}(A+B-AB)^2&=(A+B-AB)(A+B-BA)\\&=A+BA-ABA+AB+B-AB-ABA-BA+ABA\\&=A-AAB+B=A+B-AB.\end{aligned}$$

2. 设 V 是 P 数域上 n 维线性空间,证明:由 V 的全体线性变换组成的线性空间是 n^2 维的.

证明　因为 V 的全体线性变换组成的线性空间与 $P^{n\times n}$ 同构,而 $P^{n\times n}$ 是 n^2 维的,故 V 的全体线性变换组成的线性空间也是 n^2 维的.

3. 设 A 是线性空间 V 上的可逆线性变换.

1) 证明: A 的特征值一定不为 0;

2) 证明:如果 λ 是 A 的特征值,那么 $\frac{1}{\lambda}$ 是 A^{-1} 的特征值.

证明　1) 设 λ 是 A 的特征值, ξ 是 A 的特征值 λ 对应的特征向量,即 $A\xi=\lambda\xi$. 用 A^{-1} 作用,得 $\xi=\lambda(A^{-1})\xi$,由 $\xi\neq 0$ 知, $\lambda\neq 0$.

2) 由 1) 知, $A^{-1}\xi=\frac{1}{\lambda}\xi$,即 $\frac{1}{\lambda}$ 是 A^{-1} 的特征值.

4. 设 A 是线性空间 V 上的线性变换,证明: A 的行列式为零的充分必要条件是 A 以零作为一个特征值.

证明　设线性变换 A 的矩阵为 $\boldsymbol{A}$,则 $|\boldsymbol{A}|=0$ 当且仅当方程组 $\boldsymbol{AX}=\boldsymbol{0}$ 有非零解,即存在 $\xi\neq\boldsymbol{0}$,满足 $\boldsymbol{A\xi}=\boldsymbol{0}=0\boldsymbol{\xi}$,即 0 是 A 的特征值.

5. 设 $\boldsymbol{A}$ 是一 n 阶下三角矩阵. 证明:

1) 如果 $a_{ii}\neq a_{jj}$ 当 $i\neq j(i,j=1,2,\cdots,n)$,那么 $\boldsymbol{A}$ 相似于一对角矩阵;

2) 如果 $a_{11}=a_{22}=\cdots a_{nn}$,而至少有一 $a_{i_0j_0}\neq 0(i_0>j_0)$,那么 $\boldsymbol{A}$ 不与对角矩阵相似.

证明 1)因为 $\boldsymbol{A}$ 是下三角矩阵,所以

$$f(\lambda)=|\lambda\boldsymbol{E}-\boldsymbol{A}|=(\lambda-a_{11})(\lambda-a_{22})\cdots(\lambda-a_{nn}).$$

又由 $a_{ii}\neq a_{jj}(i\neq j;i,j=1,2,\cdots,n)$ 知 $\boldsymbol{A}$ 有 n 个不同的特征值,故矩阵 $\boldsymbol{A}$ 相似于对角矩阵.

2)假定 $\boldsymbol{A}$ 与对角矩阵

$$\boldsymbol{B}=\begin{pmatrix}\lambda_1&&&\\&\lambda_2&&\\&&\ddots&\\&&&\lambda_n\end{pmatrix}$$

相似,则它们有相同的特征值 $\lambda_1,\lambda_2,\cdots,\lambda_n$. 因为 $\boldsymbol{A}$ 的特征多项式 $f(\lambda)=(\lambda-a_{11})^n$,所以 $\lambda_1=\lambda_2=\cdots=\lambda_n=a_{11}$. 从而

$$\boldsymbol{B}=\begin{pmatrix}a_{11}&&&\\&a_{11}&&\\&&\ddots&\\&&&a_{11}\end{pmatrix}=a_{11}E.$$

对任意非退化矩阵 $\boldsymbol{X}$,都有

$$\boldsymbol{X}^{-1}\boldsymbol{B}\boldsymbol{X}=\boldsymbol{X}^{-1}a_{11}\boldsymbol{E}\boldsymbol{X}=a_{11}X^{-1}\boldsymbol{E}\boldsymbol{X}=a_{11}\boldsymbol{E}=\boldsymbol{B}\neq\boldsymbol{A},$$

故 $\boldsymbol{A}$ 不可能与对角矩阵相似.

6. 证明:对任意 $n\times n$ 复矩阵 $\boldsymbol{A}$,存在可逆矩阵 $\boldsymbol{T}$,使 $\boldsymbol{T}^{-1}\boldsymbol{A}\boldsymbol{T}$ 是上三角矩阵.

证明 由于每一个 $n\times n$ 复矩阵 $\boldsymbol{A}$ 都与一个若尔当矩阵 J 相似,即存在 n 阶可逆矩阵 $\boldsymbol{P}$,使得

$$\boldsymbol{P}^{-1}\boldsymbol{A}\boldsymbol{P}=J=\begin{pmatrix}J_1&&&\\&J_2&&\\&&\ddots&\\&&&J_s\end{pmatrix},\text{其中 } J_i=\begin{pmatrix}\lambda_i&&&\\1&\lambda_i&&\\&\ddots&\ddots&\\&&1&\lambda_i\end{pmatrix}_{r_i\times r_i}.\ (i=1,2,\cdots,s)$$

构造 n 阶矩阵

$$\boldsymbol{Q}=\begin{pmatrix}\boldsymbol{B}_1&&&\\&\boldsymbol{B}_2&&\\&&\ddots&\\&&&\boldsymbol{B}_s\end{pmatrix},\text{其中 }\boldsymbol{B}_i=\begin{pmatrix}&&&1\\&&1&\\&\iddots&&\\1&&&\end{pmatrix}_{r_i\times r_i}\quad(i=1,2,\cdots,s).$$

容易验证

$$\boldsymbol{Q}^{-1}=\boldsymbol{Q},\text{ 且 }\boldsymbol{Q}^{-1}\boldsymbol{J}\boldsymbol{Q}=\boldsymbol{J}'=\begin{pmatrix}J'_1&&&\\&J'_2&&\\&&\ddots&\\&&&J'_s\end{pmatrix},$$

其中 $\boldsymbol{J}_i'$ 为 $\boldsymbol{J}_i$ 的转置矩阵. 令 $\boldsymbol{T}=\boldsymbol{P}\boldsymbol{Q}$,则 $\boldsymbol{T}^{-1}\boldsymbol{A}\boldsymbol{T}=\boldsymbol{J}'$ 为一上三角矩阵.

7. 如果 $A_1, A_2, \cdots, A_s$ 是线性空间 V 的 s 个两两不同的线性变换，那么在 V 中必存在向量 $\boldsymbol{\alpha}$，使 $A_1\boldsymbol{\alpha}, A_2\boldsymbol{\alpha}, \cdots, A_s\boldsymbol{\alpha}$ 也两两不同.

证明　令 $V_{ij} = \{\boldsymbol{\alpha} \mid \boldsymbol{\alpha} \in V, \boldsymbol{A}_i\boldsymbol{\alpha} = \boldsymbol{A}_j\boldsymbol{\alpha}\}(i,j = 1,2,\cdots,s)$.

因为 $A_i\mathbf{0} = A_j\mathbf{0} = \mathbf{0}$，即 $\mathbf{0} \in V_{ij}$，故 V_{ij} 非空. 又因为 $A_1, A_2, \cdots, A_s$ 两两不同，所以对于每两个 $A_i, A_j(i \neq j)$ 而言，总存在一向量 $\boldsymbol{\beta}$，使 $A_i\boldsymbol{\beta} \neq A_j\boldsymbol{\beta}$（否则若对任一 $\boldsymbol{\beta} \in V$ 都有 $A_i\boldsymbol{\beta} = A_j\boldsymbol{\beta}$，则 $A_i = A_j$，这与题设矛盾）. 所以 V_{ij} 是 V 的真子集.

设 $\boldsymbol{\alpha}, \boldsymbol{\beta} \in V_{ij}$，即 $A_i\boldsymbol{\alpha} = A_j\boldsymbol{\alpha}, A_i\beta = A_j\boldsymbol{\beta}$，则有

$$A_i(\boldsymbol{\alpha} + \boldsymbol{\beta}) = A_j(\boldsymbol{\alpha} + \boldsymbol{\beta})\text{，即 } \boldsymbol{\alpha} + \boldsymbol{\beta} \in V_{ij},$$

$$A_i(k\boldsymbol{\alpha}) = kA_i\boldsymbol{\alpha} = kA_j\boldsymbol{\alpha} = A_j(k\boldsymbol{\alpha})\text{，即 } k\boldsymbol{\alpha} \in V_{ij},$$

故 V_{ij} 是 V 的真子空间.

1）如果 V_{ij} 都是 V 的非平凡子空间，由第六章典型习题选讲第4题知，在 V 中至少有一向量不属于所有的 V_{ij}. 设 $\boldsymbol{\alpha} \in V_{ij}(i,j = 1,2,\cdots,s)$，则

$$A_i\boldsymbol{\alpha} \neq A_j\boldsymbol{\alpha}(i,j = 1,2,\cdots,s),$$

也就是说存在向量 $\boldsymbol{\alpha}$，使 $A_1\boldsymbol{\alpha}, A_2\boldsymbol{\alpha}, \cdots, A_s\boldsymbol{\alpha}$ 两两不同.

2）如果 $\{V_{ij}\}$ 中有 V 的平凡子空间 $V_{i_0j_0}$，则 $V_{i_0j_0}$ 只能是零空间，对于这种 $V_{i_0j_0}$，只要 $\boldsymbol{\alpha} \neq \mathbf{0}$ 就有 $A_{i_0}\boldsymbol{\alpha} \neq A_{j_0}\boldsymbol{\alpha}$，故这样的 $V_{i_0j_0}$ 可以去掉，参考其余的非平凡子空间，问题归于1)，即可知存在向量 $\boldsymbol{\alpha}$，使 $A_1\boldsymbol{\alpha}, A_2\boldsymbol{\alpha}, \cdots, A_s\boldsymbol{\alpha}$ 两两不同.

8. 设 A 是有限维线性空间 V 的线性变换，W 是 V 的子空间，AW 表示由 W 中向量的像组成的子空间. 证明：

$$\text{维}(AW) + \text{维}(A^{-1}(\mathbf{0}) \cap W) = \text{维}(W).$$

证明　设 $\dim W = m, \dim(A^{-1}(\mathbf{0}) \cap W) = r$，任取 $A^{-1}(\mathbf{0}) \cap W$ 的一组基 $\boldsymbol{\varepsilon}_1, \boldsymbol{\varepsilon}_2, \cdots, \boldsymbol{\varepsilon}_r$，再扩充为 W 的一组基 $\boldsymbol{\varepsilon}_1, \boldsymbol{\varepsilon}_2, \cdots, \boldsymbol{\varepsilon}_r, \boldsymbol{\varepsilon}_{r+1}, \cdots, \boldsymbol{\varepsilon}_m$.

因为 $\boldsymbol{\varepsilon}_i \in A^{-1}(\mathbf{0})(i = 1,2,\cdots,r)$，所以 $A\boldsymbol{\varepsilon}_i = \mathbf{0}(i = 1,2,\cdots,r)$. 从而

$$AW = L(A\boldsymbol{\varepsilon}_1, \cdots, A\boldsymbol{\varepsilon}_r, A\boldsymbol{\varepsilon}_{r+1}, \cdots, A\boldsymbol{\varepsilon}_m) = L(A\boldsymbol{\varepsilon}_{r+1}, \cdots, A\boldsymbol{\varepsilon}_m).$$

设 $l_{r+1}A\boldsymbol{\varepsilon}_{r+1} + l_{r+2}A\boldsymbol{\varepsilon}_{r+2} + \cdots + l_mA\boldsymbol{\varepsilon}_m = \mathbf{0}$，则

$$A(l_{r+1}\boldsymbol{\varepsilon}_{r+1} + l_{r+2}\boldsymbol{\varepsilon}_{r+2} + \cdots + l_m\boldsymbol{\varepsilon}_m) = \mathbf{0}.$$

于是 $l_{r+1}\boldsymbol{\varepsilon}_{r+1} + l_{r+2}\boldsymbol{\varepsilon}_{r+2} + \cdots + l_m\boldsymbol{\varepsilon}_m \in A^{-1}(\mathbf{0}) \cap W$，从而

$$l_{r+1}\boldsymbol{\varepsilon}_{r+1} + l_{r+2}\boldsymbol{\varepsilon}_{r+2} + \cdots + l_m\boldsymbol{\varepsilon}_m = l_1\boldsymbol{\varepsilon}_1 + \cdots + l_r\boldsymbol{\varepsilon}_r.$$

由 $\boldsymbol{\varepsilon}_1, \boldsymbol{\varepsilon}_2, \cdots, \boldsymbol{\varepsilon}_r, \boldsymbol{\varepsilon}_{r+1}, \cdots, \boldsymbol{\varepsilon}_m$ 线性无关知

$$l_{r+1} = l_{r+2} = \cdots = l_m = 0.$$

故 $A\boldsymbol{\varepsilon}_{r+1}, A\boldsymbol{\varepsilon}_{r+2}, \cdots, A\boldsymbol{\varepsilon}_m$ 线性无关，于是 $\dim(AW) = m - r$，从而

$$\dim(AW) + \dim(A^{-1}(\mathbf{0}) \cap W) = \dim W.$$

9. 设 A，B 是 n 维线性空间 V 的两个线性变换. 证明：

$$AB\text{ 的秩} \geqslant A\text{ 的秩} + B\text{ 的秩} - n.$$

证明　在 V 中取一组基，设在这组基下，线性变换 A, B 对应的矩阵分别为 $\boldsymbol{A}, \boldsymbol{B}$，则线性变换 AB 对应的矩阵为 $\boldsymbol{AB}$.

因为线性变换 A, B, AB 的秩分别等于矩阵 $\boldsymbol{A}, \boldsymbol{B}, \boldsymbol{AB}$ 的秩，对于矩阵 $\boldsymbol{A}, \boldsymbol{B}, \boldsymbol{AB}$ 有

$$R(\boldsymbol{AB}) \geqslant R(\boldsymbol{A}) + R(\boldsymbol{B}) - n,$$

故对线性变换 A,B,AB，有 AB 的秩 $\geqslant A$ 的秩 $+B$ 的秩 $-n$.

10. 设 V 为数域 P 上的 n 维线性空间，$\sigma\in L(V)$，则 σ 可表成可逆变换与幂等变换之积.

证明 设 $\boldsymbol{e}_1,\cdots,\boldsymbol{e}_n$ 为 V 的基，而 $\sigma(\boldsymbol{e}_1,\cdots,\boldsymbol{e}_n)=(\boldsymbol{e}_1,\cdots,\boldsymbol{e}_n)\boldsymbol{A}$. 由于 $L(V)$ 到 $P^{n\times n}$ 的映射：$\sigma\to\boldsymbol{A}$ 为同构映射，所以只要证明 $\boldsymbol{A}$ 可表示为可逆阵与幂等阵之积.

事实上，设 $R(\boldsymbol{A})=r$，则存在可逆矩阵 $\boldsymbol{P}$、$\boldsymbol{Q}$，使 $\boldsymbol{A}=\boldsymbol{P}\begin{pmatrix}\boldsymbol{E}_r & \boldsymbol{O}\\ \boldsymbol{O} & \boldsymbol{O}\end{pmatrix}\boldsymbol{Q}$. 当 $r=0$ 时，$\boldsymbol{A}$ 是零矩阵，显有 $\boldsymbol{A}=\boldsymbol{EO}$，这里 $\boldsymbol{E}$ 可逆，$\boldsymbol{O}$ 是幂等矩阵.

当 $r\geqslant 1$ 时，$\boldsymbol{A}=\boldsymbol{PQQ}^{-1}\begin{pmatrix}\boldsymbol{E}_r & \boldsymbol{O}\\ \boldsymbol{O} & \boldsymbol{O}\end{pmatrix}\boldsymbol{Q}$. 令 $\boldsymbol{T}=\boldsymbol{PQ}$，$\boldsymbol{B}=\boldsymbol{Q}^{-1}\begin{pmatrix}\boldsymbol{E}_r & \boldsymbol{O}\\ \boldsymbol{O} & \boldsymbol{O}\end{pmatrix}Q$，则 $\boldsymbol{A}=\boldsymbol{TB}$，$\boldsymbol{T}$ 为可逆阵，$\boldsymbol{B}$ 为幂等阵.

11. 设 $\boldsymbol{A}=\begin{pmatrix}1 & 2 & -3\\ -1 & 4 & -3\\ 1 & a & 5\end{pmatrix}$ 的特征方程有一个二重根，求 a 的值，并讨论 $\boldsymbol{A}$ 可否相似对角化.

解 $\boldsymbol{A}$ 的特征多项式为

$$\begin{vmatrix}\lambda-1 & -2 & 3\\ 1 & \lambda-4 & 3\\ -1 & -a & \lambda-5\end{vmatrix}=\begin{vmatrix}\lambda-2 & 2-\lambda & 0\\ 1 & \lambda-4 & 3\\ -1 & -a & \lambda-5\end{vmatrix}=(\lambda-2)(\lambda^2-8\lambda+18+3a).$$

若 $\lambda=2$ 是特征方程的二重根，则有 $a=-2$.

当 $a=-2$ 时，$\boldsymbol{A}$ 的特征值为 2,2,6，矩阵 $2E-\boldsymbol{A}=\begin{pmatrix}1 & -2 & 3\\ 1 & -2 & 3\\ -1 & 2 & -3\end{pmatrix}$ 的秩为 1. 故 $\lambda=2$ 对应的线性无关的特征向量有两个，从而 $\boldsymbol{A}$ 可相似对角化.

若 $\lambda=2$ 不是特征方程的二重根，则 $\lambda^2-8\lambda+18+3a$ 为完全平方式，从而 $18+3a=16$，解得 $a=-\dfrac{2}{3}$.

当 $a=-\dfrac{2}{3}$ 时，$\boldsymbol{A}$ 的特征值为 2, 4, 4，矩阵 $4E-\boldsymbol{A}=\begin{pmatrix}3 & -2 & 3\\ 1 & 0 & 3\\ -1 & \dfrac{2}{3} & -1\end{pmatrix}$ 的秩为 2，故 $\lambda=4$ 对应的线性无关的特征向量只有一个，从而 $\boldsymbol{A}$ 不能相似对角化.

12. 设 F^n 是数域 F 上的 n 维线性空间，$\sigma:F^n\to F^n$ 是一个线性变换. 若任意 $\boldsymbol{A}\in M_n(F)$，有 $\boldsymbol{\sigma}(\boldsymbol{A\alpha})=\boldsymbol{A\sigma}(\boldsymbol{\alpha})(\forall\boldsymbol{\alpha}\in V)$. 证明：$\sigma=\lambda\cdot idF^n$，其中 λ 是 F 中的某个数，idF^n 表示恒等变换.

证明 取 F^n 的自然基 $\boldsymbol{\varepsilon}_1,\boldsymbol{\varepsilon}_2,\cdots,\boldsymbol{\varepsilon}_n$，设

$$(\boldsymbol{\sigma\varepsilon}_1,\boldsymbol{\sigma\varepsilon}_2,\cdots,\boldsymbol{\sigma\varepsilon}_n)=(\boldsymbol{\varepsilon}_1,\boldsymbol{\varepsilon}_2,\cdots,\boldsymbol{\varepsilon}_n)\boldsymbol{B},$$

则 $\forall\boldsymbol{\alpha}\in F^n$，有 $\boldsymbol{\sigma}(\boldsymbol{\alpha})=\boldsymbol{B\alpha}$.

又由题设对 $\forall A \in M_n(F)$，有 $\boldsymbol{\sigma}(A\boldsymbol{\alpha}) = A\boldsymbol{\sigma}(\boldsymbol{\alpha})$，$\boldsymbol{\alpha} \in F^n$，所以对 $\forall \boldsymbol{\alpha} \in F^n$，有 $\boldsymbol{BA\alpha} = \boldsymbol{AB\alpha}$. 从而 $\boldsymbol{AB}=\boldsymbol{BA}$. 设 $\boldsymbol{B}=(b_{ij})$，取 $\boldsymbol{A}=diag(a_1,a_2,\cdots,a_n)$，$(a_i \neq a_j, i \neq j)$，可得 $\boldsymbol{B}=diag(b_{11},b_{12},\cdots,b_{nn})$. 取 $\boldsymbol{A}=(\varepsilon_2,\varepsilon_3,\cdots,\varepsilon_n,\varepsilon_1)$. 可得 $b_{11}=b_{12}=\cdots=b_{nn}$. 令 $\lambda = b_{11}$，则有 $\boldsymbol{B}=\lambda \boldsymbol{I}_n$，从而 $\sigma = \lambda \cdot idF^n$.

考研真题选讲

1.（信阳师范学院）设 $\boldsymbol{A},\boldsymbol{B}$ 均为 n 阶实对称矩阵，它们的特征多项式的根全部相同，证明：存在正交矩阵 $\boldsymbol{T}$，使 $\boldsymbol{T}^{-1}\boldsymbol{AT}=\boldsymbol{B}$. 若 $\boldsymbol{A},\boldsymbol{B}$ 均为数域 $\boldsymbol{P}$ 上的 n 阶矩阵，且满足上述条件，是否存在可逆矩阵 $\boldsymbol{T}$，使得 $\boldsymbol{T}^{-1}\boldsymbol{AT}=\boldsymbol{B}$？

证明　由条件知，实对称矩阵 $\boldsymbol{A},\boldsymbol{B}$ 的特征值全部相同，可记它们分别为 $\boldsymbol{\lambda}_1,\boldsymbol{\lambda}_2,\cdots,\boldsymbol{\lambda}_n$，则存在正交矩阵 $\boldsymbol{T}_1,\boldsymbol{T}_2$，使

$$\boldsymbol{T}_1^{-1}\boldsymbol{AT}_1=\begin{pmatrix}\lambda_1 & & & \\ & \lambda_2 & & \\ & & \ddots & \\ & & & \lambda_n\end{pmatrix},\ \boldsymbol{T}_2^{-1}\boldsymbol{BT}_2=\begin{pmatrix}\lambda_1 & & & \\ & \lambda_2 & & \\ & & \ddots & \\ & & & \lambda_n\end{pmatrix},$$

那么 $\boldsymbol{T}_1^{-1}\boldsymbol{AT}_1=\boldsymbol{T}_2^{-1}\boldsymbol{BT}_2$，所以 $(\boldsymbol{T}_2\boldsymbol{T}_1^{-1})\boldsymbol{A}(\boldsymbol{T}_1\boldsymbol{T}_2^{-1})=\boldsymbol{B}$，令 $\boldsymbol{T}=\boldsymbol{T}_1\boldsymbol{T}_2^{-1}$，则 $\boldsymbol{T}$ 仍为正交矩阵，使得 $\boldsymbol{T}^{-1}\boldsymbol{AT}=\boldsymbol{B}$.

当 $\boldsymbol{A},\boldsymbol{B}$ 均为数域 $\boldsymbol{P}$ 上的 n 阶矩阵，且它们的特征值全相同时，一般来说未必存在可逆矩阵 $\boldsymbol{T}$，使得 $\boldsymbol{T}^{-1}\boldsymbol{AT}=\boldsymbol{B}$，例如 $\boldsymbol{A}=\begin{pmatrix}1 & 0\\ 0 & 1\end{pmatrix}$，$\boldsymbol{B}=\begin{pmatrix}1 & 0\\ 1 & 1\end{pmatrix}$，它们的特征值都是1,1，但 $\boldsymbol{A},\boldsymbol{B}$ 不相似.

2.（同济大学）证明：设 $\boldsymbol{A}$ 是一个 n 阶矩阵，$\varphi(\lambda)$ 是一多项式，则 $\boldsymbol{A}$ 的特征向量都是 $\varphi(\boldsymbol{A})$ 的特征向量.

证明　设 $\varphi(\lambda)=a_m\lambda^m+\cdots+a_1\lambda+a_0$. 设 $\boldsymbol{\zeta}$ 为 $\boldsymbol{A}$ 的任一特征向量，其相应特征值为 λ_0，则 $\boldsymbol{A\zeta}=\lambda_0\boldsymbol{\zeta}$，那么可证 $\boldsymbol{A}^k\boldsymbol{\zeta}=\lambda_0^k\boldsymbol{\zeta}(k \in N)$. 因而

$$\varphi(\boldsymbol{A})\zeta=(a_m\boldsymbol{A}^m+\cdots+a_1\boldsymbol{A}+a_0\boldsymbol{E})\boldsymbol{\zeta}=a_m\lambda_0^m\boldsymbol{\zeta}+\cdots+a_1\lambda_0\boldsymbol{\zeta}+a_0\boldsymbol{\zeta}=\varphi(\lambda_0)\boldsymbol{\zeta}.$$

此即表示 $\varphi(\lambda_0)$ 是 $\varphi(\boldsymbol{A})$ 的特征值，$\boldsymbol{\zeta}$ 是 $\varphi(\boldsymbol{A})$ 相应特征值 $\varphi(\lambda_0)$ 的特征向量.

3.（武汉大学）若 $\boldsymbol{A}$ 是 n 阶矩阵，当有一个常数项不为0的多项式 $f(x)$，使 $f(\boldsymbol{A})=\boldsymbol{O}$，则 $\boldsymbol{A}$ 的特征值一定全不为0.

证明　设 $f(x)=a_mx^m+\cdots+a_1x+a_0$. 其中 $a_0 \neq 0$，使

$$\boldsymbol{O}=f(\boldsymbol{A})=a_m\boldsymbol{A}^m+\cdots+a_1\boldsymbol{A}+a_0\boldsymbol{E}.$$

进而得到

$$|\boldsymbol{A}||a_m\boldsymbol{A}^{m-1}+\cdots+a_1\boldsymbol{E}|=(-a_0)^n \neq 0,$$

故 $|\boldsymbol{A}| \neq 0$. 由典型习题选讲第4题知，$\boldsymbol{A}$ 的特征值一定全不为0.

4.（华南理工大学）元素属于实数域 $\mathbf{R}$ 的 2×2 矩阵，按矩阵加法与数的数量乘法构

成数域 $\mathbf{R}$ 上的一个线性空间. 令 $\boldsymbol{M}=\begin{pmatrix}1&2\\0&3\end{pmatrix}$，在这线性空间中，变换

$$F(\boldsymbol{A})=\boldsymbol{AM}-\boldsymbol{MA}$$

是一个线性变换，试求 F 的核的维数与一组基.

解　法1 取 $\mathbf{R}^{2\times 2}$ 的一组基

$$\boldsymbol{E}_{11}=\begin{pmatrix}1&0\\0&0\end{pmatrix},\boldsymbol{E}_{12}=\begin{pmatrix}0&1\\0&0\end{pmatrix},\boldsymbol{E}_{21}=\begin{pmatrix}0&0\\1&0\end{pmatrix},\boldsymbol{E}_{22}=\begin{pmatrix}0&0\\0&1\end{pmatrix}.$$

则由条件可求得

$$F(\boldsymbol{E}_{11}\quad \boldsymbol{E}_{12}\quad \boldsymbol{E}_{21}\quad \boldsymbol{E}_{22})=(\boldsymbol{E}_{11}\quad \boldsymbol{E}_{12}\quad \boldsymbol{E}_{21}\quad \boldsymbol{E}_{22})\boldsymbol{B},$$

其中

$$\boldsymbol{B}=\begin{pmatrix}0&0&-2&0\\2&2&0&-2\\0&0&-2&0\\0&0&2&0\end{pmatrix}.$$

令 $\boldsymbol{B}x=\boldsymbol{0}$，得基础解系

$$\boldsymbol{\alpha}_1=(1,0,0,1)',\boldsymbol{\alpha}_2=(0,1,0,1)'.$$

再令

$$\boldsymbol{B}_1=(\boldsymbol{E}_{11}\quad \boldsymbol{E}_{12}\quad \boldsymbol{E}_{21}\quad \boldsymbol{E}_{22})\quad \boldsymbol{\alpha}_1=\boldsymbol{E}_{11}+\boldsymbol{E}_{22}=\begin{pmatrix}1&0\\0&1\end{pmatrix}.$$

$$\boldsymbol{B}_2=(\boldsymbol{E}_{11}\quad \boldsymbol{E}_{12}\quad \boldsymbol{E}_{21}\quad \boldsymbol{E}_{22})\quad \boldsymbol{\alpha}_2=\boldsymbol{E}_{12}+\boldsymbol{E}_{22}=\begin{pmatrix}0&1\\0&1\end{pmatrix}.$$

则 $KerF=L(\boldsymbol{B}_1,\boldsymbol{B}_2)$，$\dim KerF=2$，且 $\boldsymbol{B}_1,\boldsymbol{B}_2$ 为 $KerF$ 的一组基.

法2　设 $\begin{pmatrix}x_1&x_2\\x_3&x_4\end{pmatrix}\in KerF$，则

$$\begin{pmatrix}0&0\\0&0\end{pmatrix}=F\left(\begin{pmatrix}x_1&x_2\\x_3&x_4\end{pmatrix}\right)=\begin{pmatrix}x_1&x_2\\x_3&x_4\end{pmatrix}\begin{pmatrix}1&2\\0&3\end{pmatrix}-\begin{pmatrix}1&2\\0&3\end{pmatrix}\begin{pmatrix}x_1&x_2\\x_3&x_4\end{pmatrix},$$

可得 $\begin{cases}x_3=0\\x_1+x_2-x_4=0.\end{cases}$ 进而得基础解系 $\boldsymbol{\alpha}_1=(1,0,0,1)',\boldsymbol{\alpha}_2=(0,1,0,1)'$.

同理得 $\boldsymbol{B}_{11}=\begin{pmatrix}1&0\\0&0\end{pmatrix},\boldsymbol{B}_{22}=\begin{pmatrix}0&1\\0&1\end{pmatrix}$.

$$KerF=L(\boldsymbol{B}_1,\boldsymbol{B}_2),\dim KerF=2,$$

且 $\boldsymbol{B}_1,\boldsymbol{B}_2$ 为 $KerF$ 的一组基.

5.（武汉大学）已知3阶矩阵 $\boldsymbol{A}$ 满足

$$|\boldsymbol{A}-\boldsymbol{E}|=|\boldsymbol{A}-2\boldsymbol{E}|=|\boldsymbol{A}+\boldsymbol{E}|=\lambda,$$

1）当 $\lambda=0$ 时，求行列式 $|\boldsymbol{A}+3\boldsymbol{E}|$ 的值.

2）当 $\lambda=2$ 时，求行列式 $|\boldsymbol{A}+3\boldsymbol{E}|$ 的值.

解　1）当 $\lambda=0$ 时，由

$$|\boldsymbol{A}-\boldsymbol{E}|=|\boldsymbol{A}-2\boldsymbol{E}|=|\boldsymbol{A}+\boldsymbol{E}|=0,$$

推得 $\boldsymbol{A}$ 的3个特征值为1,2,-1,从而 $\boldsymbol{A}+3\boldsymbol{E}$ 的特征值为4,5,2,故

$$|\boldsymbol{A}+3\boldsymbol{E}|=4\times5\times2=40.$$

2)当 $\lambda=2$ 时,由 $\boldsymbol{A}$ 为3阶方阵,结合题设知

$$|\boldsymbol{E}-\boldsymbol{A}|=|2\boldsymbol{E}-\boldsymbol{A}|=|-\boldsymbol{E}-\boldsymbol{A}|=-2,$$

设 $\boldsymbol{A}$ 的特征多项式为 $f_A(\lambda)=\lambda^3+a\lambda^2+b\lambda+c$,则

$$\begin{cases}1^3+a\cdot1^2+b\cdot1+c=-2,\\2^3+a\cdot2^2+b\cdot2+c=-2,\\(-1)^3+a(-1)^2+b(-1)+c=-2.\end{cases}$$

解之得 $a=-2,b=-1,c=0$. 即

$$f_A(\lambda)=\lambda^3-2\lambda^2-\lambda=\lambda(\lambda^2-2\lambda-1),$$

所以 $\boldsymbol{A}$ 有特征值 $0,1\pm\sqrt{2}$,从而 $\boldsymbol{A}+3\boldsymbol{E}$ 有特征值 $3,4\pm\sqrt{2}$.

这样 $|\boldsymbol{A}+3\boldsymbol{E}|=3\times(4+\sqrt{2})\times(4-\sqrt{2})=42$.

6.(厦门大学) 设 $\boldsymbol{A},\boldsymbol{B}$ 分别是复数域上 n 阶和 m 阶方阵. 求证下列叙述是等价的.

1) $\boldsymbol{A},\boldsymbol{B}$ 没有公共的特征值.

2) $\boldsymbol{A},\boldsymbol{B}$ 的特征多项式互素: $(f_A(\lambda),f_B(\lambda))=1$.

3) $f_A(\boldsymbol{B})$ 可逆.

4)矩阵方程 $\boldsymbol{AX}=\boldsymbol{XB}$ 只有零解.

证明　1) $\Rightarrow$ 2)若 $\boldsymbol{A},\boldsymbol{B}$ 没有公共的特征值,

则 $f_A(\lambda),f_B(\lambda)$ 没有公共根,从而 $(f_A(\lambda),f_B(\lambda))=1$.

2) $\Rightarrow$ 3)若 $(f_A(\lambda),f_B(\lambda))=1$,则 $\exists\mu(\lambda),\nu(\lambda)\in\mathbf{C}[\lambda]$,

使得 $\mu(\lambda)f_A(\lambda)+\nu(\lambda)f_B(\lambda)=1$.

将 $\lambda=\boldsymbol{B}$ 代入,有 $\mu(\boldsymbol{B})f_A(\boldsymbol{B})+\nu(\boldsymbol{B})f_B(\boldsymbol{B})=\boldsymbol{E}$,

由哈密尔顿-凯莱定理得 $\mu(\boldsymbol{B})f_A(\boldsymbol{B})=\boldsymbol{E}$,从而 $f_A(\boldsymbol{B})$ 可逆.

3) $\Rightarrow$ 4)若 $f_A(\boldsymbol{B})$ 可逆,则由 $\boldsymbol{AX}=\boldsymbol{XB}$

可得 $\boldsymbol{X}f_A(\boldsymbol{B})=f_A(\boldsymbol{A})\boldsymbol{X}=0$. 又 $f_A(\boldsymbol{B})$ 可逆,故 $\boldsymbol{X}=0$.

4) $\Rightarrow$ 1)反证. 若 $\boldsymbol{A},\boldsymbol{B}$ 有公共的特征值,也即 $\boldsymbol{A}$ 与 $\boldsymbol{B}'$ 有公共的特征值,设为 λ,则 $\boldsymbol{A\alpha}=\lambda\boldsymbol{\alpha},\boldsymbol{B}'\boldsymbol{\beta}=\lambda\boldsymbol{\beta}$. 取 $\boldsymbol{X}_0=\boldsymbol{\alpha\beta}'\neq\boldsymbol{0}$,则 $\boldsymbol{AX}_0=\boldsymbol{A\alpha\beta}'=\lambda\boldsymbol{\alpha\beta}'$,

$$\boldsymbol{X}_0\boldsymbol{B}=\boldsymbol{\alpha\beta}'\boldsymbol{B}=\boldsymbol{\alpha}(\boldsymbol{B}'\boldsymbol{\beta})'=\boldsymbol{\alpha}(\lambda\boldsymbol{\beta})'=\lambda\boldsymbol{\alpha\beta}',$$

即方程 $\boldsymbol{AX}=\boldsymbol{XB}$ 有非零解 $\boldsymbol{X}_0$,产生矛盾. 因此 $\boldsymbol{A},\boldsymbol{B}$ 没有公共的特征值.

7.(信阳师范学院) 设 $V=P^{2\times2}$, $\boldsymbol{A}=\begin{pmatrix}0&2\\1&1\end{pmatrix}$,定义线性变换 $\mathcal{A}$,使 $\mathcal{A}(X)=\boldsymbol{A}X$, $X\in V$. 求 $\mathcal{A}$ 的特征值和特征子空间,并问: $\mathcal{A}$ 是否可对角化?

解　取 V 的基 $\boldsymbol{E}_{11}=\begin{pmatrix}1&0\\0&0\end{pmatrix}$, $\boldsymbol{E}_{12}=\begin{pmatrix}0&1\\0&0\end{pmatrix}$, $\boldsymbol{E}_{21}=\begin{pmatrix}0&0\\1&0\end{pmatrix}$, $\boldsymbol{E}_{22}=\begin{pmatrix}0&0\\0&1\end{pmatrix}$,则

$$\mathcal{A}(\boldsymbol{E}_{11})=\begin{pmatrix}0&0\\1&0\end{pmatrix}=\boldsymbol{E}_{21},\ \mathcal{A}(\boldsymbol{E}_{12})=\begin{pmatrix}0&0\\0&1\end{pmatrix}=\boldsymbol{E}_{22},$$

$$\mathcal{A}(\boldsymbol{E}_{21})=\begin{pmatrix}2&0\\1&0\end{pmatrix}=2\boldsymbol{E}_{11}+\boldsymbol{E}_{21},\ \mathcal{A}(\boldsymbol{E}_{22})=\begin{pmatrix}0&2\\0&1\end{pmatrix}=2\boldsymbol{E}_{12}+\boldsymbol{E}_{22},$$

那么 $\mathcal{A}$ 在基 $\boldsymbol{E}_{11},\boldsymbol{E}_{12},\boldsymbol{E}_{21},\boldsymbol{E}_{22}$ 下的矩阵为

$$\boldsymbol{A}=\begin{pmatrix}0&0&2&0\\0&0&0&2\\1&0&1&0\\0&1&0&1\end{pmatrix}.$$

$\mathcal{A}$ 的特征多项式为 $|\lambda E-\boldsymbol{A}|=(\lambda-2)^2(\lambda+1)^2$,因此特征值为 $\lambda_1=\lambda_2=2,\lambda_3=\lambda_4=-1$.

对于 λ_1,则特征子空间 $V_{\lambda_1}=L(\xi_1,\xi_2)$,其中 $\xi_1=E_{11}+E_{21}$,$\xi_2=E_{12}+E_{22}$;对于 λ_3,则特征子空间 $V_{\lambda_3}=L(\xi_3,\xi_4)$,其中 $\xi_3=-2E_{11}+E_{21}$,$\xi_4=-2E_{12}+E_{22}$.

由于线性变换 $\mathcal{A}$ 有 4 个线性无关的特征向量,因此 $\mathcal{A}$ 可对角化.

8.(南京师范大学)设 $\boldsymbol{A},\boldsymbol{B}$ 为 n 阶矩阵满足 $\boldsymbol{A}^2+\boldsymbol{A}=2\boldsymbol{E},\boldsymbol{B}^2=\boldsymbol{B}$,且 $\boldsymbol{AB}=\boldsymbol{BA}$. 证明:存在可逆矩阵 $\boldsymbol{Q}$,使得 $\boldsymbol{Q}^{-1}\boldsymbol{AQ},\boldsymbol{Q}^{-1}\boldsymbol{BQ}$ 都是对角矩阵.

证明 由条件知,x^2+x-2,x^2-x 分别是 $\boldsymbol{A},\boldsymbol{B}$ 的零化多项式,它们无重根,从而 $\boldsymbol{A},\boldsymbol{B}$ 的最小多项式无重根,得到 $\boldsymbol{A},\boldsymbol{B}$ 都与对角阵相似.

设 $\lambda_1,\lambda_2,\cdots,\lambda_s$ 是 $\boldsymbol{A}$ 的全部互异的特征值,其重数分别为 $r_1,r_2,\cdots,r_s$,则存在可逆矩阵 $\boldsymbol{P}$,使得

$$\boldsymbol{P}^{-1}\boldsymbol{AP}=\begin{pmatrix}\lambda_1\boldsymbol{E}_{r_1}&&0\\&\ddots&\\0&&\lambda_s\boldsymbol{E}_{r_s}\end{pmatrix}.$$

由 $\boldsymbol{AB}=\boldsymbol{BA}$ 有,$\boldsymbol{P}^{-1}\boldsymbol{APP}^{-1}\boldsymbol{BP}=\boldsymbol{P}^{-1}\boldsymbol{BPP}^{-1}\boldsymbol{AP}$. 故

$$\boldsymbol{P}^{-1}\boldsymbol{BP}=\begin{pmatrix}\boldsymbol{B}_1&&\boldsymbol{0}\\&\ddots&\\\boldsymbol{0}&&\boldsymbol{B}_s\end{pmatrix},$$

其中 $\boldsymbol{B}_i$ 为 r_i 阶方阵. 由于 $\boldsymbol{B}$ 可对角化,故 $\boldsymbol{B}_i$ 也可对角化. 设存在 r_i 阶可逆矩阵 $\boldsymbol{R}_i$,使得 $\boldsymbol{R}_i^{-1}\boldsymbol{B}_i\boldsymbol{R}_i(i=1,2,\cdots,s)$ 为对角阵. 令

$$\boldsymbol{R}=\begin{pmatrix}\boldsymbol{R}_1&&\boldsymbol{O}\\&\ddots&\\\boldsymbol{O}&&\boldsymbol{R}_s\end{pmatrix},$$

则 $\boldsymbol{Q}=\boldsymbol{PR}$ 可逆,使得结论成立.

9.(南开大学)设 V 为数域 P 上 n 维线性空间,V_1,V_2 是 V 的子空间,$V=V_1\oplus V_2$. 又设 σ 是 V 的线性变换,证明:σ 是可逆线性变换,当且仅当 $V=\sigma(V_1)\oplus\sigma(V_2)$.

证明 必要性. σ 是可逆线性变换,因而 σ 是 V 到 V' 的同构映射. 又

$$V=V_1\oplus V_2.$$

分别取 V_1,V_2 的基 $\boldsymbol{\varepsilon}_1,\cdots,\boldsymbol{\varepsilon}_r$ 和 $\boldsymbol{\varepsilon}_{r+1},\cdots,\boldsymbol{\varepsilon}_n$,则 $\boldsymbol{\varepsilon}_1,\boldsymbol{\varepsilon}_2,\cdots,\boldsymbol{\varepsilon}_n$ 是 V 的基,且 $\sigma(\varepsilon_1)$,$\sigma(\varepsilon_2),\cdots,\sigma(\varepsilon_n)$ 线性无关,从而构成 V 的基.

由于 $V_1=L(\boldsymbol{\varepsilon}_1,\cdots,\boldsymbol{\varepsilon}_n),V_2=L(\boldsymbol{\varepsilon}_{r+1},\cdots,\boldsymbol{\varepsilon}_n)$. 所以

$$\sigma(V_1)=L(\sigma(\boldsymbol{\varepsilon}_1),\cdots,\sigma(\boldsymbol{\varepsilon}_r)),$$

$$\sigma(V_2)=L(\sigma(\boldsymbol{\varepsilon}_{r+1}),\cdots,\sigma(\boldsymbol{\varepsilon}_n)),$$

这样有 $V=\sigma(V_1)\oplus\sigma(V_2)$.

充分性. 由 $V=\sigma(V_1)\oplus\sigma(V_2)$. 分别取 $\sigma(V_1)$ 与 $\sigma(V_2)$ 的基 $\boldsymbol{\beta}_1,\cdots,\boldsymbol{\beta}_t$ 与 $\boldsymbol{\beta}_{t+1},\cdots,\boldsymbol{\beta}_n$ 构成 V 的基.

令 $\boldsymbol{\beta}_i=\sigma(\boldsymbol{\alpha}_i),\boldsymbol{\alpha}_i\in V_1(i=1,\cdots,t),\boldsymbol{\alpha}_j\in V_2(j=t+1,\cdots,n)$.

由于存在线性变换 τ，使 $\tau(\boldsymbol{\beta}_i)=\boldsymbol{\alpha}_i,i=1,2,\cdots,n$，且 $\forall\boldsymbol{\alpha}_i\in V$，有 $\sigma\tau(\boldsymbol{\beta}_i)=\boldsymbol{\beta}_i$，因此 $\sigma\tau=\varepsilon$(ε 为 V 的恒等变换)，所以 σ 是可逆线性变换.

10.(华中科技大学)设 σ 是实数域 $\mathbf{R}$ 上线性空间 V 的线性变换，$f(x),g(x)\in\mathbf{R}[x]$，$h(x)=f(x)g(x)$. 证明：

1) $\ker f(\sigma)+\ker g(\sigma)\subseteq\ker h(\sigma)$；

2)若 $(f(x),g(x))=1$，则 $\ker h(\sigma)=\ker f(\sigma)\oplus\ker g(\sigma)$.

证明 1)对 $\forall\boldsymbol{\alpha}\in\ker f(\sigma)+\ker g(\sigma)$，

则 $\boldsymbol{\alpha}=\boldsymbol{\alpha}_1+\boldsymbol{\alpha}_2$，其中 $\boldsymbol{\alpha}_1\in\ker f(\boldsymbol{\sigma})$，$\boldsymbol{\alpha}_2\in\ker g(\boldsymbol{\sigma})$，

即 $f(\boldsymbol{\sigma})\boldsymbol{\alpha}_1=\mathbf{0},g(\boldsymbol{\sigma})\boldsymbol{\alpha}_2=\mathbf{0}$. 又

$$\begin{aligned}h(\boldsymbol{\sigma})\boldsymbol{\alpha}&=f(\boldsymbol{\sigma})g(\boldsymbol{\sigma})(\boldsymbol{\alpha}_1+\boldsymbol{\alpha}_2)=f(\boldsymbol{\sigma})g(\boldsymbol{\sigma})\boldsymbol{\alpha}_1+f(\boldsymbol{\sigma})g(\boldsymbol{\sigma})\boldsymbol{\alpha}_2\\&=g(\boldsymbol{\sigma})(f(\boldsymbol{\sigma})\boldsymbol{\alpha}_1)+f(\boldsymbol{\sigma})(g(\boldsymbol{\sigma})\boldsymbol{\alpha}_2)=\mathbf{0},\end{aligned}$$

所以 $\boldsymbol{\alpha}\in\ker h(\sigma)$，这表明 $\ker f(\sigma)+\ker g(\sigma)\subseteq\ker h(\sigma)$.

2)对 $\forall\boldsymbol{\beta}\in\ker h(\sigma)$，则 $h(\sigma)\boldsymbol{\beta}=\mathbf{0}$.

又因为 $(f(x),g(x))=1$，则存在 $u(x),v(x)$ 使 $u(x)f(x)+v(x)g(x)=1\Rightarrow u(\sigma)f(\sigma)+v(\sigma)g(\sigma)=E$.

于是 $\boldsymbol{\beta}=E\boldsymbol{\beta}=(u(\sigma)f(\sigma)+v(\sigma)g(\sigma))\boldsymbol{\beta}=\boldsymbol{\beta}_1+\boldsymbol{\beta}_2$，其中 $\boldsymbol{\beta}_1=u(\sigma)f(\sigma)\boldsymbol{\beta}$，$\boldsymbol{\beta}_2=v(\sigma)g(\sigma)\boldsymbol{\beta}$.

容易得到

$g(\sigma)\boldsymbol{\beta}_1=g(\sigma)(u(\sigma)f(\sigma)\boldsymbol{\beta})=u(\sigma)(g(\sigma)f(\sigma))\boldsymbol{\beta}=u(\sigma)(h(\sigma)\boldsymbol{\beta})=\mathbf{0}$,

所以 $\boldsymbol{\beta}_1\in\ker g(\sigma)$.

同理可证 $\boldsymbol{\beta}_2\in\ker f(\sigma)$.

表明 $\ker h(\sigma)\subseteq\ker f(\sigma)+\ker g(\sigma)$. 结合 1)

所证结果知 $\ker f(\sigma)+\ker g(\sigma)=\ker h(\sigma)$.

又对 $\forall\gamma\in\ker f(\sigma)\cap\ker g(\sigma)$，则 $f(\sigma)\gamma=\mathbf{0},g(\sigma)\gamma=\mathbf{0}$.

于是 $\gamma=E\gamma=(u(\sigma)f(\sigma)+v(\sigma)g(\sigma))\gamma=u(\sigma)(f(\sigma)\gamma)+v(\sigma)(g(\sigma)\gamma)=0$.

这表明 $\ker f(\sigma)\cap\ker g(\sigma)=\{\mathbf{0}\}$，

故 $\ker h(\sigma)=\ker g(\sigma)\oplus\ker f(\sigma)$.

11.(西北工业大学)设 $\boldsymbol{A},\boldsymbol{B}$ 均为 n 阶方阵，$R(\boldsymbol{A})+R(\boldsymbol{B})<n$. 证明 $\boldsymbol{A},\boldsymbol{B}$ 有公共的特征值和特征向量.

证明 法1 由 $R(\boldsymbol{A})+R(\boldsymbol{B})<n$ 知，$R(\boldsymbol{A})<n,R(\boldsymbol{B})<n$，所以 $\boldsymbol{A}$、$\boldsymbol{B}$ 有公共的特征值0. 又

$$R\begin{pmatrix}\boldsymbol{A}\\\boldsymbol{B}\end{pmatrix}_{2n\times n}\leqslant R(\boldsymbol{A})+R(\boldsymbol{B})<n,$$

所以线性方程组 $\begin{pmatrix} A \\ B \end{pmatrix} X = 0$ 有非零解 X_0，从而

$$\begin{pmatrix} AX_0 \\ BX_0 \end{pmatrix} = \begin{pmatrix} A \\ B \end{pmatrix} X_0 = 0 .$$

这样 $AX_0 = 0 = 0X_0, BX_0 = 0 = 0X_0$. 因此，$A$、$B$ 有公共特征向量 X_0.

法2　同证法1，A、B 有公共特征值0. 又 $AX = O$ 与 $BX = O$ 的解空间 V_1, V_2 维数之和为 $[n - R(A)] + [n - R(B)] = 2n - (R(A) + R(B)) > n$. 由维数公式

$$\dim V_1 + \dim V_2 = \dim(V_1 + V_2) + \dim(V_1 \cap V_2)$$

和　　$\dim(V_1 + V_2) \leqslant n$ 知，$\dim(V_1 \cap V_2) \neq 0$，

此说明 $AX = 0$ 与 $BX = 0$ 有公共非零解 X_0，因而 X_0 是 A, B 属于特征值0的公共特征向量.

12.（河南大学）设 A 为 n 阶非负矩阵，即 $A = (a_{ij}), a_{ij} \geqslant 0$. 若 $\forall i = 1,2,\cdots,n$，$\sum_{k=1}^{n} a_{ik} = 1$，则称 A 为随机矩阵. 求证：随机矩阵必有特征值1，且所有特征值的绝对值不超过1.

证明　令 $X = (1,1,\cdots,1)'$，则 $AX = X$，所以 A 有特征值1.

若 λ 是 A 的特征值，且 $|\lambda| > 1$. 设

$$A\alpha = \lambda\alpha, \alpha = (b_1, \cdots, b_n)' \neq 0,$$

令　　$\max\{|b_1|, \cdots, |b_n|\} = |b_k| \ (|b_k| > 0)$.

由 $A\alpha = \lambda\alpha$ 可得

$$a_{k1}b_1 + a_{k2}b_2 + \cdots + a_{kn}b_n = \lambda b_k.$$

所以 $|b_k| < |\lambda| \cdot |b_k| = |\lambda b_k| \leqslant \sum_{j=1}^{n} a_{kj} |b_j| \leqslant \sum_{j=1}^{n} a_{kj} |b_k| = 1 \cdot |b_k|$，得出矛盾.

13.（南京师范大学）设 σ 是有限维线性空间 V 上的线性变换，证明：$V = \mathrm{Im}\sigma \oplus \ker\sigma$ 的充要条件是 $\mathrm{Im}\sigma = \mathrm{Im}\sigma^2$.

证明　必要性. 显然 $\mathrm{Im}\sigma^2 \subseteq \mathrm{Im}\sigma$. 对 $\forall \sigma(\alpha) \in \mathrm{Im}\sigma, \alpha \in V$，由 $V = \mathrm{Im}\sigma \oplus \ker\sigma$ 可知，存在 $\beta, \gamma \in V$，使得

$$\alpha = \sigma(\beta) + \gamma, \sigma(\gamma) = 0 .$$

于是 $\sigma(\alpha) = \sigma^2(\beta) \in \mathrm{Im}\sigma^2$，即 $\mathrm{Im}\sigma \subseteq \mathrm{Im}\sigma^2$. 从而 $\mathrm{Im}\sigma = \mathrm{Im}\sigma^2$.

充分性. 显然 $\mathrm{Im}\sigma + \ker\sigma \subseteq V$. 设 $\alpha_1, \cdots, \alpha_n$ 为 V 的一组基，则

$$\mathrm{Im}\sigma = L(\sigma(\alpha_1), \cdots, \sigma(\alpha_n)) = L(\beta_1, \cdots, \beta_s) ,$$

其中 $\beta_1, \cdots, \beta_s$ 为 $\mathrm{Im}\sigma$ 的一组基，则 $\mathrm{Im}\sigma^2 = L(\sigma(\beta_1), \cdots, \sigma(\beta_s))$.

由于 $\mathrm{Im}\sigma = \mathrm{Im}\sigma^2$，则 $\dim\mathrm{Im}\sigma = \dim\mathrm{Im}\sigma^2$，于是 $\sigma(\beta_1), \cdots, \sigma(\beta_s)$ 为 $\mathrm{Im}\sigma^2$ 的一组基.

对 $\forall \alpha \in \mathrm{Im}\sigma \cap \ker\sigma$，设 $\alpha = k_1\beta_1 + \cdots + k_s\beta_s$，则

$$0 = \sigma(\alpha) = k_1\sigma(\beta_1) + \cdots + k_s\sigma(\beta_s) ,$$

以及 $\sigma(\beta_1), \cdots, \sigma(\beta_s)$ 线性无关，可知 $k_1 = \cdots = k_s = 0$，故 $\alpha = 0$，即 $\mathrm{Im}\sigma \cap \ker\sigma = \{0\}$. 又

$$\dim(\mathrm{Im}\sigma + \ker\sigma) = \dim\mathrm{Im}\sigma + \dim\ker\sigma = n = \dim V ,$$

和 $\mathrm{Im}\sigma + \ker\sigma \subseteq V$，从而 $V = \mathrm{Im}\sigma \oplus \ker\sigma$.

14. (上海交通大学)设 λ 为矩阵 $\boldsymbol{AB}$ 与 $\boldsymbol{BA}$ 的非零特征值,证明 $\boldsymbol{AB}$ 属于 λ 的特征子空间 W_λ 与 $\boldsymbol{BA}$ 属于 λ 的特征子空间 V_λ 的维数相同.

证明　法 1　令 $W_\lambda=\{X\in P^n\mid \boldsymbol{ABX}=\lambda \boldsymbol{X}\}$, $V_\lambda=\{Y\in P^n\mid BAY=\lambda Y\}$.

设 $X_1,X_2,\cdots,X_r$ 为 W_λ 的基,则 $\boldsymbol{ABX}_i=\lambda X_i$,故有 $\boldsymbol{BABX}_i=\lambda \boldsymbol{BX}_i$,因此 $\boldsymbol{BX}_i\in V_\lambda$. 若 $\sum\limits_{i=1}^{r}k_i\boldsymbol{BX}_i=\boldsymbol{0}$,则 $\boldsymbol{A}(\sum\limits_{i=1}^{r}k_i\boldsymbol{BX}_i)=\boldsymbol{0}$, 所以 $\sum\limits_{i=1}^{r}k_i\boldsymbol{ABX}_i=\sum\limits_{k=1}^{r}k_i\lambda \boldsymbol{X}_i=\boldsymbol{0}$. 则有 $k_i\lambda=0(i=1,2,\cdots,r)$. 由 $\lambda\neq 0$ 知, $k_i=0(i=1,2,\cdots,r)$,即 $\boldsymbol{BX}_1,\cdots,\boldsymbol{BX}_r$ 线性无关. 故 $\dim W_\lambda\leqslant \dim V_\lambda$.

同理 $\dim V_\lambda\leqslant\dim W_\lambda$. 所以 $\dim V_\lambda=\dim W_\lambda$.

法 2　只要证 $R(\lambda\boldsymbol{E}-\boldsymbol{AB})=R(\lambda\boldsymbol{E}-\boldsymbol{BA})$. 设秩 $R(\boldsymbol{A})=r$,则存在可逆矩阵 $\boldsymbol{P}$, $\boldsymbol{Q}$,使

$$\boldsymbol{A}=\boldsymbol{P}\begin{pmatrix}E_r&\boldsymbol{O}\\\boldsymbol{O}&\boldsymbol{O}\end{pmatrix}\boldsymbol{Q}.$$

而 $\boldsymbol{P}^{-1}(\lambda\boldsymbol{E}-\boldsymbol{AB})\boldsymbol{P}=\boldsymbol{P}^{-1}[\lambda\boldsymbol{E}-\boldsymbol{P}\begin{pmatrix}E_r&\boldsymbol{O}\\\boldsymbol{O}&\boldsymbol{O}\end{pmatrix}QB]P=\lambda E-\begin{pmatrix}E_r&\boldsymbol{O}\\\boldsymbol{O}&\boldsymbol{O}\end{pmatrix}\boldsymbol{B}_0$,

$$\boldsymbol{Q}(\lambda\boldsymbol{E}-\boldsymbol{BA})\boldsymbol{Q}^{-1}=\boldsymbol{Q}[\lambda\boldsymbol{E}-\boldsymbol{BP}\begin{pmatrix}E_r&\boldsymbol{O}\\\boldsymbol{O}&\boldsymbol{O}\end{pmatrix}Q]Q^{-1}=\lambda E-B_0\begin{pmatrix}E_r&\boldsymbol{O}\\\boldsymbol{O}&\boldsymbol{O}\end{pmatrix}.$$

这里 $\boldsymbol{B}_0=\boldsymbol{QBP}$.

所以 $R(\lambda\boldsymbol{E}-\boldsymbol{AB})=R[\lambda\boldsymbol{E}-\begin{pmatrix}E_r&\boldsymbol{O}\\\boldsymbol{O}&\boldsymbol{O}\end{pmatrix}\boldsymbol{B}_0]$,$R(\lambda\boldsymbol{E}-\boldsymbol{BA})=R\left[\lambda\boldsymbol{E}-\boldsymbol{B}_0\begin{pmatrix}E_r&\boldsymbol{O}\\\boldsymbol{O}&\boldsymbol{O}\end{pmatrix}\right]$.

令 $\boldsymbol{B}_0=\begin{pmatrix}B_{11}&B_{12}\\B_{21}&B_{22}\end{pmatrix}$,则

$$\lambda E-\begin{pmatrix}E_r&\boldsymbol{O}\\\boldsymbol{O}&\boldsymbol{O}\end{pmatrix}B_0=\lambda\begin{pmatrix}E_r&\\&E_{n-r}\end{pmatrix}-\begin{pmatrix}B_{11}&B_{12}\\\boldsymbol{O}&\boldsymbol{O}\end{pmatrix}=\begin{pmatrix}\lambda E_r-B_{11}&-B_{12}\\\boldsymbol{O}&\lambda E_{n-r}\end{pmatrix},$$

$$\lambda\boldsymbol{E}-\boldsymbol{B}_0\begin{pmatrix}E_r&\boldsymbol{O}\\\boldsymbol{O}&\boldsymbol{O}\end{pmatrix}=\lambda\begin{pmatrix}E_r&\\&E_{n-r}\end{pmatrix}-\begin{pmatrix}B_{11}&\boldsymbol{O}\\B_{21}&\boldsymbol{O}\end{pmatrix}=\begin{pmatrix}\lambda E_r-B_{11}&\boldsymbol{O}\\-B_{21}&\lambda E_{n-r}\end{pmatrix},$$

而 $\begin{pmatrix}\lambda E_r-B_{11}&-B_{12}\\\boldsymbol{O}&\lambda E_{n-r}\end{pmatrix}$, $\begin{pmatrix}\lambda E_r-B_{11}&\boldsymbol{O}\\-B_{21}&\lambda E_{n-r}\end{pmatrix}$ 都与 $\begin{pmatrix}\lambda E_r-B_{11}&\boldsymbol{O}\\\boldsymbol{O}&\lambda E_{n-r}\end{pmatrix}$ 等价,最终可得结论成立.

15. (东南大学)设 $\boldsymbol{A},\boldsymbol{A}_2,\cdots,\boldsymbol{A}_n$ 都是 n 阶非零矩阵,满足

$$\boldsymbol{A}_i\boldsymbol{A}_j=\begin{cases}A_i,i=j,\\0,i\neq j.\end{cases}$$

证明:每个 $\boldsymbol{A}_i(i=1,2,\cdots,n)$ 都相似于对角阵 $diag(1,0,\cdots,0)$.

证明　由题设对每个 $\boldsymbol{A}_i$,均有 $\boldsymbol{A}_i^2=\boldsymbol{A}_i(i=1,2,\cdots,n)$. 可见 $\boldsymbol{A}_i$ 均相似于对角线上元素为 1 或 0 的对角阵,所以只要证明每个 $\boldsymbol{A}_i(i=1,2,\cdots,n)$ 有 $R(\boldsymbol{A}_i)=1$ 即可.

事实上,因 $\boldsymbol{A}_i\boldsymbol{A}_j=0(j\neq i)$,所以对固定的正整数 $i(1\leqslant i\leqslant n)$,依次存在 $\boldsymbol{A}_1,\cdots,\boldsymbol{A}_{i-1},\boldsymbol{A}_{i+1},\cdots,\boldsymbol{A}_n$ 的非零列 $\boldsymbol{\beta}_1,\cdots,\boldsymbol{\beta}_{i-1},\boldsymbol{\beta}_{i+1},\cdots,\boldsymbol{\beta}_n$,使

$$\boldsymbol{A}_i\boldsymbol{B}_j=0(1\leqslant i\leqslant n,j\neq i).$$

令 $\sum\limits_{1\leqslant i\neq j\leqslant n} k_j\boldsymbol{\beta}_j=\mathbf{0}$，分别用 $\boldsymbol{A}_1,\cdots,\boldsymbol{A}_{i-1},\boldsymbol{A}_{i+1},\cdots,\boldsymbol{A}_n$ 左乘该式两端，并结合 $\boldsymbol{A}_j\boldsymbol{\beta}_j=\boldsymbol{\beta}_j\neq 0(1\leqslant j\leqslant n,j\neq i)$，可得 $k_j=0(1\leqslant j\leqslant n,j\neq i)$．所以 $\boldsymbol{\beta}_1,\cdots,\boldsymbol{\beta}_{i-1},\boldsymbol{\beta}_{i+1},\cdots,\boldsymbol{\beta}_n$ 线性无关．

这说明线性方程 $\boldsymbol{A}_i\boldsymbol{X}=\mathbf{0}$ 的解空间维数 $\geqslant n-1$，即 $n-R(\boldsymbol{A}_i)\geqslant n-1$．所以，$R(\boldsymbol{A}_i)\leqslant 1$，考虑到 $\boldsymbol{A}_i\neq 0$，得 $R(\boldsymbol{A}_i)=1$．

16．(南京航空航天大学)设 T 是 n 维线性空间 V 的一个线性变换，$\boldsymbol{b}_1,\cdots,\boldsymbol{b}_r$ 是 $T(V)$ 的一个基，且 $T(\boldsymbol{a}_i)=\boldsymbol{b}_i,i=1,\cdots,r$．令 $W=L(\boldsymbol{a}_1,\cdots,\boldsymbol{a}_r)$，证明：$V=W\oplus N(T)$，其中 $T(V)$ 表示 T 的值域，$N(T)$ 表示 T 的核空间．

证明 对 $\forall\boldsymbol{\alpha}=x_1\boldsymbol{a}_1+\cdots+x_r\boldsymbol{a}_r\in W\cap N(T)$，则有

$$T(\boldsymbol{\alpha})=x_1T(\boldsymbol{a}_1)+\cdots+x_rT(\boldsymbol{a}_r)=x_1\boldsymbol{b}_1+\cdots+x_r\boldsymbol{b}_r=\mathbf{0},$$

而 $\boldsymbol{b}_1,\cdots,\boldsymbol{b}_r$ 为 $T(V)$ 的基，所以 $x_i=0(i=1,2,\cdots,r)$，即 $\boldsymbol{\alpha}=\mathbf{0}$．因此有 $W\cap N(T)=\{\mathbf{0}\}$，故 $W+N(T)$ 是直和．

又因为 $\boldsymbol{b}_1,\cdots,\boldsymbol{b}_r$ 线性无关，且 $T(\boldsymbol{a}_i)=\boldsymbol{b}_i(i=1,2,\cdots,r)$，所以 $\boldsymbol{a}_1,\cdots,\boldsymbol{a}_r$ 线性无关，故有 $\dim W=r$．又 $\dim N(T)=n-\dim T(V)=n-r$，所以有

$$\dim(W\oplus N(T))=\dim W+\dim N(T)=n=\dim V,$$

从而 $V=W\oplus N(T)$．

17．(北京大学) 设 A 是实数域 $\mathbf{R}$ 上的 3 维线性空间 V 内的一个线性变换，对 V 的一组基 $\boldsymbol{\varepsilon}_1,\boldsymbol{\varepsilon}_2,\boldsymbol{\varepsilon}_3$，有

$$\boldsymbol{A\varepsilon}_1=3\boldsymbol{\varepsilon}_1+6\boldsymbol{\varepsilon}_2+6\boldsymbol{\varepsilon}_3,\boldsymbol{A\varepsilon}_2=4\boldsymbol{\varepsilon}_1+3\boldsymbol{\varepsilon}_2+4\boldsymbol{\varepsilon}_3,\boldsymbol{A\varepsilon}_3=-5\boldsymbol{\varepsilon}_1-4\boldsymbol{\varepsilon}_2-6\boldsymbol{\varepsilon}_3.$$

1)求 A 的全部特征值和特征向量；

2)设 $B=A^3-5A$，求 B 的一个非平凡的不变子空间．

解 1)设 A 在基 $\varepsilon_1,\varepsilon_2,\varepsilon_3$ 下的矩阵为 $\boldsymbol{A}$，由题设有

$$\boldsymbol{A}=\begin{pmatrix}3&4&-5\\6&3&-4\\6&4&-6\end{pmatrix},|\lambda E-\boldsymbol{A}|=(\lambda-3)(\lambda^2+3\lambda+4).$$

因此 $\lambda=3$，另外两个为虚根，不属于实数域，应舍去，即 A 在实数域 $\mathbf{R}$ 上仅有一个特征值 3．当 $\lambda=3$ 时，由 $(3E-\boldsymbol{A})x=\mathbf{0}$ 得特征向量为 $\alpha=(8,15,12)'$．
令 $\zeta=(\varepsilon_1,\varepsilon_2,\varepsilon_3)\alpha=8\varepsilon_1+15\varepsilon_2+12\varepsilon_3$，则 A 属于特征值 3 的全部特征向量为 $k\zeta$，其中 k 为任意非零实数．

2) $B=A^3-5A$，从而 B 有特征值 $\mu=3^3-5\times3=12$．因为 $A\alpha=3\alpha$，所以

$$B\alpha=(A^3-5A)\alpha=(3^3-5\times3)\alpha=12\alpha,$$

所以 α 也是 B 的特征向量．令 $W=\{\alpha\mid B\alpha=12\alpha,\alpha\in V\}$，则 W 是 B 的特征子空间，从而为 B 的非平凡的不变子空间，且 $\dim W=1$，α 是 W 的一组基．

18．(苏州大学) 设 V 是数域 P 上 n 维线性空间，σ,τ 是 V 的线性变换，σ 有 n 个互异的特征值．证明：σ,τ 可交换的充分必要条件是：τ 是 $E,\sigma,\sigma^2,\cdots,\sigma^{n-1}$ 的线性组合，其中 E 是恒等变换．

证明 充分性显然成立．下证必要性．

因为$\tau\sigma=\sigma\tau$，设λ_i是σ的n个互异的特征值，$\boldsymbol{\alpha}_i$是属于λ_i的特征向量. 由于$\boldsymbol{\sigma}(\boldsymbol{\tau}(\boldsymbol{\alpha}_i))=\boldsymbol{\sigma\tau}(\boldsymbol{\alpha}_i)=\boldsymbol{\tau\sigma}(\boldsymbol{\alpha}_i)=\boldsymbol{\tau}(\boldsymbol{\sigma}(\boldsymbol{\alpha}_i))=\boldsymbol{\tau}(\boldsymbol{\lambda}_i\boldsymbol{\alpha}_i)=\boldsymbol{\lambda}_i\boldsymbol{\tau}(\boldsymbol{\alpha}_i)$，从而$\boldsymbol{\tau}(\boldsymbol{\alpha}_i)\in V_{\boldsymbol{\lambda}_i}$.

又因为$\boldsymbol{\lambda}_i$是$\boldsymbol{\sigma}$的n个互异的特征值，则$\dim(V_{\boldsymbol{\lambda}_i})=1,(i=1,2,\cdots,n)$，进而得到$\boldsymbol{\tau}(\boldsymbol{\alpha}_i)=k\boldsymbol{\alpha}_i$，故$\boldsymbol{\alpha}_i$也是$\boldsymbol{\tau}$的特征向量.

从而$\exists u_i\in P$，使得$\boldsymbol{\tau}(\boldsymbol{\alpha}_i)=u_i\boldsymbol{\alpha}_i(i=1,2,\cdots,n)$. 于是有

$$\boldsymbol{\sigma}(\boldsymbol{\alpha}_1,\boldsymbol{\alpha}_2,\cdots,\boldsymbol{\alpha}_n)=(\boldsymbol{\alpha}_1,\boldsymbol{\alpha}_2,\cdots,\boldsymbol{\alpha}_n)\begin{pmatrix}\lambda_1 & & & \\ & \lambda_2 & & \\ & & \ddots & \\ & & & \lambda_n\end{pmatrix},$$

$$\boldsymbol{\tau}(\boldsymbol{\alpha}_1,\boldsymbol{\alpha}_2,\cdots,\boldsymbol{\alpha}_n)=(\boldsymbol{\alpha}_1,\boldsymbol{\alpha}_2,\cdots,\boldsymbol{\alpha}_n)\begin{pmatrix}u_1 & & & \\ & u_2 & & \\ & & \ddots & \\ & & & u_n\end{pmatrix}.$$

考虑线性方程组$\begin{cases}x_1+\lambda_1x_2+\cdots+\lambda_1^{n-1}x_n=u_1\\ x_1+\lambda_2x_2+\cdots+\lambda_2^{n-1}x_n=u_2\\ \cdots\cdots\\ x_1+\lambda_nx_2+\cdots+\lambda_n^{n-1}x_n=u_n\end{cases}$，其系数行列式为

$$\begin{vmatrix}1 & \lambda_1 & \cdots & \lambda_1^{n-1}\\ 1 & \lambda_2 & \cdots & \lambda_2^{n-1}\\ \vdots & \vdots & & \vdots\\ 1 & \lambda_n & \cdots & \lambda_n^{n-1}\end{vmatrix}=\prod_{1\leqslant i<j\leqslant n}(\lambda_i-\lambda_j)\neq 0.$$

则方程组有唯一解，设为$(a_1,a_2,\cdots,a_n)'$. 则$a_1+\lambda_ia_2+\cdots+\lambda_i^{n-1}a_n=u_i(i=1,2,\cdots,n)$，也就是有$a_1\boldsymbol{\alpha}_i+a_2\boldsymbol{\sigma}(\boldsymbol{\alpha}_i)+\cdots+a_n\boldsymbol{\sigma}^{n-1}(\boldsymbol{\alpha}_i)=\boldsymbol{\tau}(\boldsymbol{\alpha}_i)$. 由于$\boldsymbol{\alpha}_1,\boldsymbol{\alpha}_2,\cdots,\boldsymbol{\alpha}_n$是$V$的一组基，则$\boldsymbol{\tau}=a_1E+a_2\boldsymbol{\sigma}+\cdots+a_n\boldsymbol{\sigma}^{n-1}$，即$\boldsymbol{\tau}$是$E,\boldsymbol{\sigma},\boldsymbol{\sigma}^2,\cdots,\boldsymbol{\sigma}^{n-1}$的线性组合.

19.（中科院）设f是有限维向量空间V上的线性变换，且f^n是V上的恒等变换，这里n是某个正整数. 设$W=\{v\in V\mid f(v)=v\}$. 证明W是V的一个子空间，并且其维数等于线性变换$(f+f^2+\cdots+f^n)/n$的迹.

证明 设$\forall v_1,v_2\in W,\forall k\in P$，$P$为数域，则

$$f(v_1+v_2)=f(v_1)+f(v_2)=v_1+v_2,\ f(kv_1)=kf(v_1)=kv_1,$$

则$v_1+v_2,kv_1\in W$，即W是V的一个子空间.

由于$f^n=E$，假定这里n是使$f^n=E$成立的最小值，从而$g(x)=x^n-1$为f的零化多项式. 由于$g(x)$无重根，则f的最小多项式无重根，从而f相似于对角矩阵. 显然f的特征值为n次单位根，由W的定义知，1是f的特征值，设f的特征值为$1,\omega_1,\omega_2,\cdots,\omega_s(\omega_i^n=1)$. 因此存在可逆变换$Q$，使得

$$Q^{-1}fQ=\begin{pmatrix}E&&&\\&E_{\omega_1}&&\\&&\ddots&\\&&&E_{\omega_s}\end{pmatrix},$$

其中 $E=\begin{pmatrix}1&&\\&\ddots&\\&&1\end{pmatrix}$，$E_{\omega_i}=\begin{pmatrix}\omega_i&&\\&\ddots&\\&&\omega_i\end{pmatrix}$.

显然 W 为对应特征值为 1 的特征子空间，由 f 相似于对角矩阵，其维数 $\dim W$ 与特征值 1 的重数相同，不妨设为 r.

另一方面，由于 $\omega_i+\omega_i^2+\cdots+\omega_i^n=0$，则有

$$Q^{-1}\left(\frac{f+f^2+\cdots+f^n}{n}\right)Q=\frac{Q^{-1}fQ+(Q^{-1}fQ)^2+\cdots+(Q^{-1}fQ)^n}{n}$$

$$=\frac{1}{n}\begin{pmatrix}nE&&&\\&E_{\omega_1}+\cdots+E_{\omega_1}^n&&\\&&\ddots&\\&&&E_{\omega_s}+\cdots+E_{\omega_s}^n\end{pmatrix}$$

$$=\frac{1}{n}\begin{pmatrix}nE&&&\\&0&&\\&&\ddots&\\&&&0\end{pmatrix}.$$

即 $Tr\left(Q^{-1}\left(\frac{f+f^2+\cdots+f^n}{n}\right)Q\right)=r$，又由相似矩阵有相同的迹，从而

$$Tr\left(\frac{f+f^2+\cdots+f^n}{n}\right)=r,$$

从而 $\dim W=Tr\left(\frac{f+f^2+\cdots+f^n}{n}\right)$.

第8章　λ-矩阵

本章 λ - 矩阵是选学内容，理论性较强，难度稍大，但是部分高校考研会涉及到，要引起重视. 本章首先给出 λ - 矩阵的标准形、行列式因子、不变因子和初等因子等概念，以及它们之间的转化关系. 而后利用 λ - 矩阵给出数字矩阵相似的充要条件. 通过计算初等因子，对应出若尔当块，然后给出若尔当标准形. 学好本章内容有助于从整体上更深入把握高等代数的矩阵理论.

8.1　λ -矩阵及其标准形

定义 1　如果 λ - 矩阵 $\boldsymbol{A}(\lambda)$ 中有一个 $r(r \geqslant 1)$ 阶子式不为零，而所有 $r+1$ 阶子式（如果有的话）全为零，则称 $\boldsymbol{A}(\lambda)$ 的秩为 r . 零矩阵的秩规定为零.

定义 2　$n \times n$ 的 λ - 矩阵 $\boldsymbol{A}(\lambda)$ 称为可逆的，如果有一个 $n \times n$ 的 λ - 矩阵 $\boldsymbol{B}(\lambda)$ 使 $\boldsymbol{A}(\lambda)\boldsymbol{B}(\lambda) = \boldsymbol{B}(\lambda)\boldsymbol{A}(\lambda) = E$ ，这里 E 是 n 阶单位矩阵. 矩阵 $\boldsymbol{B}(\lambda)$（它是唯一的）称为 $\boldsymbol{A}(\lambda)$ 的逆矩阵，记为 $\boldsymbol{A}^{-1}(\lambda)$.

定理 1　$n \times n$ 的 λ - 矩阵 $\boldsymbol{A}(\lambda)$ 是可逆的充要条件为行列式 $|\boldsymbol{A}(\lambda)|$ 是一个非零的数.

定义 3　下面的三种变换叫作 λ - 矩阵的初等变换：

1)矩阵的两行(列)互换位置；

2)矩阵的某一行(列)乘以非零的常数 c ；

3)矩阵某一行(列)加另一行(列)的 $\varphi(\lambda)$ 倍，$\varphi(\lambda)$ 是一个多项式.

λ - 矩阵也有初等矩阵，初等矩阵都是可逆的，并且有

$$\boldsymbol{P}(i,j)^{-1} = \boldsymbol{P}(i,j), \boldsymbol{P}(i(c))^{-1} = \boldsymbol{P}(i(c^{-1})), \boldsymbol{P}(i,j(\varphi))^{-1} = \boldsymbol{P}(i,j(-\varphi)).$$

定义 4　λ - 矩阵 $\boldsymbol{A}(\lambda)$ 称为与 $\boldsymbol{B}(\lambda)$ 等价，如果可以经过一系列初等变换将 $\boldsymbol{A}(\lambda)$ 化为 $\boldsymbol{B}(\lambda)$.

等价是 λ - 矩阵之间的一种关系，这个关系具有反身性、对称性和传递性.

引理　设 λ - 矩阵 $\boldsymbol{A}(\lambda)$ 的左上角元素 $a_{11}(\lambda) \neq 0$，并且 $\boldsymbol{A}(\lambda)$ 中至少有一个元素不能被它除尽，那么一定可以找到一个与 $\boldsymbol{A}(\lambda)$ 等价的矩阵 $\boldsymbol{B}(\lambda)$，它的左上角元素也不为零，但是次数比 $a_{11}(\lambda)$ 的次数低.

定理 2　任意一个非零的 $s \times n$ 的 λ - 矩阵 $\boldsymbol{A}(\lambda)$ 都等价于下列形式的矩阵

$$\begin{pmatrix} d_1(\lambda) & & & & & & \\ & d_2(\lambda) & & & & & \\ & & \ddots & & & & \\ & & & d_r(\lambda) & & & \\ & & & & 0 & & \\ & & & & & \ddots & \\ & & & & & & 0 \end{pmatrix},$$

其中 $r \geqslant 1, d_i(\lambda)(i = 1,2,\cdots,r)$ 是首项系数为1的多项式,且 $d_i(\lambda) \mid d_{i+1}(\lambda)(i = 1,2,\cdots, r-1)$. 这个矩阵称为 $\boldsymbol{A}(\lambda)$ 的标准形.

本节知识拓展 λ - 矩阵的基本运算和性质,还有初等变换与标准形等,与第4章通常的数字矩阵类似,便于理解.

例 化 λ - 矩阵 $\begin{pmatrix} 1-\lambda & \lambda^2 & \lambda \\ \lambda & \lambda & -\lambda \\ 1+\lambda^2 & \lambda^2 & -\lambda^2 \end{pmatrix}$ 为标准形.

解 $\begin{pmatrix} 1-\lambda & \lambda^2 & \lambda \\ \lambda & \lambda & -\lambda \\ 1+\lambda^2 & \lambda^2 & -\lambda^2 \end{pmatrix} \xrightarrow{c_1+c_3} \begin{pmatrix} 1 & \lambda^2 & \lambda \\ 0 & \lambda & -\lambda \\ 1 & \lambda^2 & -\lambda^2 \end{pmatrix} \xrightarrow{r_3-r_1} \begin{pmatrix} 1 & \lambda^2 & \lambda \\ 0 & \lambda & -\lambda \\ 0 & 0 & -\lambda(\lambda+1) \end{pmatrix}$

$$\xrightarrow[c_3-\lambda c_1]{c_2-\lambda^2 c_1} \begin{pmatrix} 1 & 0 & 0 \\ 0 & \lambda & -\lambda \\ 0 & 0 & -\lambda(\lambda+1) \end{pmatrix} \longrightarrow \begin{pmatrix} 1 & 0 & 0 \\ 0 & \lambda & 0 \\ 0 & 0 & \lambda(\lambda+1) \end{pmatrix} = \boldsymbol{B}(\lambda).$$

故 $\boldsymbol{B}(\lambda)$ 即为所求标准形.

8.2 不变因子

定义5 设 λ - 矩阵 $\boldsymbol{A}(\lambda)$ 的秩为 r ,对于正整数 $k, 1 \leqslant k \leqslant r$, $\boldsymbol{A}(\lambda)$ 中必有非零的 k 阶子式. $\boldsymbol{A}(\lambda)$ 中全部 k 阶子式的首项系数为1的最大公因式 $D_k(\lambda)$ 称为 $\boldsymbol{A}(\lambda)$ 的 k 阶行列式因子.

由定义可知,对于秩为 r 的 λ - 矩阵,行列式因子一共有 r 个. 行列式因子的意义就在于,它在初等变换下是不变的.

定理3 等价的 λ - 矩阵具有相同的秩与相同的各阶行列式因子.

定理4 λ - 矩阵的标准形是唯一的.

定义6 标准形的主对角线上非零元素 $d_1(\lambda), d_2(\lambda), \cdots, d_r(\lambda)$ 称为 λ - 矩阵 $\boldsymbol{A}(\lambda)$ 的不变因子.

显然有 $D_1(\lambda) = d_1(\lambda), D_2(\lambda) = d_1(\lambda)d_2(\lambda), D_r(\lambda) = d_1(\lambda)d_2(\lambda)\cdots d_r(\lambda)$.

定理5 两个 λ - 矩阵等价的充要条件是它们有相同的行列式因子,或者它们有相同的不变因子.

定理6 矩阵 $\boldsymbol{A}(\lambda)$ 是可逆的充要条件是它可以表成一些初等矩阵的乘积.

推论 两个 $s\times n$ 的 λ - 矩阵 $\boldsymbol{A}(\lambda)$ 与 $\boldsymbol{B}(\lambda)$ 等价的充要条件为，存在 $s\times s$ 可逆矩阵 $\boldsymbol{P}(\lambda)$ 与一个 $n\times n$ 可逆矩阵 $\boldsymbol{Q}(\lambda)$，使 $\boldsymbol{B}(\lambda)=\boldsymbol{P}(\lambda)\boldsymbol{A}(\lambda)\boldsymbol{Q}(\lambda)$.

引理 1 如果有 $n\times n$ 数字矩阵 $\boldsymbol{P}_0,\boldsymbol{Q}_0$ 使 $\lambda\boldsymbol{E}-\boldsymbol{A}=\boldsymbol{P}_0(\lambda\boldsymbol{E}-\boldsymbol{B})\boldsymbol{Q}_0$，则 $\boldsymbol{A}$ 和 $\boldsymbol{B}$ 相似.

引理 2 对于任何不为零的 $n\times n$ 数字矩阵 $\boldsymbol{A}$ 和 λ - 矩阵 $U(\lambda)$ 与 $V(\lambda)$，一定存在 λ - 矩阵 $\boldsymbol{Q}(\lambda)$ 与 $R(\lambda)$ 以及数字矩阵 U_0 和 V_0 使

$$U(\lambda)=(\lambda\boldsymbol{E}-\boldsymbol{A})Q(\lambda)+U_0,\quad V(\lambda)=R(\lambda)(\lambda\boldsymbol{E}-\boldsymbol{A})+V_0.$$

定理 7 设 $\boldsymbol{A},\boldsymbol{B}$ 是数域 $\boldsymbol{P}$ 上两个 $n\times n$ 矩阵. $\boldsymbol{A}$ 与 $\boldsymbol{B}$ 相似的充要条件是它们的特征矩阵 $\lambda\boldsymbol{E}-\boldsymbol{A}$ 和 $\lambda\boldsymbol{E}-\boldsymbol{B}$ 等价.

矩阵 $\boldsymbol{A}$ 的特征矩阵 $\lambda\boldsymbol{E}-\boldsymbol{A}$ 的不变因子以后简称为 $\boldsymbol{A}$ 的不变因子. 因为两个 λ - 矩阵等价的充要条件是它们有相同的不变因子，所以由定理 7 即得.

推论 矩阵 $\boldsymbol{A}$ 与 $\boldsymbol{B}$ 相似的充要条件是它们有相同的不变因子.

本节知识拓展 理解区分矩阵的子式、主子式和顺序主子式三个概念. 注意行列式因子、不变因子、最小多项式和特征多项式的关系.

例 1 求 λ - 矩阵 $\begin{pmatrix}\lambda-2 & -1 & 0\\ 0 & \lambda-2 & -1\\ 0 & 0 & \lambda-2\end{pmatrix}$ 的不变因子.

解 λ - 矩阵中右上角的 2 阶子式为 1，所以

$$D_1(\lambda)=D_2(\lambda)=1,\text{而 } D_3(\lambda)=(\lambda-2)^3,$$

故该 λ - 矩阵的不变因子为 $d_1(\lambda)=d_2(\lambda)=1,d_3(\lambda)=(\lambda-2)^3$.

例 2 证明：$\begin{pmatrix}\lambda & 0 & 0 & \cdots & 0 & a_n\\ -1 & \lambda & 0 & \cdots & 0 & a_{n-1}\\ 0 & -1 & \lambda & \cdots & 0 & a_{n-2}\\ \vdots & \vdots & \vdots & & \vdots & \vdots\\ 0 & 0 & 0 & \cdots & \lambda & a_2\\ 0 & 0 & 0 & \cdots & -1 & \lambda+a_1\end{pmatrix}$

的不变因子是 $\overbrace{1,1,\cdots,1}^{n-1\text{个}}$，$f(\lambda)$，其中 $f(\lambda)=\lambda^n+a_1\lambda^{n-1}+\cdots+a_{n-1}\lambda+a_n$.

证明 记原矩阵的行列式为 D_n，按最后一列展开此行列式得

$$\begin{aligned}D_n&=(\lambda+a_1)\lambda^{n-1}+a_2\lambda^{n-2}+\cdots+a_{n-1}\lambda+a_n\\&=\lambda^n+a_1\lambda^{n-1}+a_2\lambda^{n-2}+\cdots+a_{n-1}\lambda+a_n=f(\lambda).\end{aligned}$$

因为矩阵的左下角的 $n-1$ 阶子式为 $(-1)^{n-1}$，所以行列式因子 $D_{n-1}(\lambda)=1$，从而 $D_{n-2}(\lambda)=\cdots=D_2(\lambda)=D_1(\lambda)=1$，故其不变因子是 $d_1(\lambda)=d_2(\lambda)=\cdots=d_{n-1}(\lambda)=1$,

$$d_n(\lambda)=f(\lambda)=\lambda^n+a_1\lambda^{n-1}+\cdots+a_{n-1}\lambda+a_n.$$

8.3 初等因子与若当标准形

本节假定讨论中的数域是复数域.

定义 7 把矩阵 $\boldsymbol{A}$（或线性变换 $\mathcal{A}$）的每个次数大于零的不变因子分解成互不相同的首项系数为 1 的一次因式方幂的乘积，所有这些一次因式方幂（相同的必须按出现的次数计算）称为矩阵 $\boldsymbol{A}$（或线性变换 $\mathcal{A}$）的初等因子.

定理 8 两个同阶复数矩阵相似的充要条件是它们有相同的初等因子.

引理 设

$$\boldsymbol{A}(\lambda)=\begin{pmatrix} f_1(\lambda)g_1(\lambda) & 0 \\ 0 & f_2(\lambda)g_2(\lambda) \end{pmatrix},\ \boldsymbol{B}(\lambda)=\begin{pmatrix} f_2(\lambda)g_1(\lambda) & 0 \\ 0 & f_1(\lambda)g_2(\lambda) \end{pmatrix},$$

如果多项式 $f_1(\lambda), f_2(\lambda)$ 都与 $g_1(\lambda), g_2(\lambda)$ 互素，则 $A(\lambda)$ 和 $B(\lambda)$ 等价.

定理 9 首先用初等变换化特征矩阵 $\lambda\boldsymbol{E}-\boldsymbol{A}$ 为对角形式，然后将主对角线上的元素分解成互不相同的一次因式方幂的乘积，则所有这些一次因式的方幂（相同的按出现的次数计算）就是 A 的全部初等因子.

应该指出，$n\times n$ 矩阵 $\boldsymbol{A}$ 的特征矩阵的秩一定是 n. 因此，$n\times n$ 矩阵的不变因子总是有 n 个，并且它们的乘积就等于这个矩阵的特征多项式，也就是 $\lambda\boldsymbol{E}-\boldsymbol{A}$ 的最后一个行列式因子.

定义 8 形式为 $\boldsymbol{J}(\lambda,t)=\begin{pmatrix} \lambda & 0 & \cdots & 0 & 0 & 0 \\ 1 & \lambda & \cdots & 0 & 0 & 0 \\ \vdots & \vdots & & \vdots & \vdots & \vdots \\ 0 & 0 & \cdots & 1 & \lambda & 0 \\ 0 & 0 & \cdots & 0 & 1 & \lambda \end{pmatrix}_{t\times t}$ 的矩阵称为若尔当（Jordan）块，其中 λ 是复数. 由若干个若尔当块组成的准对角矩阵称为若尔当形矩阵，其一般形状如 $\begin{pmatrix} \boldsymbol{A}_1 & & & \\ & \boldsymbol{A}_2 & & \\ & & \ddots & \\ & & & \boldsymbol{A}_s \end{pmatrix}$，其中 $\boldsymbol{A}_i=\begin{pmatrix} \lambda_i & & & & \\ 1 & \lambda_i & & & \\ & \ddots & \ddots & & \\ & & 1 & \lambda_i & \\ & & & 1 & \lambda_i \end{pmatrix}_{k_i\times k_i}$，并且 $\lambda_1,\lambda_2,\cdots,\lambda_s$ 中有一些可以相等.

不难算出若尔当块 $\boldsymbol{J}_0=\begin{pmatrix} \lambda_0 & 0 & \cdots & 0 & 0 \\ 1 & \lambda_0 & \cdots & 0 & 0 \\ 0 & 1 & \cdots & 0 & 0 \\ \vdots & \vdots & & \vdots & \vdots \\ 0 & 0 & \cdots & 1 & \lambda_0 \end{pmatrix}_{n\times n}$ 的初等因子是 $(\lambda-\lambda_0)^n$.

定理 10 每个 n 阶的复数矩阵 $\boldsymbol{A}$ 都与一个若尔当形矩阵相似，这个若尔当形矩阵除去其中若尔当块的排列次序外是被矩阵 $\boldsymbol{A}$ 唯一决定的，它称为 $\boldsymbol{A}$ 的若尔当标准形.

定理 11 设 $\mathcal{A}$ 是复数域上 n 维线性空间 V 的线性变换，在 V 中必定存在一组基，使 $\mathcal{A}$ 在这组基下的矩阵是若尔当标准形，并且这个若尔当形矩阵除去其中若尔当块的排列次序外是被 $\mathcal{A}$ 唯一决定的.

应该指出，若尔当形矩阵包括对角矩阵作为特殊情形，那就是由一阶若尔当块构成

的若尔当形矩阵,由此即得

定理 12 复数矩阵 $\boldsymbol{A}$ 与对角矩阵相似的充要条件是 $\boldsymbol{A}$ 的初等因子全为一次的.

根据若尔当标准形的作法,可以看出矩阵 $\boldsymbol{A}$ 的最小多项式就是 $\boldsymbol{A}$ 的最后一个不变因子 $d_n(\lambda)$. 又因为

$$f(\lambda)=|\lambda\boldsymbol{E}-\boldsymbol{A}|=D_n(\lambda)=d_1(\lambda)d_2(\lambda)\cdots d_n(\lambda)\ ,\ d_i(\lambda)\mid d_{i+1}(\lambda)\ ,$$

则在不考虑重数的情形,有 $d_n(\lambda)$ 或 $\boldsymbol{A}$ 的最小多项式与 $\boldsymbol{A}$ 的特征多项式有相同的根,并且还有

定理 13 复数矩阵 $\boldsymbol{A}$ 与对角矩阵相似的充要条件是 $\boldsymbol{A}$ 的不变因子都没有重根.

本节知识拓展 本节给出数字矩阵相似的充要条件,并且给出复数域上一般矩阵相似于若尔当标准形.

例 1 设 $\boldsymbol{A}$ 是数域 $\boldsymbol{P}$ 上一个 $n\times n$ 矩阵,证明 $\boldsymbol{A}$ 与 $\boldsymbol{A}'$ 相似.

证明 $\lambda\boldsymbol{E}-\boldsymbol{A}$ 与 $\lambda\boldsymbol{E}-\boldsymbol{A}'$ 对应的 k 阶子式互为转置,因而对应的 k 阶子式相等,这样 $\lambda\boldsymbol{E}-\boldsymbol{A}$ 与 $\lambda\boldsymbol{E}-\boldsymbol{A}'$ 有相同的各阶行列式因子,从而有相同的不变因子,故 $\boldsymbol{A}$ 与 $\boldsymbol{A}'$ 相似.

例 2 求复矩阵 $\begin{pmatrix}1&2&0\\0&2&0\\-2&-2&-1\end{pmatrix}$ 的若尔当标准形.

解 设原矩阵为 $\boldsymbol{A}$,那么

$$\lambda\boldsymbol{E}-\boldsymbol{A}=\begin{pmatrix}\lambda-1&-2&0\\0&\lambda-2&0\\2&2&\lambda+1\end{pmatrix}$$

的行列式因子 $D_3(\lambda)=(\lambda+1)(\lambda-1)(\lambda-2)$. 又 $\lambda\boldsymbol{E}-\boldsymbol{A}$ 中有两个 2 阶子式

$$\begin{vmatrix}\lambda-1&0\\2&\lambda+1\end{vmatrix}=(\lambda-1)(\lambda+1),\begin{vmatrix}0&\lambda-2\\2&2\end{vmatrix}=-2(\lambda-2)\ ,$$

它们互素,所以 $D_2(\lambda)=1$,从而 $D_1(\lambda)=1$,于是不变因子为

$$d_1(\lambda)=d_2(\lambda)=1,d_3(\lambda)=(\lambda+1)(\lambda-1)(\lambda-2)\ .$$

A 的初等因子是 $\lambda+1,\lambda-1,\lambda-2$,故 A 的若尔当标准形为 $\begin{pmatrix}1&0&0\\0&-1&0\\0&0&2\end{pmatrix}$.

例 3 设 $\boldsymbol{A}(\lambda)$ 为一个 5 阶方阵,其秩为 4,初等因子是

$$\lambda\ ,\lambda^2\ ,\lambda^2\ ,\lambda-1\ ,\lambda-1\ ,\lambda+1\ ,(\lambda+1)^3$$

试求 $\boldsymbol{A}(\lambda)$ 的标准形.

解 由题设先确定最后一个不变因子,也就是初等因子的最小公倍式,得 $\boldsymbol{A}(\lambda)$ 的不变因子为

$$d_1(\lambda)=1,\ d_2(\lambda)=\lambda\ ,$$

$$d_3(\lambda)=\lambda^2(\lambda-1)(\lambda+1)\ ,\ d_4(\lambda)=\lambda^2(\lambda-1)\ (\lambda+1)^3\ .$$

因此 $\boldsymbol{A}(\lambda)$ 的标准形为

$$\begin{pmatrix} 1 & 0 & 0 & 0 & 0 \\ 0 & \lambda & 0 & 0 & 0 \\ 0 & 0 & \lambda^2(\lambda-1)(\lambda+1) & 0 & 0 \\ 0 & 0 & 0 & \lambda^2(\lambda-1)(\lambda+1)^3 & 0 \\ 0 & 0 & 0 & 0 & 0 \end{pmatrix}.$$

本章知识拓展　λ - 矩阵这章尽管是选学内容，但是理论上较为重要，与前面章节有着紧密的联系. 比如 λ - 矩阵的基本运算和运算性质与第 4 章数字矩阵类似；利用 λ - 矩阵给出数字矩阵相似的充要条件，给出复数域上矩阵化为若尔当标准形的方法. 同时最小多项式与特征多项式的关系，最小多项式等于最后一个不变因子，以及特征多项式等于不变因子的乘积等，理论性较强.

典型习题选讲

1. 设 $\boldsymbol{A}$ 是 n 阶方阵，若有自然数 m，使 $\boldsymbol{A}^m=\boldsymbol{E}$，证明 $\boldsymbol{A}$ 与对角矩阵相似.

证明　设 $\boldsymbol{A}$ 的若尔当标准形为 $\boldsymbol{J}=\begin{pmatrix} \boldsymbol{J}_1 & & & \\ & \boldsymbol{J}_2 & & \\ & & \ddots & \\ & & & \boldsymbol{J}_s \end{pmatrix}$，

其中 $\boldsymbol{J}_i(i=1,2,\cdots,s)$ 是若尔当块，则 $J=\boldsymbol{P}^{-1}\boldsymbol{AP}$，于是

$$\boldsymbol{J}^m=(\boldsymbol{P}^{-1}\boldsymbol{AP})^m=\boldsymbol{P}^{-1}\boldsymbol{A}^m\boldsymbol{P}=\boldsymbol{P}^{-1}\boldsymbol{EP}=\boldsymbol{E},$$

从而 $\boldsymbol{J}_i^m=\boldsymbol{E}(i=1,2,\cdots,s)$. 因此 $\boldsymbol{J}_i$ 都是 1 阶的，即 $\boldsymbol{J}$ 为对角矩阵.

2. 求 $2n$ 阶方阵 $\boldsymbol{A}$ 的最小多项式，其中 $\boldsymbol{A}=\begin{pmatrix} a & & & & & b \\ & \ddots & & & \iddots & \\ & & a & b & & \\ & & b & a & & \\ & \iddots & & & \ddots & \\ b & & & & & a \end{pmatrix}$.

解　可求得 $|\lambda\boldsymbol{E}-\boldsymbol{A}|=[(\lambda-a)^2-b^2]^n$. 当 $b=0$ 时，由于 $\boldsymbol{A}-a\boldsymbol{E}=\boldsymbol{O}$，所以 $m_A(\lambda)=\lambda-a$. 当 $b\neq0$ 时，由于 $(\boldsymbol{A}-a\boldsymbol{E})^2-b^2\boldsymbol{E}=\boldsymbol{O}$，所以 $m_A(\lambda)=(\lambda-a)^2-b^2$.

3. 证明：1) 幂等矩阵 $(\boldsymbol{A}^2=\boldsymbol{A})$ 的若尔当标准形是 $\begin{pmatrix} \boldsymbol{E}_r & \boldsymbol{O} \\ \boldsymbol{O} & \boldsymbol{O} \end{pmatrix}$，$r=R(\boldsymbol{A})$.

2) 对合矩阵 $(\boldsymbol{A}^2=\boldsymbol{E})$ 的若尔当标准形 $\boldsymbol{J}=\begin{pmatrix} \boldsymbol{E}_r & \boldsymbol{O} \\ \boldsymbol{O} & -\boldsymbol{E}_{n-r} \end{pmatrix}$.

证明　1) 由 $\boldsymbol{A}^2=\boldsymbol{A}$ 知，$\boldsymbol{A}$ 的最小多项式 $m_A(\lambda)\mid\lambda^2-\lambda$.

显然，$\boldsymbol{A}$ 的最小多项式无重根（可得 $\boldsymbol{A}$ 与对角阵相似），且最小多项式的根只能是 0 或 1. 又因不计重数的情况下最小多项式与特征多项式的根完全相同，因此 $\boldsymbol{A}$ 的特征根只

能是 0 或 1. 所以 $\boldsymbol{A}$ 相似于主对角线上只有 1 或 0 的对角阵.

即 $\boldsymbol{A}$ 的若尔当标准形是 $\begin{pmatrix} \boldsymbol{E}_r & \boldsymbol{O} \\ \boldsymbol{O} & \boldsymbol{O} \end{pmatrix}$，这里 r 是矩阵 $\boldsymbol{A}$ 的秩.

2) $\boldsymbol{A}$ 的最小多项式 $m_A(\lambda) \mid \lambda^2 - 1$，所以 $\boldsymbol{A}$ 的特征值只能为 1 或 -1. 又因为最小多项式无重根，所以 $\boldsymbol{A}$ 相似于 $\begin{pmatrix} \boldsymbol{E}_r & \boldsymbol{O} \\ \boldsymbol{O} & -\boldsymbol{E}_{n-r} \end{pmatrix}$，$0 \leqslant r \leqslant n$.

4. 设 $\boldsymbol{A} = \begin{pmatrix} 2 & -1 \\ -3 & 3 \end{pmatrix}$，证明：有理多项式 $f(x)$，使 $f(\boldsymbol{A}) = \boldsymbol{O}$ 的充要条件是 $f(x)$ 为 $x^2 - 5x + 3$ 的倍式.

证明 先求 $\boldsymbol{A}$ 的最小多项式，在特征矩阵

$$x\boldsymbol{E} - \boldsymbol{A} = \begin{pmatrix} x-2 & 1 \\ 3 & x-3 \end{pmatrix}$$

中，由于存在一阶子式为非零常数，则

$$d_1(x) = 1,\ d_2(x) = |x\boldsymbol{E} - \boldsymbol{A}| = x^2 - 5x + 3.$$

即 $\boldsymbol{A}$ 的最小多项式是 $x^2 - 5x + 3$. 所以有理系数多项式 $f(x)$，使

$$f(\boldsymbol{A}) = \boldsymbol{O} \Leftrightarrow (x^2 - 5x + 3) \mid f(x),$$

即 $f(x)$ 为 $x^2 - 5x + 3$ 的倍式.

5. 设 $\boldsymbol{A} = \begin{pmatrix} 1 & 1 & -1 \\ 2 & 1 & 0 \\ 1 & -1 & 0 \end{pmatrix}$，试用哈密顿-凯莱定理，求 $\boldsymbol{A}^{-1}$.

解 $\boldsymbol{A}$ 的特征多项式为 $f(\lambda) = |\lambda\boldsymbol{E} - \boldsymbol{A}| = \lambda^3 - 2\lambda^2 - 3$，由哈密顿-凯莱定理得 $\boldsymbol{A}^3 - 2\boldsymbol{A}^2 - 3\boldsymbol{E} = \boldsymbol{O}$，也就是 $\boldsymbol{A}\left[\frac{1}{3}(\boldsymbol{A}^2 - 2\boldsymbol{A})\right] = \boldsymbol{E}$，故

$$\boldsymbol{A}^{-1} = \frac{1}{3}(\boldsymbol{A}^2 - 2\boldsymbol{A}) = \frac{1}{3}\begin{pmatrix} 0 & 1 & 1 \\ 0 & 1 & -2 \\ -3 & 2 & -1 \end{pmatrix}.$$

考研真题选讲

1.（中国科技大学） 证明：矩阵 $\boldsymbol{A} = \begin{pmatrix} 2 & -1 \\ 1 & 4 \end{pmatrix}$ 不能用相似变换对角化.

证明 特征矩阵 $\lambda\boldsymbol{E} - \boldsymbol{A} - \begin{pmatrix} \lambda-2 & 1 \\ -1 & \lambda-4 \end{pmatrix}$. 由于有一个一阶子式为非零常数，则

$$d_1(\lambda) = 1, d_2(\lambda) = |\lambda\boldsymbol{E} - \boldsymbol{A}| = (\lambda-3)^2.$$

即 $\boldsymbol{A}$ 的最小多项式为 $(\lambda-3)^2$，它有重根，所以 $\boldsymbol{A}$ 不能对角化.

2.(武汉大学) 求矩阵 $\boldsymbol{A}=\begin{pmatrix}1 & \cdots & 1\\ \vdots & & \vdots\\ 1 & \cdots & 1\end{pmatrix}_{n\times n}$ (即 A 中元素都为 1)的最小多项式.

解 方法一 化特征矩阵 $\lambda\boldsymbol{E}-\boldsymbol{A}$ 为对角形

$$\lambda\boldsymbol{E}-\boldsymbol{A}=\begin{pmatrix}\lambda-1 & -1 & \cdots & -1\\ -1 & \lambda-1 & \cdots & -1\\ -1 & -1 & \ddots & -1\\ -1 & -1 & \cdots & \lambda-1\end{pmatrix}\to\cdots\to\begin{pmatrix}1 & & & & \\ & \lambda & & & \\ & & \ddots & & \\ & & & \lambda & \\ & & & & \lambda(\lambda-n)\end{pmatrix},$$

因此,$\boldsymbol{A}$ 的最小多项式为 $g_A(\lambda)=\lambda(\lambda-n)$.

方法二 $\boldsymbol{A}$ 的特征多项式为 $f_A(\lambda)=|\lambda\boldsymbol{E}-\boldsymbol{A}|=\lambda^{n-1}(\lambda-n)$,最小多项式 $g_A(\lambda)\mid f_A(\lambda)$. 又当 $\lambda=0$ 时有 $n-1$ 个线性无关的特征向量,从而 $\boldsymbol{A}$ 可对角化,可知最小多项式无重根. 再根据 $g_A(\lambda)=0$ 与 $f_A(\lambda)=0$ 的根集相同,可得 A 的最小多项式为 $g_A(\lambda)=\lambda(\lambda-n)$.

3.(华中师范大学) 设 $\boldsymbol{A}$ 是 n 阶可逆矩阵,证明:存在实系数多项式 $g(x)$,使得 $A^{-1}=g(A)$.

证明 设 $f(\lambda)$ 为 $\boldsymbol{A}$ 的特征多项式,则

$$f(\lambda)=|\lambda\boldsymbol{E}-\boldsymbol{A}|=\lambda^n+b_{n-1}\lambda^{n-1}+\cdots+b_1\lambda+b_0,$$

其中 $b_0=(-1)^n|\boldsymbol{A}|\neq 0, b_i\in\mathbf{R}(i=0,1,\cdots,n-1)$.

由哈密顿–凯莱定理有 $A^n+b_{n-1}A^{n-1}+\cdots+b_1A+b_0E=\boldsymbol{O}$,也就是有

$$\boldsymbol{A}\left[-\frac{1}{b_0}(A^{n-1}+b_{n-1}A^{n-2}+\cdots+b_1E)\right]=\boldsymbol{E}.$$

令 $g(x)=-\dfrac{1}{b_0}(x^{n-1}+b_{n-1}x^{n-2}+\cdots+b_1)\in\mathbf{R}[x]$,则有 $\boldsymbol{A}^{-1}=g(\boldsymbol{A})$.

4.(武汉大学) 设 $\boldsymbol{A}$ 为 n 阶矩阵,证明下述命题相互等价:

1) $R(\boldsymbol{A})=R(\boldsymbol{A}^2)$;

2)存在可逆矩阵 $\boldsymbol{P}$ 与 $\boldsymbol{B}$,使得 $\boldsymbol{A}=\boldsymbol{P}\begin{pmatrix}\boldsymbol{B} & \boldsymbol{O}\\ \boldsymbol{O} & \boldsymbol{O}\end{pmatrix}\boldsymbol{P}^{-1}$,其中 $\boldsymbol{O}$ 是零矩阵;

3)存在可逆矩阵 $\boldsymbol{C}$,使得 $\boldsymbol{A}=\boldsymbol{A}^2\boldsymbol{C}$.

证明 1)⇒2) 由于 $R(\boldsymbol{A})=R(\boldsymbol{A}^2)$,所以 $\boldsymbol{A}$ 的若尔当标准形中不存在非零的幂零若尔当块. 集中所有非零特征值的若尔当块,记为 $\boldsymbol{B}$,则有 $\boldsymbol{A}$ 相似于分块矩阵 $\begin{pmatrix}B & O\\ O & O\end{pmatrix}$,即存在可逆矩阵 $\boldsymbol{P}$,使 $\boldsymbol{A}=\boldsymbol{P}\begin{pmatrix}\boldsymbol{B} & \boldsymbol{O}\\ \boldsymbol{O} & \boldsymbol{O}\end{pmatrix}\boldsymbol{P}^{-1}$.

2)⇒3) 由 2)知 $\boldsymbol{A}=\boldsymbol{P}\begin{pmatrix}\boldsymbol{B} & \boldsymbol{O}\\ \boldsymbol{O} & \boldsymbol{O}\end{pmatrix}P^{-1}$,所以取可逆矩阵 $\boldsymbol{C}=\boldsymbol{P}\begin{pmatrix}\boldsymbol{B}^{-1} & \boldsymbol{O}\\ \boldsymbol{O} & \boldsymbol{E}_{n-r}\end{pmatrix}\boldsymbol{P}^{-1}$

这里 r 为 $\boldsymbol{B}$ 的阶数,$\boldsymbol{E}_{n-r}$ 为单位矩阵,则有 $\boldsymbol{A}=\boldsymbol{A}^2\boldsymbol{C}$.

3)⇒1) 由 3)知 $R(\boldsymbol{A})\leqslant R(\boldsymbol{A}^2)$,

又显见 $$R(\boldsymbol{A}) \geqslant R(\boldsymbol{A}^2),$$
所以 $$R(\boldsymbol{A}) = R(\boldsymbol{A}^2).$$

5.（北京交通大学） 设 3 阶方阵 $\boldsymbol{A}$ 的特征矩阵 $\lambda\boldsymbol{E}-\boldsymbol{A}$ 与 $\boldsymbol{B}(\lambda) = \begin{pmatrix} 1 & 0 & 0 \\ 0 & \lambda & 0 \\ 0 & \lambda^2+\lambda & (\lambda+1)^2 \end{pmatrix}$ 等价.

1）求 $\lambda\boldsymbol{E}-\boldsymbol{A}$ 的标准形；

2）求 $\boldsymbol{A}$ 的若尔当标准形.

解 1）由 $\lambda\boldsymbol{E}-\boldsymbol{A}$ 与 $\boldsymbol{B}(\lambda)$ 等价知，$\lambda\boldsymbol{E}-\boldsymbol{A}$ 与 $\begin{pmatrix} 1 & & \\ & \lambda & \\ & & (\lambda+1)^2 \end{pmatrix}$ 等价. 故 $\boldsymbol{A}$ 的初等因子为 $\lambda,(\lambda+1)^2$. 从而 $\boldsymbol{A}$ 的不变因子为
$$d_1(x) = d_2(x) = 1, d_3(x) = \lambda(\lambda+1)^2.$$
所以 $\lambda\boldsymbol{E}-\boldsymbol{A}$ 的标准形为 $\begin{pmatrix} 1 & & \\ & 1 & \\ & & \lambda(\lambda+1)^2 \end{pmatrix}$.

2）据 $\boldsymbol{A}$ 的初等因子可得 $\boldsymbol{A}$ 的若尔当标准形为 $\begin{pmatrix} 0 & & \\ & -1 & \\ & 1 & -1 \end{pmatrix}$.

6.（南京大学）求矩阵 $\boldsymbol{C} = \begin{pmatrix} 1 & 2 & 3 & 4 \\ 0 & 1 & 2 & 3 \\ 0 & 0 & 1 & 2 \\ 0 & 0 & 0 & 1 \end{pmatrix}$ 的若尔当标准形.

解 因为 $\lambda\boldsymbol{E}-\boldsymbol{C} = \begin{pmatrix} \lambda-1 & -2 & -3 & -4 \\ 0 & \lambda-1 & -2 & -3 \\ 0 & 0 & \lambda-1 & -2 \\ 0 & 0 & 0 & \lambda-1 \end{pmatrix}$,

显然 $\lambda\boldsymbol{E}-\boldsymbol{C}$ 有三阶子式 $\begin{vmatrix} \lambda-1 & -2 & -3 \\ 0 & \lambda-1 & -2 \\ 0 & 0 & \lambda-1 \end{vmatrix} = (\lambda-1)^3$. 而对另一个三阶子式
$$g(\lambda) = \begin{vmatrix} -2 & -3 & -4 \\ \lambda-1 & -2 & -3 \\ 0 & \lambda-1 & -2 \end{vmatrix},$$
由于 $g(1) = \begin{vmatrix} -2 & -3 & -4 \\ 0 & -2 & -3 \\ 0 & 0 & -2 \end{vmatrix} = -8 \neq 0$，所以 $((\lambda-1)^3, g(\lambda)) = 1$，故有 $D_3(\lambda) = 1$. 所以 C 的不变因子为 $d_i(\lambda) = 1(i = 1,2,3), d_4(\lambda) = D_4(\lambda) = (\lambda-1)^4$.

即 C 只有初等因子 $(\lambda-1)^4$，故其若尔当标准形为

$$\begin{pmatrix} 1 & & & \\ 1 & 1 & & \\ & 1 & 1 & \\ & & 1 & 1 \end{pmatrix}.$$

7.(东南大学)设 $\boldsymbol{A}$ 为4阶矩阵,且存在正整数 k,使 $\boldsymbol{A}^k=\boldsymbol{0}$,又 A 的秩为3,分别求 A 与 A^2 的若尔当标准形.

解 由 $\boldsymbol{A}^k=\boldsymbol{0}$ 知 $\boldsymbol{A}$ 只有特征值 $\boldsymbol{0}$. 又秩 $(\boldsymbol{A})=3$,所以

$$\boldsymbol{A} \sim \boldsymbol{J}=\begin{pmatrix} 0 & 0 & 0 & 0 \\ 1 & 0 & 0 & 0 \\ 0 & 1 & 0 & 0 \\ 0 & 0 & 1 & 0 \end{pmatrix}.$$

从而

$$\boldsymbol{A}^2 \sim \begin{pmatrix} 0 & 0 & 0 & 0 \\ 0 & 0 & 0 & 0 \\ 1 & 0 & 0 & 0 \\ 0 & 1 & 0 & 0 \end{pmatrix} \xlongequal{\triangle} \boldsymbol{B}.$$

由 $\lambda\boldsymbol{E}-\boldsymbol{B} \rightarrow \begin{pmatrix} 1 & & & \\ & 1 & & \\ & & \lambda^2 & \\ & & & \lambda^2 \end{pmatrix}$ 知,$\boldsymbol{B}$ 的初等因子为 λ^2,λ^2(也是 A^2 的初等因子).

所以 A^2 的若尔当标准形为 $\begin{pmatrix} 0 & 0 & 0 & 0 \\ 1 & 0 & 0 & 0 \\ 0 & 0 & 0 & 0 \\ 0 & 0 & 1 & 0 \end{pmatrix}$.

8.(武汉大学)设 $\boldsymbol{A}$ 为 n 阶方阵,$\det(\boldsymbol{A})=18$,且 $3\boldsymbol{A}+\boldsymbol{A}^*=15\boldsymbol{E}_n$,其中 $\boldsymbol{A}^*$ 为 $\boldsymbol{A}$ 的伴随矩阵,$\boldsymbol{E}_n$ 为 n 阶单位矩阵.

1)求 $\boldsymbol{A}$ 的一个零化多项式;

2)求 $\boldsymbol{A}$ 的最小多项式 $m(\lambda)$;

3)求 $\boldsymbol{A}$ 的若尔当标准形.

解 1)对 $3\boldsymbol{A}+\boldsymbol{A}^*=15\boldsymbol{E}_n$ 两边左乘 A,移项整理得

$$\boldsymbol{A}^2-5\boldsymbol{A}+6\boldsymbol{E}=\boldsymbol{O}.$$

所以

$$f(\lambda)=\lambda^2-5\lambda+6$$

是 A 的一个零化多项式.

2)由1)知,所求最小多项式 $m(\lambda)$ 是 $f(\lambda)=(\lambda-2)(\lambda-3)$ 的因式,所以 $m(\lambda)$ 只能为 $\lambda-2$;$\lambda-3$ 或 $(\lambda-2)(\lambda-3)$.

若 $m(\lambda)$ 是一次的,即 $m(\lambda)=\lambda-2$ 或 $\lambda-3$,则 $\boldsymbol{A}=2\boldsymbol{E}$ 或 $\boldsymbol{A}=3\boldsymbol{E}$,与 $\det(\boldsymbol{A})=18$ 矛盾. 故 $m(\lambda)=(\lambda-2)(\lambda-3)$.

3）由于 $\boldsymbol{A}$ 的最小多项式与特征多项式不计重数时根相同，由 2）知 $\boldsymbol{A}$ 的特征值为 3 和 2，又 $\boldsymbol{A}$ 所有特征值之积为 $\boldsymbol{det}(\boldsymbol{A})=18$，所以 A 有且仅有另外一个特征值 3，即 $\boldsymbol{A}$ 的所有特征值为 3，3，2.

可见 $\boldsymbol{A}$ 为 3 阶方阵，其不变因子为 $1, \lambda-3, (\lambda-3)(\lambda-2)$. 所以 $\boldsymbol{A}$ 的若尔当标准形为 $\begin{pmatrix} 3 & & \\ & 3 & \\ & & 2 \end{pmatrix}$.

9.（华中师范大学）设 $2n$ 阶方阵 $\boldsymbol{A}=\begin{pmatrix} -\boldsymbol{E} & \boldsymbol{E} \\ \boldsymbol{E} & \boldsymbol{E} \end{pmatrix}$，其中 $\boldsymbol{E}$ 是 n 阶单位矩阵.

1）求 $\boldsymbol{A}$ 的特征多项式；

2）求 $\boldsymbol{A}$ 的最小多项式；

3）求 $\boldsymbol{A}$ 的若尔当标准形.

解　1）$|\lambda\boldsymbol{E}-\boldsymbol{A}|=\begin{vmatrix} (\lambda+1)\boldsymbol{E} & -\boldsymbol{E} \\ -\boldsymbol{E} & (\lambda-1)\boldsymbol{E} \end{vmatrix}=\begin{vmatrix} 0 & (\lambda^2-2)\boldsymbol{E} \\ -\boldsymbol{E} & (\lambda-1)\boldsymbol{E} \end{vmatrix}=(\lambda^2-2)^n$.

2）因为 $\boldsymbol{A}$ 的最小多项式是一次的当且仅当 $\boldsymbol{A}$ 是数量矩阵，则 $\boldsymbol{A}$ 的最小多项式至少是 2 次多项式. 又因为

$$\boldsymbol{A}^2-2\boldsymbol{E}=\boldsymbol{0},$$

所以，$\boldsymbol{A}$ 的最小多项式 $m_A(\lambda)=\lambda^2-2$.

3）由于 $\lambda\boldsymbol{E}-\boldsymbol{A}$ 存在 n 阶子式 1，所以有其 n 阶行列式因子 $D_n(\lambda)=1$，从而有

$$d_1(\lambda)=d_2(\lambda)=\cdots=d_n(\lambda)=1.$$

又 $d_{2n}(\lambda)=\lambda^2-2$，以及特征多项式等于不变因子的乘积，所以 $d_{n+1}(\lambda)=\cdots=d_{2n}(\lambda)=\lambda^2-2$.

从而 $\boldsymbol{A}$ 的若尔当标准形为 $\begin{pmatrix} \sqrt{2} & & & & \\ & -\sqrt{2} & & & \\ & & \ddots & & \\ & & & \sqrt{2} & \\ & & & & -\sqrt{2} \end{pmatrix}$.

10.（南京大学）设 $m(\lambda)$ 是数域 $\boldsymbol{P}$ 上 n 阶方阵 $\boldsymbol{A}$ 的最小多项式，$f(\lambda)$ 是数域 $\boldsymbol{P}$ 上任意多项式. 证明：$f(\boldsymbol{A})$ 可逆当且仅当 $(m(\lambda), f(\lambda))=1$.

证明　若 $(m(\lambda), f(\lambda))=1$，所以存在多项式 $u(x), v(x)$，使得

$$u(x)m(x)+v(x)f(x)=1,\text{所以 } u(\boldsymbol{A})m(\boldsymbol{A})+v(\boldsymbol{A})f(\boldsymbol{A})=\boldsymbol{E}.$$

又因为 $m(\boldsymbol{A})=\boldsymbol{O}$，所以 $v(\boldsymbol{A})f(\boldsymbol{A})=\boldsymbol{E}$，即证 $f(\boldsymbol{A})$ 可逆.

若 $f(\boldsymbol{A})$ 可逆，设 $(m(\lambda), f(\lambda))=d(\lambda)$，则 $d(\lambda)\mid m(\lambda), d(\lambda)\mid f(\lambda)$. 如果 λ_0 是 $d(\lambda)$ 的根，则 λ_0 是 $m(\lambda)$ 的根. 又因为 $m(\lambda)$ 整除 A 的特征多项式，也就意味着 λ_0 是矩阵 A 的一个特征值. 进而得到 $d(\lambda_0)=0$ 是 $d(A)$ 的特征值，所以 $|d(A)|=0$. 又因为 $d(\lambda)\mid f(\lambda)$，所以 $|f(A)|=0$，与 $f(A)$ 可逆矛盾. 因此 $d(\lambda)=1$.

11.（东南大学）设 $\boldsymbol{\alpha}, \boldsymbol{\beta}$ 均为非零 n 维列向量，记 $\boldsymbol{A}=\boldsymbol{\alpha}\boldsymbol{\beta}'$.

1）求 $\boldsymbol{A}$ 的最小多项式；　　2）求 $\boldsymbol{A}$ 的若当标准形.

解　1）显然 $\boldsymbol{A}$ 的秩为 1，$\boldsymbol{A}$ 的最小多项式不是一次的.

又 $\boldsymbol{A}^2=(\boldsymbol{\alpha\beta}')(\boldsymbol{\alpha\beta}')=\boldsymbol{\alpha}(\boldsymbol{\beta}'\boldsymbol{\alpha})\boldsymbol{\beta}'=\boldsymbol{\beta}'\boldsymbol{\alpha}(\boldsymbol{\alpha\beta}')=\boldsymbol{\beta}'\boldsymbol{\alpha}\boldsymbol{A}$，因此 $\boldsymbol{A}$ 的最小多项式为 $m(\boldsymbol{\lambda})=\boldsymbol{\lambda}^2-\boldsymbol{\beta}'\boldsymbol{\alpha\lambda}$.

2）若 $\boldsymbol{\beta}'\boldsymbol{\alpha}\neq 0$，由于最小多项式无重根，则 $\boldsymbol{A}$ 的若当标准形为对角阵. 又 $\boldsymbol{A}$ 的秩为 1，则 $\boldsymbol{A}$ 的若当标准形为 $J=diag(0,\cdots,0,\boldsymbol{\beta}'\boldsymbol{\alpha})$.

若 $\boldsymbol{\beta}'\boldsymbol{\alpha}=0$，又 $\boldsymbol{A}$ 的秩为 1，则 $\boldsymbol{A}$ 的若当标准形为

$$\boldsymbol{J}=\begin{pmatrix}0&0&\cdots&0\\1&0&\cdots&0\\\vdots&\vdots&&\vdots\\0&0&\cdots&0\end{pmatrix}.$$

12.（中科院）设 $\boldsymbol{A}\in\mathbf{R}^{2021\times 2021}$ 是给定的幂零阵（即存在正整数 p 使得 $\boldsymbol{A}^p=\boldsymbol{O}$ 而 $\boldsymbol{A}^{p-1}\neq\boldsymbol{O}$），试分析线性方程 $Ax=\mathbf{0}(x\in\mathbf{R}^{2021})$ 非零独立解个数的最大值和最小值.

解　由于 $R(\boldsymbol{AB})\geqslant R(\boldsymbol{A})+R(\boldsymbol{B})-n$，则

$$\begin{aligned}0=R(\boldsymbol{A}^p)=R(\boldsymbol{AA}^{p-1})&\geqslant R(\boldsymbol{A})+R(\boldsymbol{A}^{p-1})-n\\&\geqslant 2R(\boldsymbol{A})+R(\boldsymbol{A}^{p-2})-2n\geqslant\cdots\\&\geqslant p\times R(\boldsymbol{A})-(p-1)n.\end{aligned}$$

从而，$R(\boldsymbol{A})\leqslant\dfrac{(p-1)n}{p}$.

当 $n=2021$ 时，有 $R(\boldsymbol{A})\leqslant\dfrac{2021(p-1)}{p}$.

又因为，$\boldsymbol{A}$ 是幂零阵的充要条件是存在可逆阵 $\boldsymbol{P}$，使得

$$\boldsymbol{P}^{-1}\boldsymbol{AP}=\begin{pmatrix}\begin{pmatrix}0&1&&\\&\ddots&\ddots&\\&&\ddots&1\\&&&0\end{pmatrix}&&\\&\ddots&\\&&\begin{pmatrix}0&1&&\\&\ddots&\ddots&\\&&\ddots&1\\&&&0\end{pmatrix}\end{pmatrix},$$

其中至少含有一个 p 阶若尔当块，则显然 $R(\boldsymbol{A})\geqslant p-1$.

从而 $p-1\leqslant R(\boldsymbol{A})\leqslant\dfrac{2021(p-1)}{p}$.

则又 $Ax=0(x\in\mathbf{R}^{2021})$ 非零独立解的个数为 $n-R(A)$，则其个数的最大最小值为 $2022-p,\dfrac{2021}{p}$.

第 9 章　欧氏空间与双线性函数

欧氏空间可以看作几何空间的推广,通过在实数域上线性空间中引入度量性质,讨论向量的长度、夹角和正交等性质. 特别地,欧氏空间中引入标准正交基的概念,使内积等代数运算更为简单. 要求能利用施密特正交化由一组基计算出标准正交基. 欧氏空间中正交变换和对称变换在实际生活中有着广泛的应用,它们在标准正交基下分别对应正交矩阵和实对称矩阵. 正交矩阵和实对称矩阵都有好的性质,例如对实对称矩阵 $\boldsymbol{A}$,可以找到正交矩阵 $\boldsymbol{Q}$,使 $\boldsymbol{Q}'\boldsymbol{A}\boldsymbol{Q}$ 为对角阵,对角线元素为矩阵 $\boldsymbol{A}$ 的全部特征值,并且给出二次型的一个结论:即用正交线性替换把实二次型化为标准形. 同时欧氏空间中引入子空间的正交补的概念,它是唯一的,要求会计算一些子空间的正交补.

在线性空间上引入线性函数和双线性函数的概念,可以使得二次型、欧氏空间等内容统一到双线性函数的概念之下来讨论,从而丰富了线性代数的内容.

9.1　欧氏空间的基本概念

定义 1　设 V 是实数域 $\mathbf{R}$ 上一线性空间,在 V 上定义了一个二元实函数,称为内积,记作 $(\boldsymbol{\alpha},\boldsymbol{\beta})$,它具有以下性质:

1) $(\boldsymbol{\alpha},\boldsymbol{\beta})=(\boldsymbol{\beta},\boldsymbol{\alpha})$;

2) $(k\boldsymbol{\alpha},\boldsymbol{\beta})=k(\boldsymbol{\alpha},\boldsymbol{\beta})$;

3) $(\boldsymbol{\alpha}+\boldsymbol{\beta},\boldsymbol{\gamma})=(\boldsymbol{\alpha},\boldsymbol{\gamma})+(\boldsymbol{\beta},\boldsymbol{\gamma})$;

4) $(\boldsymbol{\alpha},\boldsymbol{\alpha})\geqslant 0$,当且仅当 $\boldsymbol{\alpha}=0$ 时 $(\boldsymbol{\alpha},\boldsymbol{\alpha})=0$,

这里 $\boldsymbol{\alpha},\boldsymbol{\beta},\boldsymbol{\gamma}$ 是 V 中任意的向量, k 是任意实数,这样的线性空间 V 称为欧几里得空间,简称欧氏空间.

定义 2　非负实数 $\sqrt{(\boldsymbol{\alpha},\boldsymbol{\alpha})}$ 称为向量 $\boldsymbol{\alpha}$ 的长度,记为 $|\boldsymbol{\alpha}|$. 长度为 1 的向量称为单位向量.

定义 3　非零向量 $\boldsymbol{\alpha},\boldsymbol{\beta}$ 的夹角 $\langle\boldsymbol{\alpha},\boldsymbol{\beta}\rangle$ 规定为

$$\langle\boldsymbol{\alpha},\boldsymbol{\beta}\rangle=\arccos\frac{(\boldsymbol{\alpha},\boldsymbol{\beta})}{|\boldsymbol{\alpha}||\boldsymbol{\beta}|},0\leqslant\langle\boldsymbol{\alpha},\boldsymbol{\beta}\rangle\leqslant\pi .$$

根据柯西-布尼亚科夫斯基不等式,有三角形不等式 $|\boldsymbol{\alpha}+\boldsymbol{\beta}|\leqslant|\boldsymbol{\alpha}|+|\boldsymbol{\beta}|$.

定义 4 如果向量 $\boldsymbol{\alpha},\boldsymbol{\beta}$ 的内积为零,即 $(\boldsymbol{\alpha},\boldsymbol{\beta})=0$,那么 $\boldsymbol{\alpha},\boldsymbol{\beta}$ 称为正交或互相垂直,记为 $\boldsymbol{\alpha}\perp\boldsymbol{\beta}$.

注 两个非零向量正交的充要条件是它们的夹角为$\frac{\pi}{2}$.只有零向量才与自己正交.

定义 5 欧氏空间 V 的一组非零的向量,如果它们两两正交,就称为一个正交向量组.

按定义,由单个非零向量所成的向量组也是正交向量组.

定义 6 在 n 维欧氏空间中,由 n 个向量组成的正交向量组称为正交基;由单位向量组成的正交基称为标准正交基组.

对一组正交基进行单位化就得到一组标准正交基.

设 $\boldsymbol{\varepsilon}_1,\boldsymbol{\varepsilon}_2,\cdots,\boldsymbol{\varepsilon}_n$ 是一组标准正交基,由定义,有 $(\boldsymbol{\varepsilon}_i,\boldsymbol{\varepsilon}_j)=\begin{cases}1,\text{当 } i=j;\\0,\text{当 } i\neq j.\end{cases}$

定理 1 n 维欧氏空间中任一个正交向量组都能扩充成一组正交基.

定理 2 对于 n 维欧氏空间中任意一组基 $\boldsymbol{\varepsilon}_1,\boldsymbol{\varepsilon}_2,\cdots,\boldsymbol{\varepsilon}_n$,都可以找到一组标准正交基 $\boldsymbol{\eta}_1,\boldsymbol{\eta}_2,\cdots,\boldsymbol{\eta}_n$,使 $L(\boldsymbol{\varepsilon}_1,\boldsymbol{\varepsilon}_2,\cdots,\boldsymbol{\varepsilon}_i)=L(\boldsymbol{\eta}_1,\boldsymbol{\eta}_2,\cdots,\boldsymbol{\eta}_i)$,$i=1,2,\cdots,n$.

定义 7 n 阶实数矩阵 A 称为正交矩阵,如果 $\boldsymbol{A}'\boldsymbol{A}=\boldsymbol{E}$.

定义 8 实数域 $\mathbf{R}$ 上欧氏空间 V 与 V' 称为同构的,如果由 V 到 V' 有一个双射 σ,满足:

1) $\boldsymbol{\sigma}(\boldsymbol{\alpha}+\boldsymbol{\beta})=\boldsymbol{\sigma}(\boldsymbol{\alpha})+\boldsymbol{\sigma}(\boldsymbol{\beta})$;

2) $\boldsymbol{\sigma}(k\boldsymbol{\alpha})=k\boldsymbol{\sigma}(\boldsymbol{\alpha})$;

3) $(\boldsymbol{\sigma}(\boldsymbol{\alpha}),\boldsymbol{\sigma}(\boldsymbol{\beta}))=(\boldsymbol{\alpha},\boldsymbol{\beta})$,

这里 $\boldsymbol{\alpha},\boldsymbol{\beta}\in V,k\in\mathbf{R}$,这样的映射 $\boldsymbol{\sigma}$ 称为 V 到 V' 的同构映射.

定理 3 两个有限维欧氏空间同构当且仅当它们的维数相等.

本节知识拓展 欧氏空间是具有内积运算的实数域上的线性空间,通过内积运算可以研究向量的度量性质.由于线性空间包括多项式空间、n 维向量空间、矩阵空间等,因此可以研究这些空间中向量的度量性质.

例 1 求齐次线性方程组

$$\begin{cases}2x_1+x_2-x_3+x_4-3x_5=0,\\x_1+x_2-x_3+x_5=0\end{cases}$$

的解空间(作为 $\mathbf{R}^5$ 的子空间)的一组标准正交基.

解 求解 $\begin{cases}2x_1+x_2-x_3+x_4-3x_5=0,\\x_1+x_2-x_3+x_5=0\end{cases}$ 得同解方程组 $\begin{cases}x_1=-x_4+4x_5\\x_2=x_3+x_4-5x_5\end{cases}$,于是基础解系为

$$\boldsymbol{\alpha}_1=(0,1,1,0,0),\boldsymbol{\alpha}_2=(-1,1,0,1,0),\boldsymbol{\alpha}_3=(4,-5,0,0,1),$$

将 $\boldsymbol{\alpha}_1,\boldsymbol{\alpha}_2,\boldsymbol{\alpha}_3$ 正交化得

$$\boldsymbol{\beta}_1=\boldsymbol{\alpha}_1=(0,1,1,0,0),$$

$$\boldsymbol{\beta}_2=\boldsymbol{\alpha}_2-\frac{(\boldsymbol{\alpha}_2,\boldsymbol{\beta}_1)}{(\boldsymbol{\beta}_1,\boldsymbol{\beta}_1)}\boldsymbol{\beta}_1=\left(-1,\frac{1}{2},-\frac{1}{2},1,0\right),$$

$$\boldsymbol{\beta}_3=\boldsymbol{\alpha}_3-\frac{(\boldsymbol{\alpha}_3,\boldsymbol{\beta}_1)}{(\boldsymbol{\beta}_1,\boldsymbol{\beta}_1)}\boldsymbol{\beta}_1-\frac{(\boldsymbol{\alpha}_3,\boldsymbol{\beta}_2)}{(\boldsymbol{\beta}_2,\boldsymbol{\beta}_2)}\boldsymbol{\beta}_2=(\frac{7}{5},-\frac{6}{5},\frac{6}{5},\frac{13}{5},1),$$

单位化得

$$\boldsymbol{\eta}_1=\frac{1}{\sqrt{2}}(0,1,1,0,0),\boldsymbol{\eta}_2=\frac{1}{\sqrt{10}}(-2,1,-1,2,0),\boldsymbol{\eta}_3=\frac{1}{3\sqrt{35}}(7,-6,6,13,5),$$

则 $\boldsymbol{\eta}_1,\boldsymbol{\eta}_2,\boldsymbol{\eta}_3$ 就是解空间的一组标准正交基.

例2 在 $\mathbf{R}[x]_4$ 中定义内积为 $(f,g)=\int_{-1}^{1}f(x)g(x)\mathrm{d}x$，求 $\mathbf{R}[x]_4$ 的一组标准正交基(由基 $1,x,x^2,x^3$ 出发作正交化).

解 取 $\boldsymbol{\alpha}_1=1$，$\boldsymbol{\alpha}_2=x$，$\boldsymbol{\alpha}_3=x^2$，$\boldsymbol{\alpha}_4=x^3$. 将它们正交化得

$$\boldsymbol{\beta}_1=\boldsymbol{\alpha}_1=1,$$

$$\boldsymbol{\beta}_2=\boldsymbol{\alpha}_2-\frac{(\boldsymbol{\alpha}_2,\boldsymbol{\beta}_1)}{(\boldsymbol{\beta}_1,\boldsymbol{\beta}_1)}\boldsymbol{\beta}_1=x-\frac{\int_{-1}^{1}x\mathrm{d}x}{\int_{-1}^{1}1\mathrm{d}x}\cdot 1=x,$$

$$\boldsymbol{\beta}_3=\boldsymbol{\alpha}_3-\frac{(\boldsymbol{\alpha}_3,\boldsymbol{\beta}_1)}{(\boldsymbol{\beta}_1,\boldsymbol{\beta}_1)}\boldsymbol{\beta}_1-\frac{(\boldsymbol{\alpha}_3,\boldsymbol{\beta}_2)}{(\boldsymbol{\beta}_2,\boldsymbol{\beta}_2)}\boldsymbol{\beta}_2=x^2-\frac{\int_{-1}^{1}x^2\mathrm{d}x}{\int_{-1}^{1}1\mathrm{d}x}\cdot 1-\frac{\int_{-1}^{1}x^3\mathrm{d}x}{\int_{-1}^{1}x^2\mathrm{d}x}\cdot x=x^2-\frac{1}{3},$$

$$\boldsymbol{\beta}_4=\boldsymbol{\alpha}_4-\frac{(\boldsymbol{\alpha}_4,\boldsymbol{\beta}_1)}{(\boldsymbol{\beta}_1,\boldsymbol{\beta}_1)}\boldsymbol{\beta}_1-\frac{(\boldsymbol{\alpha}_4,\boldsymbol{\beta}_2)}{(\boldsymbol{\beta}_2,\boldsymbol{\beta}_2)}\boldsymbol{\beta}_2-\frac{(\boldsymbol{\alpha}_4,\boldsymbol{\beta}_3)}{(\boldsymbol{\beta}_3,\boldsymbol{\beta}_3)}\boldsymbol{\beta}_3$$

$$=x^3-\frac{\int_{-1}^{1}x^3\mathrm{d}x}{\int_{-1}^{1}1\mathrm{d}x}\cdot 1-\frac{\int_{-1}^{1}x^4\mathrm{d}x}{\int_{-1}^{1}x^2\mathrm{d}x}\cdot x-\frac{\int_{-1}^{1}x_3\left(x^2-\frac{1}{3}\right)\mathrm{d}x}{\int_{-1}^{1}\left(x^2-\frac{1}{3}\right)^2\mathrm{d}x}\left(x^2-\frac{1}{3}\right)=x^3-\frac{3}{5}x.$$

单位化得

$$\eta_1=\frac{1}{\sqrt{\beta_1}}\beta_1=\frac{\sqrt{2}}{2},\ \eta_2=\frac{\sqrt{6}}{2}x,\ \eta_3=\frac{\sqrt{10}}{4}(3x^2-1),\ \eta_4=\frac{\sqrt{14}}{4}(5x^3-3x),$$

则 $\eta_1,\eta_2,\eta_3,\eta_4$ 为一组标准正交基.

9.2 正交变换与正交子空间

定义9 欧氏空间 V 的线性变换 A 称为正交变换，如果它保持向量的内积不变，即对任意的 $\boldsymbol{\alpha},\boldsymbol{\beta}\in V$，都有 $(A\boldsymbol{\alpha},A\boldsymbol{\beta})=(\boldsymbol{\alpha},\boldsymbol{\beta})$.

定理4 设 A 是 n 维欧氏空间的一个线性变换，则下面四个命题相互等价：

1) A 是正交变换；

2) A 保持向量的长度不变,即对于 $\alpha \in V$, $|A\alpha|=|\alpha|$;

3)如果 $\varepsilon_1,\varepsilon_2,\cdots,\varepsilon_n$ 是标准正交基,那么 $A\varepsilon_1,A\varepsilon_2,\cdots,A\varepsilon_n$ 也是标准正交基;

4) A 在任一组标准正交基下的矩阵是正交矩阵.

行列式等于1的正交变换称为旋转,或者称为第一类的;行列式等于-1的正交变换称第二类的.

定义10 设 V_1,V_2 是欧氏空间 V 中两个子空间.如果对于任意的 $\boldsymbol{\alpha} \in V_1,\boldsymbol{\beta} \in V_2$,恒有 $(\boldsymbol{\alpha},\boldsymbol{\beta})=0$,则称 V_1,V_2 为正交的,记为 $V_1 \perp V_2$.一个向量 α,如果对于任意的 $\beta \in V_1$,恒有 $(\boldsymbol{\alpha},\boldsymbol{\beta})=0$,则称 $\boldsymbol{\alpha}$ 与子空间 V_1 正交,记为 $\boldsymbol{\alpha} \perp V_1$.

因为只有零向量与它自身正交,所以由 $V_1 \perp V_2$ 可知 $V_1 \cap V_2=\{\mathbf{0}\}$;由 $\boldsymbol{\alpha} \perp V_1$, $\boldsymbol{\alpha} \in V_1$ 可知 $\boldsymbol{\alpha}=\mathbf{0}$.

定理5 如果子空间 $V_1,V_2,\cdots,V_s$ 两两正交,那么和 $V_1+V_2+\cdots+V_s$ 是直和.

定义11 子空间 V_2 称为子空间 V_1 的一个正交补,如果 $V_1 \perp V_2$,并且 $V_1+V_2=V$.

定理6 n 维欧氏空间 V 的每一个子空间 V_1 都有唯一的正交补.

V_1 的正交补记为 $V_1^{\perp}$,由定义可知维(V_1)+维($V_1^{\perp}$)= n.

推论 $V_1^{\perp}$ 恰由所有与 V_1 正交的向量组成.

本节知识拓展 正交变换是保持向量内积不变的线性变换,注重与第7章的联系.线性子空间的补子空间一般不唯一,但是欧氏空间中子空间的正交补是唯一的.

例1 设 V 是一 n 维欧氏空间, $\boldsymbol{\alpha} \neq \mathbf{0}$ 是 V 中一固定向量.

1)证明: $V_1=\{\boldsymbol{x} \mid (\boldsymbol{x},\boldsymbol{\alpha})=0, x \in V\}$ 是 V 的一个子空间;

2)证明: V_1 的维数等于 $n-1$.

证明 1)由于 $\mathbf{0} \in V_1$,所以 V_1 非空.对任意 $\boldsymbol{x}_1,\boldsymbol{x}_2 \in V_1, k \in \mathbf{R}$,有 $(\boldsymbol{x}_1+\boldsymbol{x}_2,\boldsymbol{\alpha})=(\boldsymbol{x}_1,\boldsymbol{\alpha})+(\boldsymbol{x}_2,\boldsymbol{\alpha})=0$, $(k\boldsymbol{x}_1,\boldsymbol{\alpha})=k(\boldsymbol{x}_1,\boldsymbol{\alpha})=0$.从而 $\boldsymbol{x}_1+\boldsymbol{x}_2 \in V_1$, $kx_1 \in V_1$,故 V_1 是 V 的一个子空间.

2)由于 $\boldsymbol{\alpha} \neq \mathbf{0}$ 是线性无关的,将它扩充为 V 的一组正交基 $\boldsymbol{\alpha},\boldsymbol{\eta}_2,\cdots,\boldsymbol{\eta}_n$,这时因为

$$(\boldsymbol{\eta}_i,\boldsymbol{\alpha})=0(i=2,3,\cdots,n),$$

所以 $\boldsymbol{\eta}_i \in V_1(i=2,3,\cdots,n)$.

对任意 $\boldsymbol{\beta} \in V_1$,有 $\boldsymbol{\beta}=k_1\boldsymbol{\alpha}+k_2\boldsymbol{\eta}_2+\cdots+k_n\boldsymbol{\eta}_n$,由于

$$0=(\boldsymbol{\beta},\boldsymbol{\alpha})=k_1(\boldsymbol{\alpha},\boldsymbol{\alpha})+k_2(\boldsymbol{\eta}_2,\boldsymbol{\alpha})+\cdots+k_n(\boldsymbol{\eta}_n,\boldsymbol{\alpha})=k_1(\boldsymbol{\alpha},\boldsymbol{\alpha}).$$

由 $(\boldsymbol{\alpha},\boldsymbol{\alpha}) \neq 0$ 得 $k_1=0$,即 $\boldsymbol{\beta}$ 可由 $\boldsymbol{\eta}_2,\cdots,\boldsymbol{\eta}_n$ 线性表出,从而 $\boldsymbol{\eta}_2,\cdots,\boldsymbol{\eta}_n$ 是 V_1 的一组基,其维数为 $n-1$.

例2 设 $\boldsymbol{\eta}$ 是欧氏空间中一单位向量,定义 $A\boldsymbol{\alpha}=\boldsymbol{\alpha}-2(\boldsymbol{\eta},\boldsymbol{\alpha})\boldsymbol{\eta}$.证明:

1) A 是正交变换,这样的正交变换称为镜面反射;

2) A 是第二类的;

3)如果 n 维欧氏空间中,正交变换 A 以1作为一个特征值,且属于特征值1的特征子空间 V_1 的维数为 $n-1$,则 A 是镜面反射.

证明 1)对欧氏空间中任意元素 $\boldsymbol{\alpha},\boldsymbol{\beta}$ 和实数 k_1,k_2,有

$$A(k_1\boldsymbol{\alpha}+k_2\boldsymbol{\beta})=k_1\boldsymbol{\alpha}+k_2\boldsymbol{\beta}-2(\eta,k_1\boldsymbol{\alpha}+k_2\boldsymbol{\beta})\eta=k_1A\boldsymbol{\alpha}+k_2A\boldsymbol{\beta},$$

所以 A 是线性的.又有

$$(A\boldsymbol{\alpha},A\boldsymbol{\beta})=(\boldsymbol{\alpha}-2(\boldsymbol{\eta},\boldsymbol{\alpha})\boldsymbol{\eta},\boldsymbol{\beta}-2(\boldsymbol{\eta},\boldsymbol{\beta})\boldsymbol{\eta})$$
$$=(\boldsymbol{\alpha},\boldsymbol{\beta})-2(\boldsymbol{\eta},\boldsymbol{\beta})(\boldsymbol{\eta},\boldsymbol{\alpha})-2(\boldsymbol{\eta},\boldsymbol{\alpha})(\boldsymbol{\eta},\boldsymbol{\beta})+4(\boldsymbol{\eta},\boldsymbol{\alpha})(\boldsymbol{\eta},\boldsymbol{\beta})(\boldsymbol{\eta},\boldsymbol{\eta})$$

因为 $(\boldsymbol{\eta},\boldsymbol{\eta})=1$,所以 $(A\boldsymbol{\alpha},A\boldsymbol{\beta})=(\boldsymbol{\alpha},\boldsymbol{\beta})$,故 A 是正交变换.

2)由于 $\boldsymbol{\eta}$ 是单位向量,将它扩充为空间的一组标准正交基 $\boldsymbol{\eta},\boldsymbol{\varepsilon}_2,\cdots,\boldsymbol{\varepsilon}_n$,则有

$$A\boldsymbol{\eta}=\boldsymbol{\eta}-2(\boldsymbol{\eta},\boldsymbol{\eta})\boldsymbol{\eta}=-\boldsymbol{\eta},A\boldsymbol{\varepsilon}_i=\boldsymbol{\varepsilon}_i-2(\boldsymbol{\eta},\boldsymbol{\varepsilon}_i)\boldsymbol{\eta}=\boldsymbol{\varepsilon}_i(i=2,3,\cdots,n).$$

这样 $(A\boldsymbol{\eta},A\boldsymbol{\varepsilon}_2,\cdots,A\boldsymbol{\varepsilon}_n)=(\boldsymbol{\eta},\boldsymbol{\varepsilon}_2,\cdots,\boldsymbol{\varepsilon}_n)\begin{pmatrix}-1&&&\\&1&&\\&&\ddots&\\&&&1\end{pmatrix}$. 可见在基 $\boldsymbol{\eta},\boldsymbol{\varepsilon}_2,\cdots,\boldsymbol{\varepsilon}_n$ 下的矩阵 $\boldsymbol{A}$ 的行列式等于 -1,所以 A 是第二类正交变换.

3) A 的特征值有 n 个,现已有 $n-1$ 个为 1,另一个也要为实数,不妨设为 λ_0,则存在一组基 $\boldsymbol{\varepsilon}_1,\boldsymbol{\varepsilon}_2,\cdots,\boldsymbol{\varepsilon}_n$,有

$$A\boldsymbol{\varepsilon}_1=\lambda_0\boldsymbol{\varepsilon}_1,A\boldsymbol{\varepsilon}_i=\boldsymbol{\varepsilon}_i(i=2,3,\cdots,n).$$

由于 A 是正交变换,所以

$$(\boldsymbol{\varepsilon}_1,\boldsymbol{\varepsilon}_1)=(A\boldsymbol{\varepsilon}_1,A\boldsymbol{\varepsilon}_1)=\lambda_0^2(\boldsymbol{\varepsilon}_1,\boldsymbol{\varepsilon}_1),$$

所以 $\lambda_0^2=1$,但 V_1 是 $n-1$ 维的,所以 $\lambda_0=-1$,从而

$$A\boldsymbol{\varepsilon}_1=-\boldsymbol{\varepsilon}_1,A\boldsymbol{\varepsilon}_i=\boldsymbol{\varepsilon}_i(i=2,3,\cdots,n).$$

因为 A 为正交变换,则 $(\boldsymbol{\varepsilon}_1,\boldsymbol{\varepsilon}_i)=(A\boldsymbol{\varepsilon}_1,A\boldsymbol{\varepsilon}_i)=-(\boldsymbol{\varepsilon}_1,\boldsymbol{\varepsilon}_i)$,所以 $(\boldsymbol{\varepsilon}_1,\boldsymbol{\varepsilon}_i)=0(i=2,3,\cdots,n)$. 令 $\boldsymbol{\eta}=\dfrac{1}{|\boldsymbol{\varepsilon}_1|}\boldsymbol{\varepsilon}_1$,则 $\boldsymbol{\eta}$ 是与 $\boldsymbol{\varepsilon}_2,\boldsymbol{\varepsilon}_3,\cdots,\boldsymbol{\varepsilon}_n$ 正交的单位向量,并且 $\boldsymbol{\eta},\boldsymbol{\varepsilon}_2,\cdots,\boldsymbol{\varepsilon}_n$ 组成一组基,且有 $A\boldsymbol{\eta}=-\boldsymbol{\eta}$.

任取 $\boldsymbol{\alpha}=k_1\boldsymbol{\eta}+k_2\boldsymbol{\varepsilon}_2+\cdots+k_n\boldsymbol{\varepsilon}_n\in V$,有

$$(\boldsymbol{\alpha},\boldsymbol{\eta})=(k_1\boldsymbol{\eta}+k_2\boldsymbol{\varepsilon}_2+\cdots+k_n\boldsymbol{\varepsilon}_n,\boldsymbol{\eta})=k_1,$$

故

$$A\boldsymbol{\alpha}=k_1A\boldsymbol{\eta}+k_2A\boldsymbol{\varepsilon}_2+\cdots+k_nA\boldsymbol{\varepsilon}_n=-k_1\boldsymbol{\eta}+k_2\boldsymbol{\varepsilon}_2+\cdots+k_n\boldsymbol{\varepsilon}_n$$
$$=k_1\boldsymbol{\eta}+k_2\boldsymbol{\varepsilon}_2+\cdots+k_n\boldsymbol{\varepsilon}_n-2k_1\boldsymbol{\eta}=\alpha-2(\boldsymbol{\eta},\boldsymbol{\alpha})\boldsymbol{\eta},$$

可见 A 为镜面反射.

9.3 实对称矩阵的标准形

引理 1　设 $\boldsymbol{A}$ 是实对称矩阵,则 $\boldsymbol{A}$ 的复特征值皆为实数.

引理 2　设 $\boldsymbol{A}$ 是实对称矩阵,则对任意 $\alpha,\beta\in\mathbf{R}^n$,有

$$(\boldsymbol{A\alpha},\boldsymbol{\beta})=(\boldsymbol{\alpha},\boldsymbol{A\beta})\text{ 或 }\boldsymbol{\beta}'(\boldsymbol{A\alpha})=\boldsymbol{\alpha}'\boldsymbol{A\beta}.$$

定义 12　欧氏空间中满足 $(A\alpha,\beta)=(\alpha,A\beta)$ 的线性变换 A 称为对称变换.

引理 3　设 A 是对称变换, V_1 是 A -子空间,则 $V_1^{\perp}$ 也是 A -子空间.

引理 4　设 $\boldsymbol{A}$ 是实对称矩阵,则 $\mathbf{R}^n$ 中属于 $\boldsymbol{A}$ 的不同特征值的特征向量必正交.

定理 7 对于任意一个 n 阶实对称矩阵 $\boldsymbol{A}$，都存在一个 n 阶正交矩阵 T，使 $T'AT = T^{-1}AT$ 成对角形.

定理 8 任意一个实二次型 $\sum_{i=1}^{n}\sum_{j=1}^{n} a_{ij}x_i x_j, a_{ij} = a_{ji}$，都可以经过正交的线性替换变成平方和 $\lambda_1 y_1^2 + \lambda_2 y_2^2 + \cdots + \lambda_n y_n^2$，其中平方项的系数 $\lambda_1, \lambda_2, \cdots, \lambda_n$ 就是矩阵 $\boldsymbol{A}$ 的特征多项式全部的根.

定义 13 长度 $|\boldsymbol{\alpha} - \boldsymbol{\beta}|$ 称为向量 $\boldsymbol{\alpha}$ 和 $\boldsymbol{\beta}$ 的距离，记为 $d(\boldsymbol{\alpha}, \boldsymbol{\beta})$.

定义 14 设 V 是复数域上一个线性空间，在 V 上定义了一个二元复函数，称为内积，记作 $(\boldsymbol{\alpha}, \boldsymbol{\beta})$，它具有以下性质：

1) $(\boldsymbol{\alpha}, \boldsymbol{\beta}) = \overline{(\boldsymbol{\beta}, \boldsymbol{\alpha})}$，$\overline{(\boldsymbol{\beta}, \boldsymbol{\alpha})}$ 是 $(\boldsymbol{\beta}, \boldsymbol{\alpha})$ 的共轭复数；

2) $(k\boldsymbol{\alpha}, \boldsymbol{\beta}) = k(\boldsymbol{\alpha}, \boldsymbol{\beta})$；

3) $(\boldsymbol{\alpha} + \boldsymbol{\beta}, \boldsymbol{\gamma}) = (\boldsymbol{\alpha}, \boldsymbol{\gamma}) + (\boldsymbol{\beta}, \boldsymbol{\gamma})$；

4) $(\boldsymbol{\alpha}, \boldsymbol{\alpha})$ 是非负实数，且 $(\boldsymbol{\alpha}, \boldsymbol{\alpha})$ 当且仅当 $\boldsymbol{\alpha} = 0$.

这里 $\boldsymbol{\alpha}, \boldsymbol{\beta}, \boldsymbol{\gamma}$ 是 V 中任意的向量，k 是任意复数，这样的线性空间称为酉空间.

本节知识拓展 实对称矩阵化对角形以及实二次型化标准形，需要用到很多前面的理论，例如：行列式的计算、基础解系的计算、正交化、单位化等许多知识. 因此本节内容与前面许多章节有着紧密联系，要做到融会贯通.

例 1 求正交矩阵 $\boldsymbol{T}$，使 $\boldsymbol{T'AT}$ 成对角形，其中 $\boldsymbol{A} = \begin{pmatrix} 2 & -2 & 0 \\ -2 & 1 & -2 \\ 0 & -2 & 0 \end{pmatrix}$.

解 因为 $|\lambda \boldsymbol{E} - \boldsymbol{A}| = (\lambda - 1)(\lambda - 4)(\lambda + 2)$，所以特征值为

$$\lambda_1 = 1, \lambda_2 = 4, \lambda_3 = -2.$$

可求得对应的特征向量为

$$\boldsymbol{\alpha}_1 = (-2, -1, 2)', \boldsymbol{\alpha}_2 = (2, -2, 1)', \boldsymbol{\alpha}_3 = (1, 2, 2)',$$

单位化得

$$\boldsymbol{\eta}_1 = \left(-\frac{2}{3}, -\frac{1}{3}, \frac{2}{3}\right)', \boldsymbol{\eta}_2 = \left(\frac{2}{3}, -\frac{2}{3}, \frac{1}{3}\right)', \boldsymbol{\eta}_3 = \left(\frac{1}{3}, \frac{2}{3}, \frac{2}{3}\right)'.$$

故正交矩阵 $\boldsymbol{T} = \frac{1}{3}\begin{pmatrix} -2 & 2 & 1 \\ -1 & -2 & 2 \\ 2 & 1 & 2 \end{pmatrix}$，满足 $\boldsymbol{T'AT} = \begin{pmatrix} 1 & & \\ & 4 & \\ & & -2 \end{pmatrix}$.

例 2 设 $\boldsymbol{A}$ 是 n 阶实对称矩阵. 证明：$\boldsymbol{A}$ 正定的充分必要条件是 $\boldsymbol{A}$ 的特征多项式的根全大于零.

证明 设二次型 $\boldsymbol{X'AX}$ 经过正交线性替换 $\boldsymbol{X} = \boldsymbol{TY}$ 化为

$$\boldsymbol{X'AX} = \lambda_1 y_1^2 + \lambda_2 y_2^2 + \cdots + \lambda_n y_n^2,$$

其中 $\lambda_1, \lambda_2, \cdots, \lambda_n$ 为 A 的特征根. 由于 A 正定的充分必要条件是 $\lambda_1 y_1^2 + \lambda_2 y_2^2 + \cdots + \lambda_n y_n^2$ 正定，而后者正定的充分必要条件是 $\lambda_i > 0 (i = 1, 2, \cdots, n)$.

例 3 设 A 是 n 阶实矩阵. 证明：存在正交矩阵 T 使 $T^{-1}AT$ 为三角矩阵的充分必要条件 A 的特征多项式的根全是实的.

证明 这里三角矩阵不妨设为上三角矩阵.

必要性. 设 $\boldsymbol{T}^{-1}\boldsymbol{A}\boldsymbol{T}=\begin{pmatrix} b_{11} & \cdots & b_{1n} \\ & \ddots & \vdots \\ & & b_{nn} \end{pmatrix}$,其中 $\boldsymbol{T},\boldsymbol{A}$ 均为实矩阵,从而 b_{ij} 都是实数. 由于

$|\lambda\boldsymbol{E}-\boldsymbol{A}|=|\lambda\boldsymbol{E}-\boldsymbol{T}^{-1}\boldsymbol{A}\boldsymbol{T}|=\begin{vmatrix} \lambda-b_{11} & \cdots & * \\ & \ddots & \vdots \\ & & \lambda-b_{nn} \end{vmatrix}=(\lambda-b_{11})\cdots(\lambda-b_{nn})$,从而 A 的 n 个特征根 $b_{11},b_{22},\cdots,b_{nn}$ 均为实数.

充分性. 设 $\boldsymbol{A}$ 的所有特征值都是实的,则存在可逆实矩阵 $\boldsymbol{P}$,使 $\boldsymbol{P}^{-1}\boldsymbol{A}\boldsymbol{P}=\boldsymbol{J}$,其中 $\boldsymbol{J}=\begin{pmatrix} \boldsymbol{J}_1 & & \\ & \ddots & \\ & & \boldsymbol{J}_s \end{pmatrix}$ 是若尔当标准形,而 $\boldsymbol{J}_i=\begin{pmatrix} \lambda_i & 1 & & \\ & \lambda_i & \ddots & \\ & & \ddots & 1 \\ & & & \lambda_i \end{pmatrix}(i=1,2,\cdots,s)$. 由于 λ_i 都是实数,所以 $\boldsymbol{J}$ 为上三角矩阵. 由《高等代数》第九章习题第 14 题知,矩阵 $\boldsymbol{P}$ 可以分解为 $\boldsymbol{P}=\boldsymbol{T}\boldsymbol{S}$,其中 $\boldsymbol{T}$ 为正交矩阵, $\boldsymbol{S}$ 为上三角矩阵,则有

$$\boldsymbol{P}^{-1}\boldsymbol{A}\boldsymbol{P}=\boldsymbol{S}^{-1}\boldsymbol{T}^{-1}\boldsymbol{A}\boldsymbol{T}\boldsymbol{S}=\boldsymbol{J},$$

即 $\boldsymbol{T}^{-1}\boldsymbol{A}\boldsymbol{T}=\boldsymbol{S}\boldsymbol{J}\boldsymbol{S}^{-1}$,其中 $\boldsymbol{S}\boldsymbol{J}\boldsymbol{S}^{-1}$ 是上三角,故结论成立.

例 4 设 $\boldsymbol{A},\boldsymbol{B}$ 都是实对称矩阵. 证明:存在正交矩阵 $\boldsymbol{T}$,使 $\boldsymbol{T}^{-1}\boldsymbol{A}\boldsymbol{T}=\boldsymbol{B}$ 的充分必要条件是 $\boldsymbol{A},\boldsymbol{B}$ 的特征多项式的根全部相同.

证明 必要性. 若 $\boldsymbol{T}^{-1}\boldsymbol{A}\boldsymbol{T}=\boldsymbol{B}$,则 $\boldsymbol{A},\boldsymbol{B}$ 的特征多项式相同,所以它们的特征根相同.

充分性. 设 $\lambda_1,\lambda_2,\cdots,\lambda_n$ 为 $\boldsymbol{A},\boldsymbol{B}$ 的特征根,则存在正交矩阵 $\boldsymbol{X}$ 和 $\boldsymbol{Y}$,使

$$\boldsymbol{X}^{-1}\boldsymbol{A}\boldsymbol{X}=\begin{pmatrix} \lambda_1 & & \\ & \ddots & \\ & & \lambda_n \end{pmatrix}=\boldsymbol{Y}^{-1}\boldsymbol{B}\boldsymbol{Y}.$$

于是 $\boldsymbol{Y}\boldsymbol{X}^{-1}\boldsymbol{A}\boldsymbol{X}\boldsymbol{Y}^{-1}=\boldsymbol{B}$. 令 $\boldsymbol{T}=\boldsymbol{X}\boldsymbol{Y}^{-1}$,因为正交矩阵的乘积仍是正交矩阵,所以 $\boldsymbol{T}$ 是正交矩阵,且 $\boldsymbol{T}^{-1}\boldsymbol{A}\boldsymbol{T}=\boldsymbol{B}$.

9.4 双线性函数

定义 15 设 V 是数域 P 上的一个线性空间,f 是 V 到 P 的一个映射,如果 f 满足

1) $f(\boldsymbol{\alpha}+\boldsymbol{\beta})=f(\boldsymbol{\alpha})+f(\boldsymbol{\beta})$;

2) $f(k\boldsymbol{\alpha})=kf(\boldsymbol{\alpha})$.

其中 $\boldsymbol{\alpha},\boldsymbol{\beta}$ 是 V 中任意元素, k 是 P 中任意数,则称 f 为 V 上的一个线性函数.

定理 9 设 V 是 P 上一个 n 维线性空间, $\boldsymbol{\varepsilon}_1,\boldsymbol{\varepsilon}_2,\cdots,\boldsymbol{\varepsilon}_n$ 是 V 的一组基, $a_1,a_2,\cdots,a_n$ 是 P 中任意 n 个数,存在唯一的 V 上线性函数 f 使

$$f(\boldsymbol{\varepsilon}_i)=a_i,i=1,2,\cdots,n.$$

设 V 是 P 上一个 n 维线性空间，V 上全体线性函数组成的集合记作 $L(V,P)$.

引理 对 V 中任意向量 $\boldsymbol{\alpha}$，有 $\boldsymbol{\alpha} = \sum_{i=1}^{n} f_i(\boldsymbol{\alpha})\boldsymbol{\varepsilon}_i$，而对 $L(V,P)$ 中任意向量 f，有 $f = \sum_{i=1}^{n} f(\boldsymbol{\varepsilon}_i)f_i$.

定理 10 $L(V,P)$ 的维数等于 V 的维数，而且 $f_1,f_2,\cdots,f_n$ 是 $L(V,P)$ 的一组基.

定义 16 $L(V,P)$ 称为 V 的对偶空间. 由 $f_i(\varepsilon_j) = \begin{cases}1, j = i, \\ 0, j \neq i\end{cases}, i,j = 1,2,\cdots,n.$ 决定的 $L(V,P)$ 的基，称为 $\boldsymbol{\varepsilon}_1,\boldsymbol{\varepsilon}_2,\cdots,\boldsymbol{\varepsilon}_n$ 的对偶基. 以后简单地把 V 的对偶空间记作 V^*.

定理 11 设 $\boldsymbol{\varepsilon}_1,\boldsymbol{\varepsilon}_2,\cdots,\boldsymbol{\varepsilon}_n$ 及 $\boldsymbol{\eta}_1,\boldsymbol{\eta}_2,\cdots,\boldsymbol{\eta}_n$ 是线性空间 V 的两组基，它们的对偶基分别为 $f_1,f_2,\cdots,f_n$ 及 $g_1,g_2,\cdots,g_n$. 如果由 $\boldsymbol{\varepsilon}_1,\boldsymbol{\varepsilon}_2,\cdots,\boldsymbol{\varepsilon}_n$ 到 $\boldsymbol{\eta}_1,\boldsymbol{\eta}_2,\cdots,\boldsymbol{\eta}_n$ 的过渡矩阵为 $\boldsymbol{A}$，那么由 $f_1,f_2,\cdots,f_n$ 到 $g_1,g_2,\cdots,g_n$ 的过渡矩阵为 $(A')^{-1}$.

设 V 是 P 上一个线性空间，V^* 是其对偶空间，取定 V 中一个向量 $\boldsymbol{x}$，定义 V^* 的一个函数 x^{**} 如下：

$$\boldsymbol{x}^{**}(f) = f(\boldsymbol{x}), f \in V^*.$$

根据线性函数的定义，容易检验 $\boldsymbol{x}^{**}$ 是 V^* 上的一个线性函数，因此是 V^* 的对偶空间 $(V^*)^* = V^{**}$ 中的一个元素.

定理 12 V 是一个线性空间，V^{**} 是 V 的对偶空间的对偶空间. V 到 V^{**} 的映射 $x \to x^{**}$ 是一个同构映射.

定义 17 V 是数域 P 上一个线性空间，$f(\boldsymbol{\alpha},\boldsymbol{\beta})$ 是 V 上一个二元函数，即对 V 中任意两个向量 $\boldsymbol{\alpha},\boldsymbol{\beta}$，根据 f 都唯一地对应于 P 中一个数 $f(\boldsymbol{\alpha},\boldsymbol{\beta})$. 如果 $f(\boldsymbol{\alpha},\boldsymbol{\beta})$ 有下列性质：

1) $f(\boldsymbol{\alpha},k_1\boldsymbol{\beta}_1 + k_2\boldsymbol{\beta}_2) = k_1f(\boldsymbol{\alpha},\boldsymbol{\beta}_1) + k_2f(\boldsymbol{\alpha},\boldsymbol{\beta}_2)$；

2) $f(k_1\boldsymbol{\alpha}_1 + k_2\boldsymbol{\alpha}_2,\boldsymbol{\beta}) = k_1f(\boldsymbol{\alpha}_1,\boldsymbol{\beta}) + k_2f(\boldsymbol{\alpha}_2,\boldsymbol{\beta})$.

其中 $\boldsymbol{\alpha},\boldsymbol{\alpha}_1,\boldsymbol{\alpha}_2,\boldsymbol{\beta},\boldsymbol{\beta}_1,\boldsymbol{\beta}_2$ 是 V 中任意向量，k_1,k_2 是 P 中任意数，则称 $f(\boldsymbol{\alpha},\boldsymbol{\beta})$ 为 V 上的一个双线性函数.

定义 18 设 $f(\boldsymbol{\alpha},\boldsymbol{\beta})$ 是数域 P 上 n 维线性空间 V 上的一个双线性函数. $\boldsymbol{\varepsilon}_1,\boldsymbol{\varepsilon}_2,\cdots,\boldsymbol{\varepsilon}_n$ 是 V 的一组基，则矩阵

$$\boldsymbol{A} = \begin{pmatrix} f(\varepsilon_1,\varepsilon_1) & f(\varepsilon_1,\varepsilon_2) & \cdots & f(\varepsilon_1,\varepsilon_n) \\ f(\varepsilon_2,\varepsilon_1) & f(\varepsilon_2,\varepsilon_2) & \cdots & f(\varepsilon_2,\varepsilon_n) \\ \vdots & \vdots & & \vdots \\ f(\varepsilon_n,\varepsilon_1) & f(\varepsilon_n,\varepsilon_2) & \cdots & f(\varepsilon_n,\varepsilon_n) \end{pmatrix}$$

称为 $f(\boldsymbol{\alpha},\boldsymbol{\beta})$ 在 $\boldsymbol{\varepsilon}_1,\boldsymbol{\varepsilon}_2,\cdots,\boldsymbol{\varepsilon}_n$ 下的度量矩阵.

定义 19 设 $f(\boldsymbol{\alpha},\boldsymbol{\beta})$ 是线性空间 V 上一个双线性函数，如果

$$f(\boldsymbol{\alpha},\boldsymbol{\beta}) = 0$$

对任意 $\boldsymbol{\beta} \in V$，可推出 $\boldsymbol{\alpha} = \boldsymbol{0}$，$f$ 就称为非退化的.

定义 20 $f(\boldsymbol{\alpha},\boldsymbol{\beta})$ 是线性空间 V 上的一个双线性函数，如果对 V 上任意两个向量 $\boldsymbol{\alpha}$，$\boldsymbol{\beta}$ 都有 $f(\boldsymbol{\alpha},\boldsymbol{\beta}) = f(\boldsymbol{\beta},\boldsymbol{\alpha})$，则称 $f(\boldsymbol{\alpha},\boldsymbol{\beta})$ 为对称双线性函数. 如果对 V 上任意两个向量 $\boldsymbol{\alpha}$，$\boldsymbol{\beta}$ 都有 $f(\boldsymbol{\alpha},\boldsymbol{\beta}) = -f(\boldsymbol{\beta},\boldsymbol{\alpha})$，则称 $f(\boldsymbol{\alpha},\boldsymbol{\beta})$ 为反称双线性函数.

定理 13　设 V 是 P 上一个 n 维线性空间，$f(\boldsymbol{\alpha},\boldsymbol{\beta})$ 是 V 上的对称双线性函数，则存在 V 的一组基 $\boldsymbol{\varepsilon}_1,\boldsymbol{\varepsilon}_2,\cdots,\boldsymbol{\varepsilon}_n$，使 $f(\boldsymbol{\alpha},\boldsymbol{\beta})$ 在这组基下的度量矩阵为对角矩阵.

本节知识拓展　在线性空间中引入双线性函数的概念，可以把二次型、欧氏空间等内容统一到双线性函数的概念下来讨论，从而丰富线性代数的研究内容.

例　设 V 是数域 P 上一个3维线性空间，$\boldsymbol{\varepsilon}_1,\boldsymbol{\varepsilon}_2,\boldsymbol{\varepsilon}_3$ 是它的一组基，f 是 V 上一个线性函数，已知 $f(\boldsymbol{\varepsilon}_1+\boldsymbol{\varepsilon}_3)=1$，$f(\boldsymbol{\varepsilon}_2-2\boldsymbol{\varepsilon}_3)=-1$，$f(\boldsymbol{\varepsilon}_1+\boldsymbol{\varepsilon}_2)=-3$，求 $f(x_1\boldsymbol{\varepsilon}_1+x_2\boldsymbol{\varepsilon}_2+x_3\boldsymbol{\varepsilon}_3)$.

解　由 f 是线性函数，得 $\begin{cases}f(\boldsymbol{\varepsilon}_1)+f(\boldsymbol{\varepsilon}_3)=1,\\ f(\boldsymbol{\varepsilon}_2)-2f(\boldsymbol{\varepsilon}_3)=-1,\\ f(\boldsymbol{\varepsilon}_1)+f(\boldsymbol{\varepsilon}_2)=-3,\end{cases}$

解得 $f(\boldsymbol{\varepsilon}_1)=4$，$f(\boldsymbol{\varepsilon}_2)=-7$，$f(\boldsymbol{\varepsilon}_3)=-3$. 于是

$$f(x_1\boldsymbol{\varepsilon}_1+x_2\boldsymbol{\varepsilon}_2+x_3\boldsymbol{\varepsilon}_3)=x_1f(\boldsymbol{\varepsilon}_1)+x_2f(\boldsymbol{\varepsilon}_2)+x_3f(\boldsymbol{\varepsilon}_3)=4x_1-7x_2-3x_3.$$

本章知识拓展　本章内容与前面章节有着紧密的联系，计算和证明需要用到很多知识点. 特别是计算正交矩阵把实对称矩阵化为标准形，用到行列式的计算、特征多项式求根、齐次线性方程组求基础解系、施密特正交化等内容. 内积在不同基下的度量矩阵是合同的，并且度量矩阵是正定矩阵. 本章的内容几乎涉及前面所有章的内容，综合性较强.

典型习题选讲

1. 证明：正交矩阵的实特征值为 ± 1.

证明　设 $\boldsymbol{A}$ 为正交矩阵，λ 为 $\boldsymbol{A}$ 的实特征值，$\boldsymbol{\xi}$ 为对应的特征向量，即 $A\boldsymbol{\xi}=\lambda\boldsymbol{\xi}$，取共轭转置得 $\overline{\boldsymbol{\xi}'}A'=\lambda\overline{\boldsymbol{\xi}'}$，再右乘 $A\boldsymbol{\xi}$，有

$$\bar{\boldsymbol{\xi}}'\boldsymbol{A}'\boldsymbol{A}\boldsymbol{\xi}=\lambda^2\bar{\boldsymbol{\xi}}'\boldsymbol{\xi},$$

利用 $\boldsymbol{A}'\boldsymbol{A}=\boldsymbol{E}$ 得 $\lambda^2\overline{\boldsymbol{\xi}'}\boldsymbol{\xi}=\overline{\boldsymbol{\xi}'}\boldsymbol{\xi}$，由于 $\overline{\boldsymbol{\xi}'}\boldsymbol{\xi}>0$，所以 $\lambda^2=1$，故有 $\lambda=\pm 1$.

2. 证明：奇数维欧氏空间中的旋转一定以1作为它的一个特征值.

证明　设旋转对应的正交矩阵为 $\boldsymbol{A}$，那么

$$|\boldsymbol{E}-\boldsymbol{A}|=|\boldsymbol{A}'\boldsymbol{A}-\boldsymbol{A}|=(-1)^n|\boldsymbol{A}||\boldsymbol{E}-\boldsymbol{A}'|.$$

由于 n 为奇数，且 $|\boldsymbol{A}|=1$，于是

$$|\boldsymbol{E}-\boldsymbol{A}|=-|(\boldsymbol{E}-\boldsymbol{A})'|=-|\boldsymbol{E}-\boldsymbol{A}|,$$

故 $|\boldsymbol{E}-\boldsymbol{A}|=0$，即1为 $\boldsymbol{A}$ 的一个特征值.

3. 证明：第二类正交变换一定以 -1 作为它的一个特征值.

证明　设 $\boldsymbol{A}$ 是第二类正交变换对应的矩阵，则 $|\boldsymbol{A}|=-1$，由于

$$|-\boldsymbol{E}-\boldsymbol{A}|=|\boldsymbol{A}||-\boldsymbol{A}'-\boldsymbol{E}|=-|(-\boldsymbol{E}-\boldsymbol{A})'|=-|-\boldsymbol{E}-\boldsymbol{A}|,$$

所以 $|-\boldsymbol{E}-\boldsymbol{A}|=0$，即 -1 是 $\boldsymbol{A}$ 的一个特征值.

4. 设 A 是欧氏空间 V 的一个变换. 证明：如果 A 保持内积不变，即对于 $\alpha,\beta\in V$，$(A\alpha,A\beta)=(\alpha,\beta)$，那么它一定是线性的，因而它是正交变换.

证明　先证 $A(\alpha+\beta)=A(\alpha)+A(\beta)$. 因为

$(A(\alpha+\beta)-A\alpha-A\beta,A(\alpha+\beta)-A\alpha-A\beta)=(A(\alpha+\beta),A(\alpha+\beta))-2(A(\alpha+\beta),A\alpha)-2(A(\alpha+\beta),A\beta)+(A\alpha,A\alpha)+(A\beta,A\beta)+2(A\alpha,A\beta)=(\alpha+\beta,\alpha+\beta)-2(\alpha+\beta,\alpha)-2(\alpha+\beta,\beta)+(\alpha,\alpha)+(\beta,\beta)+2(\alpha,\beta)=0$,

所以 $A(\alpha+\beta)-A(\alpha)-A(\beta)=0$,即 $A(\alpha+\beta)=A(\alpha)+A(\beta)$.

再证 $A(k\alpha)=kA(\alpha)$. 由于

$(A(k\alpha)-kA(\alpha),A(k\alpha)-kA(\alpha))$

$=(A(k\alpha),A(k\alpha))-2(A(k\alpha),kA\alpha)+(kA\alpha,kA\alpha)$

$=k^2(\alpha,\alpha)-2k^2(\alpha,\alpha)+k^2(\alpha,\alpha)=0$,

所以 $A(k\alpha)=kA(\alpha)$. 故 A 是正交变换.

5. 设 $\boldsymbol{A}$ 是 n 阶实对称矩阵,且 $\boldsymbol{A}^2=\boldsymbol{E}$. 证明:存在正交矩阵 $\boldsymbol{T}$,使得

$$\boldsymbol{T}^{-1}\boldsymbol{A}\boldsymbol{T}=\begin{pmatrix}\boldsymbol{E}_r & \boldsymbol{O}\\ \boldsymbol{O} & -\boldsymbol{E}_{n-r}\end{pmatrix}.$$

证明 设 $\boldsymbol{A}$ 的特征值为 $\lambda_1,\lambda_2,\cdots,\lambda_n$. 对应的特征向量为 $\boldsymbol{\xi}_1,\boldsymbol{\xi}_2,\cdots,\boldsymbol{\xi}_n$,即 $\boldsymbol{A}\boldsymbol{\xi}_i=\lambda_i\boldsymbol{\xi}_i(i=1,2,\cdots,n)$. 由于 $\boldsymbol{A}^2=\boldsymbol{E}$,所以有

$$\lambda_i^2\boldsymbol{\xi}_i=\boldsymbol{A}^2\boldsymbol{\xi}_i=\boldsymbol{E}\boldsymbol{\xi}_i=\boldsymbol{\xi}_i(i=1,2,\cdots,n),$$

即 $\lambda_i^2=1$,故 $\lambda_i=\pm1(i=1,2,\cdots,n)$.

设特征值 1 的重数为 r,则 -1 的重数为 $n-r$,于是存在正交阵 $\boldsymbol{T}$,使得

$$\boldsymbol{T}^{-1}\boldsymbol{A}\boldsymbol{T}=\begin{pmatrix}\boldsymbol{E}_r & \boldsymbol{O}\\ \boldsymbol{O} & -\boldsymbol{E}_{n-r}\end{pmatrix}.$$

6. 设 $f(x_1,\cdots,x_n)=\boldsymbol{X}'\boldsymbol{A}\boldsymbol{X}$ 是一实二次型,$\lambda_1,\lambda_2,\cdots,\lambda_n$ 是 $\boldsymbol{A}$ 的特征多项式的根,且 $\lambda_1\leqslant\lambda_2\leqslant\cdots\leqslant\lambda_n$. 证明对任一 $\boldsymbol{X}\in\mathbf{R}^n$,有

$$\lambda_1\boldsymbol{X}'\boldsymbol{X}\leqslant\boldsymbol{X}'\boldsymbol{A}\boldsymbol{X}\leqslant\lambda_n\boldsymbol{X}'\boldsymbol{X}.$$

证明 因为 $\boldsymbol{A}$ 是实对称矩阵,则存在正交阵 $\boldsymbol{T}$,使 $\boldsymbol{T}'\boldsymbol{A}\boldsymbol{T}=\begin{pmatrix}\lambda_1 & & \\ & \ddots & \\ & & \lambda_n\end{pmatrix}$.

令 $\boldsymbol{X}=\boldsymbol{T}\boldsymbol{Y}$,则

$$f(x_1,\cdots,x_n)=\boldsymbol{Y}'\begin{pmatrix}\lambda_1 & & \\ & \ddots & \\ & & \lambda_n\end{pmatrix}\boldsymbol{Y}=\lambda_1y_1^2+\cdots+\lambda_ny_n^2.$$

又有 $\lambda_1\boldsymbol{Y}'\boldsymbol{Y}\leqslant\lambda_1y_1^2+\cdots+\lambda_ny_n^2\leqslant\lambda_n\boldsymbol{Y}'\boldsymbol{Y}$,而 $\boldsymbol{X}'\boldsymbol{X}=(\boldsymbol{T}\boldsymbol{Y})'\boldsymbol{T}\boldsymbol{Y}=\boldsymbol{Y}'\boldsymbol{Y}$,故 $\lambda_1\boldsymbol{X}'\boldsymbol{X}\leqslant\boldsymbol{X}'\boldsymbol{A}\boldsymbol{X}\leqslant\lambda_n\boldsymbol{X}'\boldsymbol{X}$.

7. 设二次型 $f(x_1,\cdots,x_n)$ 的矩阵为 $\boldsymbol{A}$,λ 是 $\boldsymbol{A}$ 的特征多项式的根. 证明存在 $\mathbf{R}^n$ 中的非零向量 $(\bar{x}_1,\bar{x}_2,\cdots,\bar{x}_n)'$ 使得

$$f(\bar{x}_1,\bar{x}_2,\cdots,\bar{x}_n)=\lambda(\bar{x}_1^2+\bar{x}_2^2+\cdots+\bar{x}_n^2).$$

证明　设 λ 是 $\boldsymbol{A}$ 的特征根,则存在属于 λ 的特征向量 $\boldsymbol{\xi}=\begin{pmatrix}\bar{x}_1\\ \vdots\\ \bar{x}_n\end{pmatrix}$,即 $\boldsymbol{A\xi}=\lambda\boldsymbol{\xi}$. 左乘 $\boldsymbol{\xi}'$,得

$$\boldsymbol{\xi}'\boldsymbol{A}\boldsymbol{\xi}=\boldsymbol{\xi}'\lambda\boldsymbol{\xi}=\lambda\boldsymbol{\xi}'\boldsymbol{\xi},$$

即 $$f(\bar{x}_1,\bar{x}_2,\cdots,\bar{x}_n)=\lambda(\bar{x}_1^2+\bar{x}_2^2+\cdots+\bar{x}_n^2).$$

8. n 维欧氏空间 V 中,向量 $\boldsymbol{\alpha},\boldsymbol{\beta}$ 的内积记为 $(\boldsymbol{\alpha},\boldsymbol{\beta})$, T 为 V 的线性变换,若规定二元函数 $\langle\boldsymbol{\alpha},\boldsymbol{\beta}\rangle=(T(\boldsymbol{\alpha}),T(\boldsymbol{\beta}))$,问: $\langle\boldsymbol{\alpha},\boldsymbol{\beta}\rangle$ 是否为内积?

解　当 T 为非可逆变换时,则 $\exists\boldsymbol{\gamma}\neq\boldsymbol{0}$,使得 $T(\boldsymbol{\gamma})=\boldsymbol{0}$. 因而有 $\boldsymbol{\gamma}\neq\boldsymbol{0}$,使得 $\langle\boldsymbol{\gamma},\boldsymbol{\gamma}\rangle=(T(\boldsymbol{\gamma}),T(\boldsymbol{\gamma}))=0$,此时 $\langle\boldsymbol{\alpha},\boldsymbol{\beta}\rangle$ 不为内积.

当 T 为可逆变换时,

$$\begin{aligned}\langle\boldsymbol{\alpha},\boldsymbol{\alpha}\rangle=0&\Leftrightarrow(T(\boldsymbol{\alpha}),T(\boldsymbol{\alpha}))=0\\&\Leftrightarrow T(\boldsymbol{\alpha})=\boldsymbol{0}\Leftrightarrow\alpha=\boldsymbol{0}.\end{aligned}$$

且 $\langle\boldsymbol{\alpha},\boldsymbol{\alpha}\rangle=(T(\boldsymbol{\alpha}),T(\boldsymbol{\alpha})\geqslant0$. 又

$$\langle\boldsymbol{\alpha},\boldsymbol{\beta}\rangle=(T(\boldsymbol{\alpha}),T(\boldsymbol{\beta}))=(T(\boldsymbol{\beta}),T(\boldsymbol{\alpha}))=\langle\boldsymbol{\beta},\boldsymbol{\alpha}\rangle,$$

$$\langle k\boldsymbol{\alpha},\boldsymbol{\beta}\rangle=(T(k\boldsymbol{\alpha}),T(\boldsymbol{\beta}))=(kT(\boldsymbol{\alpha}),T(\boldsymbol{\beta}))=k(T(\boldsymbol{\alpha}),T(\boldsymbol{\beta}))=k\langle\boldsymbol{\alpha},\boldsymbol{\beta}\rangle,$$

$$\begin{aligned}\langle\boldsymbol{\alpha}_1+\boldsymbol{\alpha}_2,\boldsymbol{\beta}\rangle&=(T(\boldsymbol{\alpha}_1+\boldsymbol{\alpha}_2),T(\boldsymbol{\beta}))=(T(\boldsymbol{\alpha}_1)+T(\boldsymbol{\alpha}_2),T(\boldsymbol{\beta}))\\&=(T(\boldsymbol{\alpha}_1),T(\boldsymbol{\beta}))+(T(\boldsymbol{\alpha}_2),T(\boldsymbol{\beta}))=\langle\boldsymbol{\alpha}_1,\boldsymbol{\beta}\rangle+\langle\boldsymbol{\alpha}_2,\boldsymbol{\beta}\rangle,\end{aligned}$$

所以 $\langle\boldsymbol{\alpha},\boldsymbol{\beta}\rangle$ 构成 V 的内积.

9. 设 V 是 n 维欧氏空间,内积记为 $(\boldsymbol{\alpha},\boldsymbol{\beta})$. 又设 T 是 V 的一个正交变换,记 $V_1=\{\boldsymbol{\alpha}\in V\mid T\boldsymbol{\alpha}=\boldsymbol{\alpha}\}$, $V_2=\{\boldsymbol{\alpha}-T\boldsymbol{\alpha}\mid\boldsymbol{\alpha}\in V\}$,证明: $V=V_1\oplus V_2$.

证明　法1 对 $\forall\boldsymbol{\alpha}\in V_1\cap V_2$,则 $\boldsymbol{\alpha}=T\boldsymbol{\alpha}$,且 $\exists\boldsymbol{\beta}\in V$,使得 $\boldsymbol{\alpha}=\boldsymbol{\beta}-T\boldsymbol{\beta}$,所以

$$\begin{aligned}(\boldsymbol{\alpha},\boldsymbol{\alpha})&=(\boldsymbol{\alpha},\boldsymbol{\beta}-T\boldsymbol{\beta})=(\boldsymbol{\alpha},\boldsymbol{\beta})-(\boldsymbol{\alpha},T\boldsymbol{\beta})\\&=(\boldsymbol{\alpha},\boldsymbol{\beta})-(T\boldsymbol{\alpha},T\boldsymbol{\beta})=0,\end{aligned}$$

即 $\boldsymbol{\alpha}=\boldsymbol{0}$,由此可知 V_1+V_2 是直和.

又 $V_1=(E-T)^{-1}(\boldsymbol{0})$, $V_2=(E-T)V$, E 为恒等变换. 所以

$$\dim V_1+\dim V_2=n.$$

结合 V_1+V_2 是直和知, $\dim(V_1+V_2)=\dim V$,从而 $V=V_1\oplus V_2$.

法2　对 $\forall\boldsymbol{\beta}\in V_2$,则 $\exists x\in V$, $\boldsymbol{\beta}=x-Tx$. 又任取 $\boldsymbol{\alpha}\in V_1$,则 $T\boldsymbol{\alpha}=\boldsymbol{\alpha}$,且有 $T^{-1}\boldsymbol{\alpha}=\boldsymbol{\alpha}$. 所以

$$\begin{aligned}(\boldsymbol{\beta},\boldsymbol{\alpha})&=(x-Tx,\boldsymbol{\alpha})=(T^{-1}x-x,T^{-1}\boldsymbol{\alpha})\\&=(T^{-1}x,T^{-1}\boldsymbol{\alpha})-(x,T^{-1}\boldsymbol{\alpha})=(x,\boldsymbol{\alpha})-(x,T^{-1}\boldsymbol{\alpha})\\&=(x,\boldsymbol{\alpha})-(x,\boldsymbol{\alpha})=0,\end{aligned}$$

故 $V_1\perp V_2$. 又若 $\boldsymbol{\gamma}\perp V_2$,则由 $\forall x\in V$,有 $x-Tx\in V_2$,知 $(\boldsymbol{\gamma},x-Tx)=0$.

特别取 $x=\boldsymbol{\gamma}$,有 $(\boldsymbol{\gamma},\boldsymbol{\gamma}-T\boldsymbol{\gamma})=0$,即 $(\boldsymbol{\gamma},\boldsymbol{\gamma})-(\boldsymbol{\gamma},T\boldsymbol{\gamma})=0$,所以

$$(T\boldsymbol{\gamma}-\boldsymbol{\gamma},T\boldsymbol{\gamma}-\boldsymbol{\gamma})=(T\boldsymbol{\gamma},T\boldsymbol{\gamma})-2(T\boldsymbol{\gamma},\boldsymbol{\gamma})+(\boldsymbol{\gamma},\boldsymbol{\gamma})$$

$$=2(\boldsymbol{\gamma},\boldsymbol{\gamma})-2(T\boldsymbol{\gamma},\boldsymbol{\gamma})=0.$$

即 $T\boldsymbol{\gamma}=\boldsymbol{\gamma}$，故有 $\boldsymbol{\gamma}\in V_1$，综上可知，$V_1=V_2^{\perp}$. 从而 $V=V_1\oplus V_2$.

10. 设 V 是数域 P 上一个 3 维线性空间，$\boldsymbol{\varepsilon}_1,\boldsymbol{\varepsilon}_2,\boldsymbol{\varepsilon}_3$ 是它的一组基，试找到一个线性函数 f，使 $f(\boldsymbol{\varepsilon}_1+\boldsymbol{\varepsilon}_3)=f(\boldsymbol{\varepsilon}_1-2\boldsymbol{\varepsilon}_3)=0$，$f(\boldsymbol{\varepsilon}_1+\boldsymbol{\varepsilon}_2)=1$.

解 由 f 是线性函数得
$$\begin{cases}f(\boldsymbol{\varepsilon}_1)+f(\boldsymbol{\varepsilon}_3)=0,\\ f(\boldsymbol{\varepsilon}_1)-2f(\boldsymbol{\varepsilon}_3)=0,\\ f(\boldsymbol{\varepsilon}_1)+f(\boldsymbol{\varepsilon}_2)=1,\end{cases}$$

解得 $f(\boldsymbol{\varepsilon}_1)=0$，$f(\boldsymbol{\varepsilon}_2)=1$，$f(\boldsymbol{\varepsilon}_3)=0$. 从而对任意 $\boldsymbol{\alpha}\in V$，如果
$$\boldsymbol{\alpha}=\boldsymbol{x}_1\boldsymbol{\varepsilon}_1+\boldsymbol{x}_2\boldsymbol{\varepsilon}_2+\boldsymbol{x}_3\boldsymbol{\varepsilon}_3,$$
则所求线性函数为 $f(\boldsymbol{\alpha})=f(\boldsymbol{x}_1\boldsymbol{\varepsilon}_1+\boldsymbol{x}_2\boldsymbol{\varepsilon}_2+\boldsymbol{x}_3\boldsymbol{\varepsilon}_3)=\boldsymbol{x}_2$.

考研真题选讲

1. (浙江大学) 设 $\boldsymbol{B}$ 是实数域上 $n\times n$ 矩阵，$\boldsymbol{A}=\boldsymbol{B}'\boldsymbol{B}$，对任一大于 0 的常数 a，证明 $(\boldsymbol{\alpha},\boldsymbol{\beta})=\boldsymbol{\alpha}'(\boldsymbol{A}+a\boldsymbol{E})\boldsymbol{\beta}$ 定义了 $\mathbf{R}^n$ 的一个内积，使得 $\mathbf{R}^n$ 成为欧氏空间. 其中 $\boldsymbol{\alpha}'$ 表示列向量 $\boldsymbol{\alpha}$ 的转置，$\boldsymbol{E}$ 表示 $n\times n$ 单位矩阵.

证明 1) $(\boldsymbol{\alpha},\boldsymbol{\beta})=\boldsymbol{\alpha}'(\boldsymbol{A}+a\boldsymbol{E})\boldsymbol{\beta}=\boldsymbol{\alpha}'(\boldsymbol{B}'\boldsymbol{B}+a\boldsymbol{E})\boldsymbol{\beta}=(\boldsymbol{\alpha}'(\boldsymbol{B}'\boldsymbol{B}+a\boldsymbol{E})\boldsymbol{\beta})'$
$$=\boldsymbol{\beta}'(\boldsymbol{A}+a\boldsymbol{E})\boldsymbol{\alpha}=(\boldsymbol{\beta},\boldsymbol{\alpha}).$$

2) $(\boldsymbol{\alpha}+\boldsymbol{\beta},\boldsymbol{\gamma})=(\boldsymbol{\alpha}+\boldsymbol{\beta})'(\boldsymbol{A}+a\boldsymbol{E})\boldsymbol{\gamma}$
$$=\boldsymbol{\alpha}'(\boldsymbol{A}+a\boldsymbol{E})\boldsymbol{\gamma}+\boldsymbol{\beta}'(\boldsymbol{A}+a\boldsymbol{E})\boldsymbol{\gamma}=(\boldsymbol{\alpha},\boldsymbol{\gamma})+(\boldsymbol{\beta},\boldsymbol{\gamma}).$$

3) $(k\boldsymbol{\alpha},\boldsymbol{\beta})=(k\boldsymbol{\alpha})'(\boldsymbol{A}+a\boldsymbol{E})\boldsymbol{\beta}=k\boldsymbol{\alpha}'(\boldsymbol{A}+a\boldsymbol{E})\boldsymbol{\beta}=k(\boldsymbol{\alpha},\boldsymbol{\beta})$.

4) $\forall\boldsymbol{\alpha}\neq\boldsymbol{0}$，$(\boldsymbol{\alpha},\boldsymbol{\alpha})=\boldsymbol{\alpha}'(\boldsymbol{B}'\boldsymbol{B}+a\boldsymbol{E})\boldsymbol{\alpha}=(\boldsymbol{B\alpha})'(\boldsymbol{B\alpha})+a\boldsymbol{\alpha}'\boldsymbol{\alpha}$. 由于 $(B\boldsymbol{\alpha})'(B\boldsymbol{\alpha})\geqslant 0$，$a\boldsymbol{\alpha}'\boldsymbol{\alpha}>0\,(a>0)$，所以 $(\boldsymbol{\alpha},\boldsymbol{\alpha})\geqslant 0$.

由上可知，$(\boldsymbol{\alpha},\boldsymbol{\beta})=\boldsymbol{\alpha}'(\boldsymbol{A}+a\boldsymbol{E})\boldsymbol{\beta}$ 定义了 $\mathbf{R}^n$ 上的一个内积，从而 $\mathbf{R}^n$ 成为欧氏空间.

2. (河南科技大学) 设实二次型 $f(x_1,x_2,x_3)=x_1^2+x_2^2+x_3^2-2x_1x_2-2x_1x_3-2\alpha x_2x_3$ 通过正交线性变换 $X=PY$ 化成标准形 $f=2y_1^2+2y_2^2+\boldsymbol{\beta}y_3^2$，求常数 $\boldsymbol{\alpha},\boldsymbol{\beta}$ 的值及所用的正交线性变换矩阵 $\boldsymbol{P}$.

解 实二次型以及标准形所对应的矩阵分别为
$$\boldsymbol{A}=\begin{pmatrix}1&-1&-1\\-1&1&-\alpha\\-1&-\alpha&1\end{pmatrix},\ \boldsymbol{B}=\begin{pmatrix}2&&\\&2&\\&&\beta\end{pmatrix},$$
由于上面两个矩阵相似，所以主对角线上的元素之和相等，得到 $\boldsymbol{\beta}=-1$.

因为 2 是矩阵 $\boldsymbol{A}$ 的特征值，则 $|\boldsymbol{A}-2\boldsymbol{E}|=\begin{vmatrix}-1&-1&-1\\-1&-1&-\alpha\\-1&-\alpha&-1\end{vmatrix}=0$，所以得到 $\boldsymbol{\alpha}=1$.

求 $\lambda_1=2$ 对应的特征向量，解方程组 $(2\boldsymbol{E}-\boldsymbol{A})\boldsymbol{X}=\boldsymbol{0}$，得到两个正交的解为

$$\xi_1=(-1,1,0)',\xi_2=(-1,-1,2)'.$$

求 $\lambda_2=-1$ 对应的特征向量,解方程组 $(-\boldsymbol{E}-\boldsymbol{A})\boldsymbol{X}=\boldsymbol{0}$,得到一个解为

$$\xi_3=(1,1,1)'.$$

单位化得 $\boldsymbol{\eta}_1=\begin{pmatrix}-\frac{1}{\sqrt{2}}\\ \frac{1}{\sqrt{2}}\\ 0\end{pmatrix},\boldsymbol{\eta}_2=\begin{pmatrix}-\frac{1}{\sqrt{6}}\\ -\frac{1}{\sqrt{6}}\\ \frac{2}{\sqrt{6}}\end{pmatrix},\boldsymbol{\eta}_3=\begin{pmatrix}\frac{1}{\sqrt{3}}\\ \frac{1}{\sqrt{3}}\\ \frac{1}{\sqrt{3}}\end{pmatrix}$.

则所用的正交变换矩阵为 $\boldsymbol{P}=(\boldsymbol{\eta}_1\quad\boldsymbol{\eta}_2\quad\boldsymbol{\eta}_3)=\begin{pmatrix}-\frac{1}{\sqrt{2}} & -\frac{1}{\sqrt{6}} & \frac{1}{\sqrt{3}}\\ \frac{1}{\sqrt{2}} & -\frac{1}{\sqrt{6}} & \frac{1}{\sqrt{3}}\\ 0 & \frac{2}{\sqrt{6}} & \frac{1}{\sqrt{3}}\end{pmatrix}$.

3.(中科院)给定两个四维向量 $\boldsymbol{\alpha}_1=\left(\frac{1}{3},-\frac{2}{3},0,\frac{2}{3}\right)'$,$\boldsymbol{\alpha}_2=\left(-\frac{2}{\sqrt{6}},0,\frac{1}{\sqrt{6}},\frac{1}{\sqrt{6}}\right)'$,作一个四阶正交矩阵 $\boldsymbol{Q}$,以 $\boldsymbol{\alpha}_1,\boldsymbol{\alpha}_2$ 作为它的前两个列向量.

解 由于正交矩阵的列向量两两正交,则所求正交矩阵 $\boldsymbol{Q}$ 的后两列是线性方程组

$$\begin{cases}x_1-2x_2+2x_4=0,\\ -2x_1+x_3+x_4=0\end{cases}$$

解空间的一个标准正交基.解得上式的一般解

$$\begin{cases}x_1=\frac{1}{2}x_3+\frac{1}{2}x_4,\\ x_2=\frac{1}{4}x_3+\frac{5}{4}x_4,\end{cases}$$

可得其一个基础解系:$\boldsymbol{\beta}_1=(2,1,4,0)',\boldsymbol{\beta}_2=(2,5,0,4)'$.

正交单位化即得上述方程组解空间的标准正交基

$$\boldsymbol{\eta}_1=\frac{1}{\sqrt{21}}(2,1,4,0)',\boldsymbol{\eta}_2=\frac{1}{3\sqrt{14}}(2,8,-3,7)'.$$

因而,取 $\boldsymbol{Q}=(\boldsymbol{\alpha}_1,\boldsymbol{\alpha}_2,\boldsymbol{\eta}_1,\boldsymbol{\eta}_2)$ 即可.

4.(上海大学)设 $\boldsymbol{A}$ 是 n 阶实正交阵,$\boldsymbol{\alpha}_1,\boldsymbol{\alpha}_2,\cdots,\boldsymbol{\alpha}_n$ 为 n 维列向量,且线性无关,若 $(\boldsymbol{A}+\boldsymbol{E})\boldsymbol{\alpha}_1,\cdots,(\boldsymbol{A}+\boldsymbol{E})\boldsymbol{\alpha}_n$ 线性无关,则 $|\boldsymbol{A}|=1$.

证明 由 $[(\boldsymbol{A}+\boldsymbol{E})\boldsymbol{\alpha}_1,\cdots,(\boldsymbol{A}+\boldsymbol{E})\boldsymbol{\alpha}_n]=(\boldsymbol{A}+\boldsymbol{E})(\boldsymbol{\alpha}_1,\cdots,\boldsymbol{\alpha}_n)$,且由题设知 $[(\boldsymbol{A}+\boldsymbol{E})\boldsymbol{\alpha}_1,\cdots,(\boldsymbol{A}+\boldsymbol{E})\boldsymbol{\alpha}_n]$ 与 $(\boldsymbol{\alpha}_1,\cdots,\boldsymbol{\alpha}_n)$ 均为可逆矩阵,所以

$$|\boldsymbol{A}+\boldsymbol{E}|\neq 0.$$

又 $\boldsymbol{A}$ 是正交矩阵,所以 $|\boldsymbol{A}|=\pm 1$.如 $|\boldsymbol{A}|=-1$,则

$$|\boldsymbol{A}+\boldsymbol{E}|=|\boldsymbol{A}+\boldsymbol{A}\boldsymbol{A}'|=|\boldsymbol{A}||\boldsymbol{E}+\boldsymbol{A}|=-|\boldsymbol{E}+\boldsymbol{A}|.$$

从而有 $|\boldsymbol{E}+\boldsymbol{A}|=0$,产生矛盾.所以 $|\boldsymbol{A}|=1$.

5.(华中科技大学)证明:不存在 n 阶正交矩阵 $\boldsymbol{A},\boldsymbol{B}$,使 $\boldsymbol{A}^2=\boldsymbol{AB}+\boldsymbol{B}^2$.

证明 若 $\boldsymbol{A},\boldsymbol{B}$ 正交,且 $\boldsymbol{A}^2=\boldsymbol{AB}+\boldsymbol{B}^2$,则以 $\boldsymbol{A}^{-1}$ 左乘等式两边得 $\boldsymbol{A}=\boldsymbol{B}+\boldsymbol{A}^{-1}\boldsymbol{B}^2$. 又以 $\boldsymbol{B}^{-1}$ 右乘等式 $\boldsymbol{A}^2=\boldsymbol{AB}+\boldsymbol{B}^2$ 两边得 $\boldsymbol{A}^2\boldsymbol{B}^{-1}=\boldsymbol{A}+\boldsymbol{B}$. 因此有

$$\boldsymbol{A}-\boldsymbol{B}=\boldsymbol{A}^{-1}\boldsymbol{B}^2,\boldsymbol{A}+\boldsymbol{B}=\boldsymbol{A}^2\boldsymbol{B}^{-1}.$$

由于 $\boldsymbol{A}^{-1},\boldsymbol{B}^{-1}$ 正交,且正交阵之积仍是正交阵,所以 $\boldsymbol{A}+\boldsymbol{B}$ 与 $\boldsymbol{A}-\boldsymbol{B}$ 均为正交矩阵.

也就是有

$$(\boldsymbol{A}-\boldsymbol{B})'(\boldsymbol{A}-\boldsymbol{B})=2\boldsymbol{E}-\boldsymbol{A}'\boldsymbol{B}-\boldsymbol{B}'\boldsymbol{A}=\boldsymbol{E},$$

$$(\boldsymbol{A}+\boldsymbol{B})'(\boldsymbol{A}+\boldsymbol{B})=2\boldsymbol{E}+\boldsymbol{A}'\boldsymbol{B}+\boldsymbol{B}'\boldsymbol{A}=\boldsymbol{E}.$$

如上两式相加得 $4E=2E$,矛盾. 故结论成立.

6.(华南理工大学)在欧氏空间中有两个向量组 $\boldsymbol{\alpha}_1,\boldsymbol{\alpha}_2,\cdots,\boldsymbol{\alpha}_s;\boldsymbol{\beta}_1,\boldsymbol{\beta}_2,\cdots,\boldsymbol{\beta}_s$. 如果

1) $\boldsymbol{\alpha}_1,\boldsymbol{\alpha}_2,\cdots,\boldsymbol{\alpha}_s$ 和 $\boldsymbol{\beta}_1,\boldsymbol{\beta}_2,\cdots,\boldsymbol{\beta}_s$ 都是两两正交的单位向量;

2) $span(\boldsymbol{\alpha}_1,\boldsymbol{\alpha}_2,\cdots,\boldsymbol{\alpha}_i)=span(\boldsymbol{\beta}_1,\boldsymbol{\beta}_2,\cdots,\boldsymbol{\beta}_i)$, $\forall 1\leqslant i\leqslant s$.

证明: $\boldsymbol{\alpha}_i=\pm\boldsymbol{\beta}_i$, $\forall 1\leqslant i\leqslant s$.

证明 利用数学归纳法证明.

1)由 $span(\boldsymbol{\alpha}_1)=span(\boldsymbol{\beta}_1)$ 及 $|\boldsymbol{\alpha}_1|=|\boldsymbol{\beta}_1|=1$ 知 $\boldsymbol{\alpha}_1=\pm\boldsymbol{\beta}_1$.

2)假设已有 $\boldsymbol{\alpha}_j=\pm\boldsymbol{\beta}_j,1\leqslant j\leqslant i-1,2\leqslant i\leqslant n$. 下证 $\boldsymbol{\alpha}_i=\pm\boldsymbol{\beta}_i$. 事实上,

$$\boldsymbol{\alpha}_i=\sum_{j=1}^{i-1}b_j\boldsymbol{\beta}_j+b_i\boldsymbol{\beta}_i,$$

$$\Rightarrow 0=(\boldsymbol{\alpha}_i,\boldsymbol{\alpha}_j)=(\boldsymbol{\alpha}_i,\ \pm\boldsymbol{\beta}_j)=\pm b_j(\boldsymbol{\beta}_j,\boldsymbol{\beta}_j)=\pm b_j,1\leqslant j\leqslant i-1,$$

$$\Rightarrow\boldsymbol{\alpha}_i=b_i\boldsymbol{\beta}_i\Rightarrow\boldsymbol{\alpha}_i=\pm\boldsymbol{\beta}_i(|\boldsymbol{\alpha}_i|=|\boldsymbol{\beta}_i|=1).$$

故由数学归纳法知,结论成立.

7.(苏州大学)设 σ,τ 是 n 维欧氏空间 V 的线性变换,对任意 $\boldsymbol{\alpha},\boldsymbol{\beta}\in V$,都有 $(\sigma(\boldsymbol{\alpha}),\boldsymbol{\beta})=(\boldsymbol{\alpha},\tau(\boldsymbol{\beta}))$. 证明: σ 的核等于 τ 的值域的正交补.

证明 首先,对任意 $\boldsymbol{\alpha}\in\ker\sigma$,有 $\sigma(\boldsymbol{\alpha})=\boldsymbol{0}$,得到

$$(\boldsymbol{\alpha},\boldsymbol{\tau}(\boldsymbol{\beta}))=(\boldsymbol{\sigma}(\boldsymbol{\alpha}),\boldsymbol{\beta})=(\boldsymbol{0},\boldsymbol{\beta})=0,$$

则 $\boldsymbol{\alpha}\in\tau(V)^{\perp}$,即 $\ker\sigma\subseteq\tau(V)^{\perp}$.

其次,对任意 $\boldsymbol{\beta}\in\tau(V)^{\perp},\boldsymbol{\alpha}\in V$,有 $(\boldsymbol{\beta},\tau(\boldsymbol{\alpha}))=0$,得到

$$(\boldsymbol{\sigma}(\boldsymbol{\beta}),\boldsymbol{\alpha})=(\boldsymbol{\beta},\boldsymbol{\tau}(\boldsymbol{\alpha}))=0\Rightarrow\boldsymbol{\sigma}(\boldsymbol{\beta})=\boldsymbol{0},$$

则 $\boldsymbol{\beta}\in\ker\sigma$,即 $\tau(V)^{\perp}\subseteq\ker\sigma$. 故 $\ker\sigma=\tau(V)^{\perp}$.

8.(华中科技大学)证明:任意 n 阶实可逆矩阵 $\boldsymbol{A}$ 可以表示成一个正定矩阵 $\boldsymbol{S}$ 与一个正交矩阵 $\boldsymbol{Q}$ 之积.

证明 因为 $\boldsymbol{A}$ 为可逆实矩阵,则 $\boldsymbol{A}'\boldsymbol{A}$ 为正定阵. 因此存在正交阵 $\boldsymbol{T}$,使

$$\boldsymbol{T}'\boldsymbol{A}'\boldsymbol{A}\boldsymbol{T}=\begin{pmatrix}\lambda_1&&\\&\ddots&\\&&\lambda_n\end{pmatrix},0<\lambda_i\in\mathbf{R}(i=1,2,\cdots,n).$$

进而得到 $\begin{pmatrix} \frac{1}{\sqrt{\lambda_1}} & & \\ & \ddots & \\ & & \frac{1}{\sqrt{\lambda_n}} \end{pmatrix}'\boldsymbol{T}'\boldsymbol{A}'\boldsymbol{A}\boldsymbol{T}\begin{pmatrix} \frac{1}{\sqrt{\lambda_1}} & & \\ & \ddots & \\ & & \frac{1}{\sqrt{\lambda_n}} \end{pmatrix} = \boldsymbol{E}$.

令 $\boldsymbol{Q}_1 = \boldsymbol{A}\boldsymbol{T}\begin{pmatrix} \frac{1}{\sqrt{\lambda_1}} & & \\ & \ddots & \\ & & \frac{1}{\sqrt{\lambda_n}} \end{pmatrix}$，则上式即为 $\boldsymbol{Q}_1{}'\boldsymbol{Q}_1 = E$，因此 $\boldsymbol{Q}_1$ 为正交阵.

因此有 $\boldsymbol{A} = \boldsymbol{Q}_1\begin{pmatrix} \sqrt{\lambda_1} & & \\ & \ddots & \\ & & \sqrt{\lambda_n} \end{pmatrix}\boldsymbol{T}^{-1} = \boldsymbol{Q}_1\begin{pmatrix} \sqrt{\lambda_1} & & \\ & \ddots & \\ & & \sqrt{\lambda_n} \end{pmatrix}\boldsymbol{Q}_1{}'\boldsymbol{Q}_1\boldsymbol{T}^{-1}$，

令 $\boldsymbol{S} = \boldsymbol{Q}_1\begin{pmatrix} \sqrt{\lambda_1} & & \\ & \ddots & \\ & & \sqrt{\lambda_n} \end{pmatrix}\boldsymbol{Q}_1{}'$，$\boldsymbol{Q} = \boldsymbol{Q}_1\boldsymbol{T}^{-1}$，有 $\boldsymbol{S}$ 是正定矩阵，$\boldsymbol{Q}$ 是正交矩阵.

9.（华南理工大学）设 $\boldsymbol{A}$ 是正交矩阵，且 $\boldsymbol{A}$ 的特征根均为实数，证明 $\boldsymbol{A}$ 是对称矩阵.

证明　$\boldsymbol{A}$ 的特征根均为实数，由本章 §3 例 3 知存在正交阵 $\boldsymbol{T}$，使 $\boldsymbol{T}^{-1}\boldsymbol{A}\boldsymbol{T}$ 为三角阵.不妨设 $\boldsymbol{T}^{-1}\boldsymbol{A}\boldsymbol{T}$ 为上三角矩阵，由题设，$\boldsymbol{A}$ 是正交矩阵，而正交矩阵之积仍是正交矩阵，所以 $\boldsymbol{T}^{-1}\boldsymbol{A}\boldsymbol{T}$ 是正交的上三角矩阵，从而 $\boldsymbol{T}^{-1}\boldsymbol{A}\boldsymbol{T}$ 是主对角线为+1 或-1 的对角阵，令 $\boldsymbol{T}^{-1}\boldsymbol{A}\boldsymbol{T} = \begin{pmatrix} E_t & \\ & -E_{n-t} \end{pmatrix}$，则

$$\boldsymbol{A}' = \left[\boldsymbol{T}\begin{pmatrix} \boldsymbol{E}_t & \\ & -\boldsymbol{E}_{n-t} \end{pmatrix}\boldsymbol{T}'\right]' = \boldsymbol{T}\begin{pmatrix} \boldsymbol{E}_t & \\ & -\boldsymbol{E}_{n-t} \end{pmatrix}\boldsymbol{T}' = \boldsymbol{A},$$

即 $\boldsymbol{A}$ 是对称矩阵.

10.（浙江大学）设 V_1, V_2 是 n 维欧氏空间 V 的子空间，且 V_1 的维数小于 V_2 的维数，证明：V_2 必有一个非零向量正交于 V_1 中的一切向量.

证明　法 1　由于 $V_1^{\perp}$ 恰由一切与 V_1 正交的向量组成，所以只要证明 $V_1^{\perp} \cap V_2 \neq \{\boldsymbol{0}\}$ 即可.事实上，如 $V_1^{\perp} \cap V_2 = \{\boldsymbol{0}\}$，则 $V_1^{\perp} + V_2$ 为直和.

所以 $$\dim V_1^{\perp} + \dim V_2 = \dim(V_1^{\perp} + V_2).$$

又 $$V = V_1^{\perp} \oplus V_1,$$

所以 $$V_1^{\perp} \oplus V_2 \subset V_1^{\perp} \oplus V_1,$$

则有 $$\dim V_1^{\perp} + \dim V_2 \leqslant \dim V_1^{\perp} + \dim V_1,$$

所以 $\dim V_2 \leqslant \dim V_1$ 与 $\dim V_1 < \dim V_2$ 矛盾.

法 2　1）当 $\dim V_1 = 0$ 时，结论显然成立.

2）设 $\dim V_1 = r > 0$，取 V_1 的基 $\boldsymbol{\alpha}_1, \cdots, \boldsymbol{\alpha}_r$；$V_2$ 的基 $\boldsymbol{\beta}_1, \cdots, \boldsymbol{\beta}_s (s > r)$，令 $\boldsymbol{\gamma} = x_1\boldsymbol{\beta}_1 +$

$x_2\boldsymbol{\beta}_2+\cdots+x_s\boldsymbol{\beta}_s$. 因为 $(\boldsymbol{\gamma},\boldsymbol{\alpha}_i)=0(i=1,2,\cdots,r)$ 等价于

$$\begin{cases}x_1(\boldsymbol{\beta}_1,\boldsymbol{\alpha}_1)+\cdots+x_s(\boldsymbol{\beta}_s,\boldsymbol{\alpha}_1)=0,\\ \qquad\vdots\\ x_1(\boldsymbol{\beta}_1,\boldsymbol{\alpha}_r)+\cdots+x_s(\boldsymbol{\beta}_s,\boldsymbol{\alpha}_r)=0,\end{cases}$$

而方程组方程个数 $r<$ 未知量个数 s,所以它有非零解.

因而 $\exists\boldsymbol{\gamma}=x_1\boldsymbol{\beta}_1+\cdots+x_s\boldsymbol{\beta}_s\in V_2,\boldsymbol{\gamma}\neq\mathbf{0}$,使得 $\boldsymbol{\gamma}\perp V_1$.

11.(西北工业大学)给定欧氏空间 V 的标准正交基 $\boldsymbol{\eta}_1,\boldsymbol{\eta}_2,\cdots,\boldsymbol{\eta}_n$,设 $\boldsymbol{T}$ 是 V 的正交变换, $W=L(\boldsymbol{\eta}_1,\boldsymbol{\eta}_2,\cdots,\boldsymbol{\eta}_r)$ 是 T 的不变子空间,证明: V 的子空间 $W^{\perp}=\{\boldsymbol{\alpha}\mid\boldsymbol{\alpha}\in V,\boldsymbol{\alpha}\perp W\}$ 也是 T 的不变子空间.

证明 由题设 $W=L(\boldsymbol{\eta}_1,\boldsymbol{\eta}_2,\cdots,\boldsymbol{\eta}_r)$,则 $W^{\perp}=L(\boldsymbol{\eta}_{r+1},\cdots,\boldsymbol{\eta}_n)$. 由于 $\boldsymbol{T}$ 正交,所以 $\boldsymbol{T}\boldsymbol{\eta}_1,\boldsymbol{T}\boldsymbol{\eta}_2,\cdots,\boldsymbol{T}\boldsymbol{\eta}_n$ 也是 V 的标准正交基,又因为 W 是 $\boldsymbol{T}$ 的不变子空间,所以 $\boldsymbol{T}\boldsymbol{\eta}_1,\cdots,\boldsymbol{T}\boldsymbol{\eta}_r$ 是 W 的标准正交基,从而有 $\boldsymbol{T}\boldsymbol{\eta}_{r+1},\cdots,\boldsymbol{T}\boldsymbol{\eta}_n\in W^{\perp}$.

对 $\forall\boldsymbol{\alpha}\in W^{\perp}$,令 $\boldsymbol{\alpha}=k_{r+1}\boldsymbol{\eta}_{r+1}+\cdots+k_n\boldsymbol{\eta}_n$,则有

$$T(\boldsymbol{\alpha})=k_{r+1}T\boldsymbol{\eta}_{r+1}+\cdots+k_nT\boldsymbol{\eta}_n\in W^{\perp}.$$

故 $W^{\perp}$ 是 T 的不变子空间.

12.(武汉大学)设 V 是 n 维欧氏空间, $\boldsymbol{\eta}_1,\boldsymbol{\eta}_2,\cdots,\boldsymbol{\eta}_n$ 是 V 的一个标准正交基, $(\boldsymbol{\alpha},\boldsymbol{\beta})$ 表示向量 $\boldsymbol{\alpha},\boldsymbol{\beta}\in V$ 的内积. 令 $\xi=a_1\boldsymbol{\eta}_1+a_2\boldsymbol{\eta}_2+\cdots+a_n\boldsymbol{\eta}_n$, 其中 $a_1,a_2,\cdots,a_n$ 是 n 个不全为零的实数. 对于给定的非零实数 k,定义 V 的线性变换为

$$\sigma(\boldsymbol{\alpha})=\alpha+k(\boldsymbol{\alpha},\xi)\xi,\ \forall\boldsymbol{\alpha}\in V.$$

1)求 σ 在基 $\boldsymbol{\eta}_1,\boldsymbol{\eta}_2,\cdots,\boldsymbol{\eta}_n$ 下的矩阵 $\boldsymbol{A}$;

2)求 $\boldsymbol{A}$ 的行列式 $\det(\boldsymbol{A})$;

3)证明: σ 为正交变换的充要条件是 $k=-\dfrac{2}{a_1^2+a_2^2+\cdots+a_n^2}$.

解 1)由题设

$$\begin{aligned}\sigma\boldsymbol{\eta}_i&=\boldsymbol{\eta}_i+k(\boldsymbol{\eta}_i,\sum_{i=1}^{n}a_i\boldsymbol{\eta}_i)\boldsymbol{\xi}\\&=\boldsymbol{\eta}_i+ka_i(a_1\boldsymbol{\eta}_1+a_2\boldsymbol{\eta}_2+\cdots+a_n\boldsymbol{\eta}_n)\\&=ka_ia_1\boldsymbol{\eta}_1+\cdots+ka_ia_{i-1}\boldsymbol{\eta}_{i-1}+(ka_i^2+1)\boldsymbol{\eta}_i+ka_ia_{i+1}\boldsymbol{\eta}_{i+1}+\cdots+ka_ia_n\boldsymbol{\eta}_n(i=1,\cdots,n),\end{aligned}$$

令 $\sigma(\boldsymbol{\eta}_1,\boldsymbol{\eta}_2,\cdots,\boldsymbol{\eta}_n)=(\boldsymbol{\eta}_1,\boldsymbol{\eta}_2,\cdots,\boldsymbol{\eta}_n)A$,这里 A 即是 σ 在基 $\boldsymbol{\eta}_1,\boldsymbol{\eta}_2,\cdots,\boldsymbol{\eta}_n$ 下的矩阵. 则有

$$\boldsymbol{A}=\begin{pmatrix}ka_1^2+1&ka_2a_1&\cdots&ka_na_1\\ka_1a_2&ka_2^2+1&\cdots&ka_na_2\\\vdots&\vdots&\vdots&\vdots\\ka_1a_n&ka_2a_n&\cdots&ka_n^2+1\end{pmatrix}.$$

2) $$|\boldsymbol{A}|=\begin{vmatrix}ka_1^2+1&ka_2a_1&\cdots&ka_na_1\\ka_1a_2&ka_2^2+1&\cdots&ka_na_2\\\vdots&\vdots&\vdots&\vdots\\ka_1a_n&ka_2a_n&\cdots&ka_n^2+1\end{vmatrix}=\begin{vmatrix}1&ka_1&\cdots&ka_n\\0&ka_1^2+1&\cdots&ka_na_1\\\vdots&\vdots&\vdots&\vdots\\0&ka_1a_n&\cdots&ka_n^2+1\end{vmatrix}$$

$$=\begin{vmatrix} 1 & ka_1 & \cdots & ka_n \\ -a_1 & 1 & \cdots & 0 \\ \vdots & \vdots & \vdots & \vdots \\ -a_n & 0 & \cdots & 1 \end{vmatrix} = 1 + k\sum_{i=1}^{n} a_i^2 .$$

3) σ 为正交变换的充要条件是其关于标准正交基 $\boldsymbol{\eta}_1,\boldsymbol{\eta}_2,\cdots,\boldsymbol{\eta}_n$ 的矩阵 $\boldsymbol{A}$ 正交,即 $\boldsymbol{A}'\boldsymbol{A}=\boldsymbol{E}$. 记 $\boldsymbol{\alpha}'=(a_1,a_2,\cdots,a_n)$,则

$$\boldsymbol{A}'\boldsymbol{A}=(\boldsymbol{E}+k\boldsymbol{\alpha}\boldsymbol{\alpha}')'(\boldsymbol{E}+k\boldsymbol{\alpha}\boldsymbol{\alpha}')=\boldsymbol{E}\Leftrightarrow(\boldsymbol{E}+k\boldsymbol{\alpha}\boldsymbol{\alpha}')^2=\boldsymbol{E},$$

亦即

$$\boldsymbol{E}+2k\boldsymbol{\alpha}\boldsymbol{\alpha}'+k^2\boldsymbol{\alpha}(\boldsymbol{\alpha}'\boldsymbol{\alpha})\boldsymbol{\alpha}'=\boldsymbol{E},$$

因为 $k\neq 0$, $\boldsymbol{\alpha}'\boldsymbol{\alpha}=a_1^2+a_2^2+\cdots+a_n^2$,所以 $k=-\dfrac{2}{\alpha'\alpha}=-\dfrac{2}{a_1^2+a_2^2+\cdots+a_n^2}$.

13. (华中师范大学)设 $\mathbf{R}$ 是实数域, $V=\mathbf{R}[x]_4$, $V_1=L(1,x)$, $V_2=L(x^2-\frac{1}{3},x^3-\frac{3}{5}x)$ 是 V 的子空间,在 V 中定义内积 $(f,g)=\int_{-1}^{1}f(x)g(x)\mathrm{d}x$. 证明: V_1 与 V_2 互为正交补.

证明 首先可证 $1,x,x^2-\frac{1}{3},x^3-\frac{3}{5}x$ 线性无关,所以 $V=V_1+V_2$. 又

$$(1,x^2-\frac{1}{3})=\int_{-1}^{1}(x^2-\frac{1}{3})\mathrm{d}x=(\frac{1}{3}x^3-\frac{1}{3}x)\Big|_{-1}^{1}=0.$$

$$(1,x^3-\frac{3}{5}x)=\int_{-1}^{1}(x^3-\frac{3}{5}x)\mathrm{d}x=0(\text{奇函数}).$$

$$(x,x^2-\frac{1}{3})=\int_{-1}^{1}(x^3-\frac{1}{3}x)\mathrm{d}x=0(\text{奇函数}).$$

$$(x,x^3-\frac{3}{5}x)=\int_{-1}^{1}(x^4-\frac{3}{5}x^2)\mathrm{d}x=(\frac{1}{5}x^5-\frac{1}{5}x^3)\Big|_{-1}^{1}=0.$$

因此,对 $\forall\alpha\in V_1$, $\forall\beta\in V_2$, $\alpha=l_1\cdot 1+l_2x$, $\beta=l_3(x^2-\frac{1}{3})+l_4(x^3-\frac{3}{5})$,由上面四个式子可证 $(\alpha,\beta)=\int_{-1}^{1}\alpha\cdot\beta\mathrm{d}x=0$. 所以 $V_1\perp V_2$,从而证明 V_1 与 V_2 互为正交补.

14. (中国人民大学)欧氏空间 V 中保持向量长度不变的变换是否一定是正交变换?如果是给出证明,不是举出反例.

答 不一定是正交变换. 反例如下:

设 $\mathbf{R}^2=\{(x,y)\mid x,y\in\mathbf{R}\}$ 内积如通常所述,定义 $T:\mathbf{R}^2\to\mathbf{R}^2$;

$$T(x,y)=(\frac{1}{\sqrt{2}}\sqrt{x^2+y^2},\frac{1}{\sqrt{2}}\sqrt{x^2+y^2}),\ \forall(x,y)\in\mathbf{R}^2.$$

令 $\alpha=(x,y)\in\mathbf{R}^2$,则可知

$$|T\boldsymbol{\alpha}|^2=\frac{x^2+y^2}{2}+\frac{x^2+y^2}{2}=x^2+y^2=|\boldsymbol{\alpha}|^2,$$

故 $|T\boldsymbol{\alpha}|=|\boldsymbol{\alpha}|$, $\forall\boldsymbol{\alpha}\in V$,即保持长度不变.

但 T 不是线性变换. 设 $\boldsymbol{\beta}=(2,1)$,则 $\boldsymbol{\beta}=\boldsymbol{\alpha}_1+\boldsymbol{\alpha}_2$, 其中 $\boldsymbol{\alpha}_1=(1,0)$, $\boldsymbol{\alpha}_2=(1,1)$,

$$T\boldsymbol{\beta}=\left(\sqrt{\frac{5}{2}},\sqrt{\frac{5}{2}}\right),T\boldsymbol{\alpha}_1=\left(\frac{1}{\sqrt{2}},\frac{1}{\sqrt{2}}\right),T\boldsymbol{\alpha}_2=(1,1),$$

$T\boldsymbol{\beta}\neq T\boldsymbol{\alpha}_1+T\boldsymbol{\alpha}_2$,从而 T 不是正交变换.

15.(北京航空航天大学)试证:n 维欧氏空间的内积是一个双线性函数.

证明 因为 $(\boldsymbol{\alpha},\boldsymbol{\beta})$ 是 V 上一个二元函数,且对 $\forall\boldsymbol{\alpha},\boldsymbol{\beta}_1,\boldsymbol{\beta}_2\in V,\forall k_1,k_2\in\mathbf{R}$,有

$$(\boldsymbol{\alpha},k_1\boldsymbol{\beta}_1+k_2\boldsymbol{\beta}_2)=k_1(\boldsymbol{\alpha},\boldsymbol{\beta}_1)+k_2(\boldsymbol{\alpha},\boldsymbol{\beta}_2),$$
$$(k_1\boldsymbol{\beta}_1+k_2\boldsymbol{\beta}_2,\boldsymbol{\alpha})=k_1(\boldsymbol{\beta}_1,\boldsymbol{\alpha})+k_2(\boldsymbol{\beta}_2,\boldsymbol{\alpha}),$$

因此 $(\boldsymbol{\alpha},\boldsymbol{\beta})$ 是一个双线性函数.

16.(武汉大学)设 n 维欧氏空间的两个线性变换 δ,τ 在 V 的基 $\boldsymbol{\eta}_1,\boldsymbol{\eta}_2,\cdots,\boldsymbol{\eta}_n$ 下的矩阵分别是 $\boldsymbol{A}$ 和 $\boldsymbol{B}$,证明:若 $\forall\boldsymbol{\alpha}\in V$,都有 $|\delta\boldsymbol{\alpha}|=|\tau\boldsymbol{\alpha}|$,则存在正定矩阵 $\boldsymbol{P}$,使 $\boldsymbol{A'PA}=\boldsymbol{B'PB}$.

证明 由题设

$$\boldsymbol{\delta}(\boldsymbol{\eta}_1,\boldsymbol{\eta}_2,\cdots,\boldsymbol{\eta}_n)=(\boldsymbol{\eta}_1,\boldsymbol{\eta}_2,\cdots,\boldsymbol{\eta}_n)\boldsymbol{A},\ \tau(\boldsymbol{\eta}_1,\boldsymbol{\eta}_2,\cdots,\boldsymbol{\eta}_n)=(\boldsymbol{\eta}_1,\boldsymbol{\eta}_2,\cdots,\boldsymbol{\eta}_n)B.$$

任给 $(x_1,x_2,\cdots,x_n)\in\mathbf{R}^n$,令 $\boldsymbol{\alpha}=x_1\boldsymbol{\eta}_1+x_2\boldsymbol{\eta}_2+\cdots+x_n\boldsymbol{\eta}_n$,则

$$\delta\alpha=x_1\delta\boldsymbol{\eta}_1+x_2\delta\boldsymbol{\eta}_2+\cdots+x_n\delta\boldsymbol{\eta}_n=\delta(\boldsymbol{\eta}_1,\boldsymbol{\eta}_2,\cdots,\boldsymbol{\eta}_n)\begin{pmatrix}x_1\\ \vdots\\ x_n\end{pmatrix}=(\boldsymbol{\eta}_1,\boldsymbol{\eta}_2,\cdots,\boldsymbol{\eta}_n)A\begin{pmatrix}x_1\\ \vdots\\ x_n\end{pmatrix}.$$

同理,$\tau\boldsymbol{\alpha}=(\boldsymbol{\eta}_1,\boldsymbol{\eta}_2,\cdots,\boldsymbol{\eta}_n)B\begin{pmatrix}x_1\\ \vdots\\ x_n\end{pmatrix}$.令基 $\boldsymbol{\eta}_1,\boldsymbol{\eta}_2,\cdots,\boldsymbol{\eta}_n$ 的度量矩阵为 $\boldsymbol{P}$,$\boldsymbol{P}$ 为正定矩阵,则

$$(\boldsymbol{\delta\alpha},\boldsymbol{\delta\alpha})=\left[\boldsymbol{A}\begin{pmatrix}x_1\\ \vdots\\ x_n\end{pmatrix}\right]'\boldsymbol{P}\left[\boldsymbol{A}\begin{pmatrix}x_1\\ \vdots\\ x_n\end{pmatrix}\right]=(x_1,x_2,\cdots,x_n)(\boldsymbol{A'PA})\begin{pmatrix}x_1\\ \vdots\\ x_n\end{pmatrix}.$$

同理 $(\tau\alpha,\tau\alpha)=(x_1,x_2,\cdots,x_n)(\boldsymbol{B'PB})\begin{pmatrix}x_1\\ \vdots\\ x_n\end{pmatrix}$.因 $|\delta\alpha|=|\tau\alpha|$,故

$$(x_1,x_2,\cdots,x_n)(\boldsymbol{A'PA})\begin{pmatrix}x_1\\ \vdots\\ x_n\end{pmatrix}=(x_1,x_2,\cdots,x_n)(\boldsymbol{B'PB})\begin{pmatrix}x_1\\ \vdots\\ x_n\end{pmatrix}.$$

考虑 $(x_1,x_2,\cdots,x_n)$ 的任意性,并结合 $\boldsymbol{A'PA}$ 与 $\boldsymbol{B'PB}$ 均为对称矩阵,知 $\boldsymbol{A'PA}=\boldsymbol{B'PB}$.

17.(中科院)已知二次曲面方程 $x^2+ay^2+z^2+2bxy+2xz+2yz=4$ 可以经过正交变换 $\begin{pmatrix}x\\ y\\ z\end{pmatrix}=\boldsymbol{P}\begin{pmatrix}x'\\ y'\\ z'\end{pmatrix}$ 化为椭圆柱面方程 $y'^2+4z'^2=4$.求 a,b 的值和正交矩阵 $\boldsymbol{P}$.

解 二次曲面的二次型矩阵为

$$A=\begin{pmatrix}1&b&1\\b&a&1\\1&1&1\end{pmatrix},$$

由题意,0,1,4 为 $\boldsymbol{A}$ 的特征值,即

$$|\lambda \boldsymbol{E}-\boldsymbol{A}|=\begin{vmatrix}\lambda-1&-b&-1\\-b&\lambda-a&-1\\-1&-1&\lambda-1\end{vmatrix}=(\lambda-1)^2(\lambda-a)-b^2(\lambda-1)-2\lambda+a+1-2b$$

$$=\lambda(\lambda-1)(\lambda-4),$$

解得, $a=3,b=1$.

这样,对应于特征值为 $\lambda=0,1,4$ 的特征向量分别为

$$\boldsymbol{\alpha}_1=\begin{pmatrix}-1\\0\\1\end{pmatrix},\boldsymbol{\alpha}_2=\begin{pmatrix}1\\-1\\1\end{pmatrix},\boldsymbol{\alpha}_3=\begin{pmatrix}1\\2\\1\end{pmatrix},$$

显然它们是正交的,单位化得,

$$\boldsymbol{\beta}_1=\frac{1}{\sqrt{2}}\boldsymbol{\alpha}_1,\boldsymbol{\beta}_2=\frac{1}{\sqrt{3}}\boldsymbol{\alpha}_2,\boldsymbol{\beta}_3=\frac{1}{\sqrt{6}}\boldsymbol{\alpha}_3,$$

从而得正交矩阵 $\boldsymbol{P}$

$$\boldsymbol{P}=\begin{pmatrix}-\frac{1}{\sqrt{2}}&\frac{1}{\sqrt{3}}&\frac{1}{\sqrt{6}}\\0&-\frac{1}{\sqrt{3}}&\frac{2}{\sqrt{6}}\\\frac{1}{\sqrt{2}}&\frac{1}{\sqrt{3}}&\frac{1}{\sqrt{6}}\end{pmatrix}.$$

参考文献

[1]王萼芳,石生明.高等代数[M].5版.北京:高等教育出版社,2019.
[2]李尚志.线性代数[M].北京:高等教育出版社,2006.
[3]徐仲等.高等代数导教导学导考[M].西安:西北工业大学出版社,2014.
[4]钱吉林.高等代数题解精粹[M].2版.北京:中央民族大学出版社,2010.
[5]刘洪星.考研高等代数辅导[M].2版.北京:机械工业出版社,2018.
[6]陈祥恩,程辉,乔虎生等.高等代数专题选讲[M].北京:中国科学技术出版社,2013.
[7]曹重光,张显,唐孝敏.高等代数方法选讲[M].北京:科学出版社,2018.